치앙마이 홀리데이

치앙마이 홀리데이

2024년 8월 5일 개정1판 1쇄 펴냄
2024년 12월 24일 개정1판 2쇄 펴냄

글 박애진 · **사진** 유정열
발행인 김산환
책임편집 윤소영
편집 박해영
디자인 윤지영
지도 글터
펴낸 곳 꿈의지도
인쇄 다라니
종이 월드페이퍼

주소 경기도 파주시 경의로 1100, 604호
전화 070-7535-9416
팩스 031-947-1530
홈페이지 blog.naver.com/mountainfire
출판등록 2009년 10월 12일 제82호

ISBN 979-11-6762-104-7-14980
ISBN 979-11-86581-33-9-14980(세트)

CHIANG MAI
치앙마이 홀리데이

글 박애진 · 사진 유정열

꿈의지도

CONTENTS

CHIANG MAI BY STEP
여행 준비&하이라이트

STEP 01
Preview
치앙마이를 꿈꾸다
020

STEP 02
Planning
치앙마이를 그리다
034

ban sabai sabai©

CHIANG MAI BY AREA
치앙마이 지역별 가이드

NEAR CHIANG MAI
치앙마이 근교 지역 가이드

Prologue

◇

"치앙마이에 대체 뭐가 있는데요?"

무라카미 하루키의 책 제목이 아니다. 치앙마이 예찬을 하는 내게 아빠가 물었다. 순간 머릿속이 바빠졌다. 황금빛 사원과 울창한 자연? 맛있는 음식과 저렴한 물가? 떠오르는 대로 여러 가지 장점을 내뱉었지만 아빠의 반응은 시큰둥했다. 그런 곳이 비단 치앙마이뿐이랴. 맞는 말이다. 그렇다면 나는 대체 왜 이렇게 치앙마이에 끌리는 것일까.

치앙마이는 우리가 흔히 떠올리는 태국과는 다른 매력을 가지고 있다. 동남아 하면 떠오르는 파란 바다 대신 울창한 숲이 맞아주고, 방콕의 화려함 대신 빛바랜 정겨움이 있다. 일상은 소소하고 단조롭다. 느지막이 일어나 햇살을 만끽하고, 길거리 국수 한 그릇으로 배를 채운다. 단골 카페에서 일기를 쓰고 가게 고양이와 놀아주며 시간을 보낸다. 가끔씩 사원도 가고, 트레킹도 즐긴다. 저녁이면 세계 각국의 여행자들과 재즈를 들으며 꼬치구이와 맥주를 마신다.

"치앙마이에는 낭만이 있어."

소소한 일상에서 느끼는 행복, 가진 것에 만족할 수 있는 넉넉함, 남들과 다른 길을 선택할 수 있는 용기, 원하는 대로 흘러가지 않아도 괜찮다는 위로, 경쟁하지 않고도 다 같이 잘 살 수 있을 거라는 로망. 치앙마이에 지내면서 내가 찾은 답이다. 이런 매력을 오롯이 느낄 수 있는 곳들을 골라 책에 담았다. 가이드북을 쓸 때마다 생각하지만 친절한 책이 되고 싶다. 생생한 여행 팁으로 지인이 갈 때처럼 꼼꼼하게 챙겨주면서 떠날 수 있는 용기와 설렘을 줄 수 있다면 더할 나위 없이 좋겠다.

치앙마이를 여행하는 가장 좋은 꿀팁은 바로 '사바이 사바이'. 태국어로 천천히 라는 뜻이다. 유명 여행지를 많이 돌아보는 것도 좋지만, 좀 더 여유롭게 시선을 옮기며 마음에 쉼표를 찍어보자. 느리게 걸을수록 행복해지는 도시, 치앙마이로 당신을 초대한다.

Special Thanks to

◇

긴 여정을 함께 해준 꿈의지도 식구들에게 진심으로 감사합니다. 언제나 물심양면 응원해주는 가족들에게 이 책을 바칩니다. 다사다난했던 취재를 함께 뛰며 까탈스러운 취향을 맞추느라 고생해준 유정열 작가에게도 감사와 사랑을 전합니다. 마지막으로, 현지 취재를 도와준 관계자 분들과 길 위의 인연들, 모두 사와디 카!

박애진

◇

치앙마이로 떠나기 전, 아는 것이라곤 유서 깊은 태국 한 왕조의 도시란 것뿐이었다. 구름 위를 나르며 읽은 책에는 치앙마이를 예술가의 도시로 묘사했다. 여행지의 삶은 단순했다. 아침을 먹고 빨래를 맡기고 방 청소를 하거나 카페에서 게으른 시간을 보내고 소소한 술잔으로 밤을 보냈다. 이래도 되나 싶을 만큼 여유로웠다. 치앙마이에서 유일한 고민거리는 무엇을 먹을까, 어디로 가볼까 하는 정도였다.

치앙마이는 한 달 살기 좋은 도시로 알려졌다. 치안과 교통이 좋고 저렴한 숙소와 음식(특히 커피는 최고!)은 매력적이다. 괜찮은 인터넷 환경과 훌륭한 의료시스템까지 갖춘 이 도시는 생활에 부족함이 없다. 다양한 여행자들이 찾기 때문에 여행자가 누릴 수 있는 시간이 많다. 밤늦도록 라이브를 들으며 맥주를 마시고 친구들을 사귄다. 그들과 함께 치앙마이에서 매형썬, 치앙라이, 빠이 등으로 여행을 떠나기도 한다. 타국에서의 인연은 언제나 설렘과 흥분을 안겨준다.

한국에서 겪는 반복적인 일상은 치앙마이에서도 이어진다. 즐거운 경험도 많지만 여행이라는 것이 얼마나 어려운지도 깨닫는다. 지구촌 사람들이 똑같이 겪는 일이기도 하다. 그럼에도 우리는 국경을 점프한다. 여행은 나를 달래기 위한 것인 동시에 다른 나를 만나는 일이기도 하다. 오로지 나의 선택으로 이루어진 황홀한 경험이다.

이 책을 진행하며 많은 사진을 찍었다. 독자에게 좀 더 분명한 정보를 전달하기 위한 노력이다. 책의 전체를 머릿속에 넣고 동분서주하던 박애진 작가에게 고맙다. 한 권의 책으로 나오기까지 작가만 애쓰는 것은 아니다. 기획에서 교정과 디자인 등 애써준 꿈의지도 식구들에게도 감사하다. 부디 이 책이 치앙마이로 떠나는 여행자들에게 가볍고 쉬운 가이드북으로 읽히며 아름다운 추억을 만드는 데 일조하기를 바란다.

유정열

〈치앙마이 홀리데이〉 100배 활용법

치앙마이 여행 가이드북으로 〈치앙마이 홀리데이〉를 선택하셨군요. '굿 초이스'입니다.
치앙마이에서 뭘 보고, 뭘 먹고, 뭘 하고, 어디서 자야 할지 고민하지 마세요. 친절하고 꼼꼼한
베테랑 〈치앙마이 홀리데이〉와 함께라면 당신의 치앙마이 여행이 완벽해집니다.

01
치앙마이를 꿈꾸다
STEP 01 》 PREVIEW 를 먼저 펼쳐보세요. 고즈
넉한 사원과 초록빛 자연을 만날 수 있는 치
앙마이에서 꼭 봐야 할 것, 해야 할 것, 먹어
야 할 것들을 안내합니다. 치앙마이 여행에서
놓쳐서는 안 될 핵심 요소들을 화보 사진으로
만나보세요.

02
여행 스타일 정하기
STEP 02 》 PLANNING 을 보면서 나의 여행 스
타일을 정해보세요. 치앙마이 핵심 명소와 하
이라이트 스폿을 둘러보는 일정부터 빠이, 치
앙라이 등 근교를 포함하여 알차게 여행하는
일정까지 다양한 코스를 소개합니다.

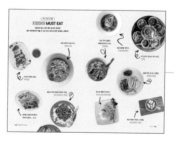

03
치앙마이를 즐기다 & 치앙마이를 맛보다
STEP 03 》 ENJOYING & STEP 04 》 EATING 을 보면서 마음에 드는 스폿에 포스트잇을 붙여보세요. 황금빛
으로 빛나는 옛 사원과 매력 만점의 카페, 개성 넘치는 실력파 뮤지션들의 라이브, 지갑을 안 열고는
못 배길 야시장, 스릴만점 액티비티, 태국 북부에서만 맛볼 수 있는 란나 푸드 등을 체크하면 됩니다.

04

숙소 정하기

각 지역의 SLEEP 을 보면서 내가 묵고 싶은 숙소를 골라보세요. 실속 있는 중저가 호텔, 최고급 럭셔리 호텔, 치앙마이 사람들의 생활을 엿볼 수 있는 게스트하우스 등 콘셉트와 가격대, 나의 여행 타입을 고려한 다양한 숙박 시설을 소개합니다.

05

지역별 일정 짜기

여행 콘셉트와 목적지를 정했다면 이제 지역별로 묶어 자세한 동선을 짭니다. 치앙마이 각 지역별 관광지와 레스토랑 등을 보면 이동 경로를 짜는 것이 훨씬 수월해집니다.

06

QR코드 활용하기

스폿의 자세한 정보가 더 필요하다면 CHIANG MAI BY AREA 에 있는 QR코드를 활용해 보세요. QR을 열면 지도와 스폿의 정보를 간편하게 확인할 수 있답니다.

Tip 이 책에는 QR코드가 많이 있다. 내 스마트폰에서 카메라를 켜고 QR코드에 가져다 대면, 화면 아래 노란색 링크가 뜬다. 그 부분을 누르면 QR코드가 알려주는 사이트로 바로 연결된다.

카메라

일러두기

- 이 책에 실린 모든 정보는 2024년 6월까지 수집한 정보를 기준으로 했으며, 이후 변동될 가능성이 있습니다. 특히, 교통편의 운행 정보와 요금, 관광지의 운영 시간 및 입장료, 식당의 메뉴 가격 등은 현지 사정에 따라 수시로 변동될 수 있습니다. 여행 전 홈페이지를 통해 검색하거나 현지에서 다시 한 번 확인하시길 바라며, 변경된 내용이 있다면 편집부로 연락주시기 바랍니다. **편집부 070-7535-9416**
- 이 책은 국립국어원 외래어 표기법을 따랐습니다. 그러나 태국어 지명이나 상점명 등은 현지 발음 기준으로 했습니다.
- 교통 정보에서 도보 이동 시간은 개인차가 있을 수 있습니다.
- 관광지, 식당, 호텔 등 요금은 성인 기준, 운영 시간은 성수기를 기준으로 작성하였습니다. 비수기인 동절기 기간은 운영 시간이 성수기에 비해 짧은 편이니, 방문 전 각 홈페이지에서 확인하시길 바랍니다.
- 1밧은 약 37.48원입니다(2024년 6월 기준). 환율은 수시로 변동되므로 여행 전 확인은 필수입니다.

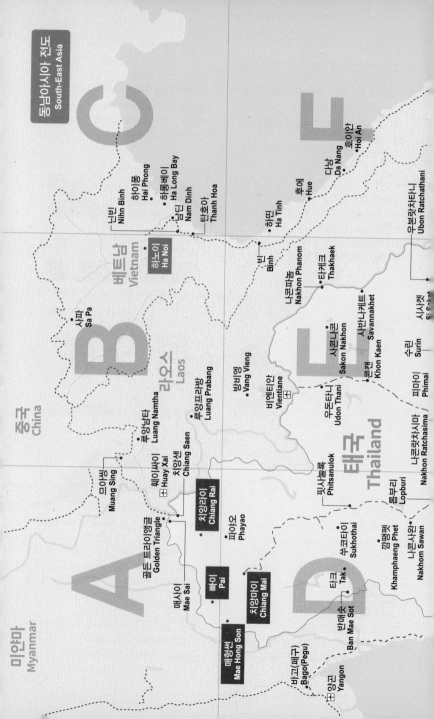

동남아시아 전도
South-East Asia

미얀마
Myanmar

중국
China

라오스
Laos

베트남
Vietnam

태국
Thailand

사파
Sa Pa

하노이
Ha Noi

닌빈
Nihn Binh

하이퐁
Hai Phong

하롱베이
Ha Long Bay

남딘
Nam Dinh

탄호아
Thanh Hoa

빈
Binh

하띤
Ha Tinh

후에
Hue

다낭
Da Nang

호이안
Hoi An

우본랏차타니
Ubon Ratchathani

나콘파놈
Nakhon Phanom

타케크
Thakhaek

사반나케트
Savannakhet

시사켓
Si Saket

수린
Surin

사콘나콘
Sakon Nakhon

콘깬
Khon Kaen

피마이
Phimai

루앙남타
Luang Namtha

치앙샌
Chiang Saen

방비엥
Vang Vieng

루앙프라방
Luang Prabang

비엔티안
Vientiane

우돈타니
Udon Thani

나콘랏차시마 /
Nakhon Ratchasima

무아씽
Muang Sing

훼이싸이
Huay Xai

골든 트라이앵글
Golden Triangle

치앙라이
Chiang Rai

파야오
Phayao

핏사눌록
Phitsanulok

롭부리
Lopburi

매사이
Mae Sai

빠이
Pai

치앙마이
Chiang Mai

수코타이
Sukhothai

깜팽펫
Khamphaeng Phet

나콘사완
Nakhom Sawan

타크
Tak

매홍선
Mae Hong Son

반매솟
Ban Mae Sot

바고(페구)
Bago(Pegu)

양곤
Yangon

왓 쩻욧

왓 프라탓 도이쑤텝 방향
Wat Phra That Doi Setep

마야 라이프스타일 쇼핑센터
Ⓢ **Maya Lifestyle Shopping Center**

치앙마이 스테
Chiang Mai St

헤이깨우 로드 Huaykaew Rd.

Hussadhisawee Rd.

Chotana Il Rd.

창푸악 로드 Chang Puak Rd.

창푸악 게이트 야시장
Chang Puak Gate Night Market

Wat Lok Moli •

Wat Chiang Yue

창푸악 게이트
Chang Phuak Gate

치앙마이 람 병원
Chiang Mai Ram Hospital ✚

Sri Poom Rd.

펀 포레스트 카페
Fern Forest Café Ⓡ

왓 치앙만
Wat Chiang Man

님마한해민다 로드 Nimmanahaeminda Rd.

Bunrueang Rit Rd.

버드 네스트 카페
Birds Nest Café

Singhart Rd.

우먼스 마사지 센터
바이 엑스 프리즈너
**Women's Massage Center
By Ex-Prisoners** Ⓔ

Prapokkoa Rd.

Ratchapkhina Rd.

Chiang Mai University
Convention Center

Maharaj Nakorn
Chiang Mai Hospital ✚

왓 파봉
Wat Pha Bong

치앙마이
경찰서

일요 Ⓡ
Sunday Ma

쑤텝 로드 Suthep Rd.

쑤언독 게이트
Suan Dok Gate

왓 프라싱
Wat Phra Singh

왓 판따오
Wat Phan Tao

랏차담넌 로드
Rachadamnoen

블루 누
Blue No Ⓡ

왓 쑤언독
Wat Suan Dok

SP 치킨 Ⓡ
SP Chicken

Ⓔ

흐언펜
Huen Phen

왓 쩨디루앙
Wat Chedi Luan

오아시스 스파 란나
Oasis Spa Lanna

Wattanothai Payap School ⚓

Samlam Rd.

랏차담넌 로드
Rachadamnoen Rd.

Arak Rd.

쏘이 7 Soi 7

농부악 핫 퍼블릭 파크
Nong Buak Haad Public Park

치앙마이 게이트 마켓
Chiang Mai Gate Market

Rat China

원스 어폰 어 타임 부티크 홈 Ⓗ
Once (Upon a Time) Boutique Home

창로 로드
Chang Lo Rd.

Saen Pung Gate

치앙마이 게이
Chiang Mai Gat

Om Muang Rd.

Thippanet Rd.

Wua Lai Rd.

Suriwong Rd.

✚ 치앙마이 국제공항

아야 서비스
Aya Service

센트럴 페스티벌 치앙마이
Central Festival Chiang Mai

치앙마이 버스터미널(아케이드)

Wat Pa Phaeng

Rattanakosin Rd.

Kaeonawarat Rd.

McCormick Hospital Chiang Mai

The Prince Royal's College

위차야논 로드
Wichayanon Rd.

Kaeonawarat Rd.

Bamrung Rat Rd.

다이아몬드 더 브렉퍼스트 클럽
Diamond the Breakfast Club

Sithiwongse Rd.

Charoen Rat Rd.

와로롯 시장
Warorot Market

리버사이드 바 앤 레스토랑
The Riverside Bar & Restaurant

쌘깜팽행 버스 정류장

Mun Mueang Rd.

타패 로드
Thapae Rd.

타패 게이트
Thapae Gate

Charoen Muang Rd.

Soi 3

치앙마이 기차역
Chiang Mai Railway

Ka.pangdin Rd.

Soi 6

아이언 브리지
Iron Bridge

Charoen Rat Rd.

Bamrung Rat Rd.

Thung Hore Rd.

스리돈차이 로드 Sridonchai Rd.

Prachasamphan Rd.

샹그릴라 호텔 치앙마이
Shangri-La Hotel Chiang Mai

Chiang Mai-Lamphun Rd.

N

0   200m

Central Chiang Mai Memorial Hospital

치앙마이 전도
Chinag Mai

Step 01
Preview

치앙마이를
꿈꾸다

치앙마이 **MUST SEE**

느리게 걸을수록 행복한 도시 치앙마이. 유서 깊은 사원부터 트렌디한 갤러리, 초록
이 숨 쉬는 자연경관까지 팔색조의 매력을 지녔다. 과거와 현재를 오가는 치앙마이
핵심 포인트를 소개한다.

왓 프라싱 Wat Phra Singh

금빛으로 빛나는 화려함의 정수, 치앙마이에서 꼭 봐야 할 사원
넘버 원

왓 쩨디루앙 Wat Chedi Luang

거대한 쩨디(불탑)가 우뚝 솟아 있는, 치앙마이 올드 시티의 핵심 관광지 중
하나이다.

왓 프라탓
도이쑤텝 Wat Phra
That Doi Suthep

도이쑤텝 산 정상에 위치한
사원. 치앙마이 시내가 한눈
에 내려다보인다.

반캉왓 Baan Kang Wat

아티스트들이 모여 만든 공동체 마을.
치앙마이의 로망을 마음껏 즐길 수 있는 곳이다.

5

먼쨈 Mon Cham

매림 지역에 위치한 고원으로,
계단식 논이 펼쳐져 아름다운
풍광을 자랑한다.

버쌍 우산 마을
Bo Sang Umbrella Village

치앙마이 전통 우산을 만드는 장인들이
모여 사는 곳으로, 200년이 넘는 역사
를 가진 마을이다.

파처 협곡 Pha Chor Canyon

치앙마이의 그랜드 캐니언. 이국적인 풍광을
만끽하며 트레킹을 즐기기 좋다.

부아텅 폭포 Bua Tong Waterfall

치앙마이 메인 시티에서 약 두 시간 가량 떨어진 곳에 멋진 폭포가 있다. 거꾸로 거슬러 오르는 시원한 석회 폭포. 미끄럽지 않아 안전하고 시원한 물줄기를 즐길 수 있어 인상적이다.

치앙마이
MUST DO

유명한 장소를 돌아보는 것만으로는 치앙마이를 온전히 즐길 수 없다. 지내면 지낼수록 하고 싶은 것이 많아지는 신기한 도시 치앙마이에서 꼭 해야 할 버킷리스트 10을 소개한다.

1 올드 시티를 거닐며 도시의 숨결 느껴보기

3 쿠킹 클래스에 참여해, 내 손으로 태국 요리 만들어보기

2 매력 만점 카페를 골라 카페 투어 즐기기

4 개성 넘치는 실력파 뮤지션들의 라이브
공연 만끽하기

5 동남아에서 경험하는 색다른
온천욕 하기

6 야시장 돌아보며 진정한 탕진잼을 느껴보기

8 신나게 정글을 날아보자! 짚라인 타기

9 태국 가장 높은 도이인타논 국립공원에서
인증 사진 찍기

7 잊지 못할 동물과의 교감, 코끼리 목욕시키기

10 그랜드 캐니언에서 스릴 만점 다이빙에 도전하기

치앙마이 MUST EAT

지금까지 알고 있던 태국 음식은 잊어라!
태국 북부에서만 맛볼 수 있는 란나 푸드의 진한 정수를 느껴보자!

태국 북부의 대표 국수,
카우쏘이

치킨은 언제나 옳다,
까이양

돼지고기와 바질의 향긋한 조화,
팟끄라파오 무쌉

입맛을 깔끔하게 해주는
파파야 샐러드, **쏨땀**

진한 맛이 일품인
버마(미얀마)식 커리,
깽항레

속을 달래줄 쌀국수,
꾸어이띠여우

한 상으로 맛보는 란나 푸드,
깐똑

입에 착착 감기는 감칠맛,
카우만까이

망고와 찰밥이 만났다,
카오 니아오 마무앙

원산지에서 맛보는 신선함,
치앙마이 커피

Step 02

Planning

....

치앙마이를
그리다

치앙마이를 말하는 **7가지 키워드**

태국 제2의 도시이자 북부의 문화 중심지로 꼽히는 치앙마이. 아름다운 자연경관과 찬란한 문화유산으로 '북방의 장미'라는 별칭을 가지고 있다. 치앙마이를 표현하는 대표 키워드를 통해 어떤 곳인지 자세히 살펴보자.

1 란나 Lanna

란나 건축, 란나 푸드, 란나 스타일 등 치앙마이를 여행하다 보면 가장 많이 접하는 단어가 바로 '란나'다. 치앙마이가 속한 태국 북부 지역을 란나 지역이라고 한다. 란나는 '100만 개의 논'이라는 뜻으로, 겹겹이 둘러싸인 산과 비옥한 토지, 강의 풍요로움을 간직하고 있다. 1268년 멩라이 왕 King Mengrai에 의해 탄생한 란나 왕국은 1296년 치앙마이로 천도 후 독자적인 문화를 꽃피우며 발전했다. 1939년이 되어서야 태국으로 완전히 편입되었기 때문에 중남부 지역과는 다른 란나만의 독특한 색깔을 만날 수 있다.

2 예술 Arts

치앙마이는 예술의 도시다. 거리를 걷다 보면 트렌디한 숍들과 개성 넘치는 벽화에 몇 번이나 발길을 멈추게 된다. 저렴한 물가와 여유로운 라이프스타일은 태국뿐만 아니라 전 세계 예술가와 디지털 노마드들을 치앙마이로 끌어당겼다. 또한, 명문대로 꼽히는 치앙마이 대학교 역시 예술가를 배출하는 데 한몫하고 있다. 다양한 아티스트들이 활발한 커뮤니티를 이루면서 다채로운 공연과 전시가 이어진다.

3 로열 프로젝트 Royal Project

과거 태국 북부 지역은 세계 최대의 아편 재배지였다. 1960년대 말까지 북부 고산족들은 아편을 재배하며 마약 중독과 빈곤에 시달렸다. 고 푸미폰 아둔야뎃Bhumibol Adulyadej 전 국왕은 로열 프로젝트를 통해 아편 대신 고소득 작물인 커피와 차, 과일 등을 재배하도록 돕는 데 앞장섰다. 경작에 대한 교육은 물론, 판매까지 이어질 수 있는 지속적인 지원으로 고산족의 경제적 자립을 도모했다. 또한, 디자인에도 지원을 아끼지 않아 치앙마이의 예술적 감각을 높이는 데 기여했다.

4 플리 마켓 Flea Market

치앙마이 곳곳에서 플리 마켓을 쉽게 접할 수 있다. 마을 공터에서 열리는 소소한 벼룩시장부터 대규모로 이루어지는 야시장까지 종류도 많고 테마도 다양하다. 가장 유명한 선데이 마켓Sunday Market부터, 토요일 새벽 숲속에서 열리는 빵집, 유기농 채소와 제품을 판매하는 파머스 마켓 등 마켓만 쫓아도 치앙마이에서의 일주일이 지나갈 정도다. 여기에 길거리 노점과 라이브 공연이 곁들여져 구경하는 재미가 쏠쏠하다. 결제는 현금과 GLN QR 결제가 대부분 가능하다.

5 카페 Cafe

북부 지역은 해발 1,000m가 넘는 고도와 아열대성 기후로 원두 재배에 최적의 조건을 갖췄다. 품질 좋은 아라비카 생산지로, 태국 유명 체인 도이창, 도이뚱, 와위 커피 모두 태국 북부에서 탄생했다. 자연스레 커피 문화가 발달한 치앙마이에는 한 집 건너 한 집이 카페일 정도. 대규모 체인이 아닌 작은 규모의 특색 있는 카페가 많다. 감각적인 인테리어에 놀라고, 신선한 원두 맛에 두 번 놀란다. 취향저격 카페를 순방하는 카페 투어는 치앙마이 여행에서 빼놓을 수 없는 즐거움이다.

6 한 달 살기 Living Abroad

열심히 일한 당신, 떠나라! 아니 치앙마이에서는 '살아보라'! 치앙마이는 한 달 살기 열풍을 불러온 도시 중 하나다. 저렴한 물가 대비 높은 인프라, 따뜻한 날씨 등 매력을 꼽자면 열 손가락이 부족하다. 특히 빠른 인터넷과 업무를 볼 수 있는 코워킹 스페이스Co-Working Space가 잘 마련되어 있어 디지털 노마드의 성지로 꼽힌다. 월 30만 원이면 쾌적한 콘도를 빌릴 수 있고, 단돈 몇천 원에 한 끼를 해결할 수 있다. 거기에 여유로운 생활 방식까지 더해져 행복지수가 배가 된다.

7 사바이 사바이 Sabai Sabai

'사바이 사바이'는 천천히, 느릿하게, 편하게 라는 뜻이다. 이 말을 자주 사용하는 치앙마이 사람들은 여유가 몸에 배어 있다. 치앙마이에서는 빨리빨리 마인드를 잠시 내려놓고, 사바이 사바이하게 걸으며 마음에 쉼표를 찍어보자. 여유로운 일상에서 소소한 행복을 느낄 수 있을 것이다.

치앙마이, **아는 만큼 보인다!**

치앙마이는 어떤 곳일까? 700년의 역사를 가진 란나 왕국부터 현재에 이르기까지, 굵직한 맥락만 알아도 치앙마이 여행이 훨씬 더 풍요로워진다.

파란만장 700년의 역사, 란나 왕국

태국 북부의 역사는 멩라이왕으로부터 시작된다. 현재 치 앙쌘Chiang Saen이 있는 언양 지방을 다스리던 멩라이왕은 1262년 치앙라이를 수도로 정하고 란나 왕국을 건설했다. 멩라이왕은 중국 남부에서 남하한 타이Tai Yuan족의 후예로 전해지며, 태국 중남부 지역의 아유타야Ayutthaya, 쑤코타 이Sukhothai 왕조와는 뿌리가 다르다.

란나 왕국은 1296년 치앙마이로 천도 후 왕국의 기반을 다 지며 빠르게 성장했다. '치앙'은 도시, '마이'는 새롭다는 뜻 으로 '새로운 도시' 즉, 란나 왕국의 신도시를 의미한다. 북 쪽으로는 버마(미얀마), 남쪽으로는 아유타야(태국)와 어깨 를 나란히 하는 강대국으로 번창했다.

멩라이왕

그러나 안타깝게도 란나 왕국의 전성기는 오래가지 못했 다. 건국 300년도 채 되지 않아 1569년 버마에 의해 정 복당하면서 속국으로 전락한다. 200년이라는 긴 시간 동 안 버마의 지배를 받다 1775년 씨암(태국)의 도움으로 독 립한다. 그 후 씨암에게 조공을 바치며 반 독립국으로 지 내다 1939년 란나 왕조의 마지막 왕자가 사망하면서 태 국으로 완전히 편입되었다. 이러한 역사적 배경으로 치앙 마이는 태국이면서도 태국과는 또 다른 독창적인 문화가 형성된 것이다.

삼왕상

핵심만 콕콕! 태국 왕조 연대기

태국은 왕이 존재하는 입헌군주국가이다. 11세기 짜오프라야강Chao Phraya River을 중심으로 발전한 쑤코타이 왕조를 시작으로, 아유타야, 톤부리Thon Buri를 거쳐 현재 짜크리Chakri까지 왕조를 이어가고 있다. 1782년 라마 1세가 짜크리 왕조를 창시, 아유타야의 전통을 계승한다. 라마 4세와 5세는 서구의 식민지 침략으로

부터 나라를 지켜내고, 근대화를 이끈 인물로 칭송받고 있다. 1932년 라마 7세 때 절대군주제에서 지금의 입헌군주제 체제로 전환되었다.

정치 체제의 전환으로 혼란을 겪던 시기 라마 8세가 갑작스럽게 암살당하고, 그의 동생이었던 라마 9세가 왕위에 오른다. 그가 바로 태국 국민들이 가장 사랑하는 왕, 고 푸미폰 아둔야뎃이다. 70년의 재위 기간 동안 전국을 방문하며 국민들의 소리를 듣고, 3천여 건의 로열 프로젝트를 실현해 국민들의 삶의 질을 향상시키는 데 앞장섰다. 그의 공로는 국제적으로도 인정받아 아시아의 노벨 평화상인 '막사이사이상Magsaysay Award'을 수상하였다. 2016년 10월 13일 향년 88세의 나이로 서거했으며, 현재의 국왕은 그의 아들 마하 와치랄롱꼰Maha Vajiralongkorn 라마 10세다.

태국 왕실은 국민들의 절대적인 사랑과 지지를 받고 있다. 매일 저녁 6시에 국왕 찬가가 흘러나오면 사람들은 하던 일을 멈추고 경의를 표한다. 다른 사람들을 따라 예의를 지키는 것이 좋다. 외국인이라도 왕실을 모욕하면 왕실 모독죄로 처벌받을 수 있으니 절대 삼가야 한다.

태국 북부 **지역별 여행 포인트**

"빠이에 갈까? 말까?" "치앙라이에 갈까? 말까?" 치앙마이에 오래 머무는 생활자이건, 짧게 머무는 여행자이건 꼭 하는 고민이다. 치앙마이에만 있어도 충분하지만, 안 가자니 뭔가 아쉽다. 비슷한 듯 다른 색깔을 가진 북부를 대표하는 세 곳의 매력을 간략하게 정리해 본다.

치앙마이 Chiang Mai

오랜 역사와 풍부한 문화유산, 뛰어난 자연경관까지 삼박자를 갖춘 만점 여행지이다. 도시 곳곳에 배어 있는 여유로움은 우리를 더욱 설레게 만든다. 거기에 착한 물가까지! 이곳에 살으리랏다라는 마음이 절로 든다. 감각적인 숍과 카페가 즐비하고, 저녁이면 세계 여행자들이 만들어내는 라이브 공연으로 들썩인다. 요일별로 플리 마켓이 열리고, 다양한 전시와 페스티벌이 일상에 활기를 더한다. 외곽으로 다양한 볼거리가 있으며, 데이 투어가 잘 이루어져 있다.

키워드 #감성여행, #사원,
#문화유산, #혼행, #한달살기,
#먹방, #야시장, #카페투어

빠이 Pai

이보다 자유로울 수 없다. 배낭여행자들의 성지 중 한 곳으로, 강을 끼고 있는 손바닥만 한 시골 마을에 지구별 곳곳에서 모인 여행자들로 북적인다. 더운 낮에는 강가에서 한량 한량 시간을 보내다, 저녁이 되면 야시장 주위로 모여 새로운 사람들과 맥주를 마신다. 스쿠터를 빌려 주변을 돌아보고, 마음에 드는 카페를 만나면 잠시 쉬어가는 것이 일상인 곳, 빠이다.

키워드 #스쿠터여행, #힐링,
#제2의카오산로드, #길거리음식,
#배낭여행, #자유분방, #초록초록

치앙라이 Chiang Rai

치앙마이에 이어 치앙라이가 뜨고 있다. 치앙마이 북서쪽에 위치한 소도시로 치앙마이와 빠이의 장점을 쏙쏙 뽑아 섞어놓았다. 도시의 편리한 인프라를 갖추고 있으면서, 치앙마이보다 훨씬 아늑함을 느낄 수 있다. 란나 왕조가 시작된 곳인 만큼 역사의 발자취를 따라 시간 여행을 떠나자. 자연경관 또한 훌륭하다. 도심을 조금만 벗어나면 드넓은 녹차 밭이 펼쳐지고, 겹겹이 둘러싸인 산자락은 전통을 간직한 소수 민족들을 품고 있다.

키워드 #소도시여행, #역사기행,
#요즘핫플, #커피농장투어,
#데이트립, #고산족마을

치앙마이 한눈에 보기

치앙마이 지도를 살펴보면 한가운데 정사각형 모양을 찾을 수 있다. 과거 멩라이왕이 외부의 침략
으로부터 도시를 지키기 위해 지은 성곽과 해자의 윤곽으로, 이 성 안을 구시가지 즉 올드 시티라
고 한다. 여행자들은 올드 시티, 서쪽의 님만해민, 동쪽의 삥강 주변에 많이 머무른다.

마야 라이프스타일
쇼핑센터
Maya Lifestyle
Shopping Center

싼띠땀
Santitham

치앙마이 버스터미널
(아케이드)

치앙마이 스타디움
Chiang Mai Stadium

님만해민
Nimmanhaemin

창푸악 게이트
Changphuak Gate

올드 시티 Old City

치앙마이 대학교
컨벤션센터
Chiang Mai University
Convention Center

쑤언독 게이트
Suan Dok Gate

타패 게이트
Thapae Gate

왓켓 지역
Wat Ket Area

왓 쩨디루앙
Wat Chedi Luang

나이트 바자 지역
Night Bazzar Area

치앙마이 기차역
Chiang Mai Railway

아이언 브리지
Iron Bridge

농부악 핫 퍼블릭 파크
Nong Buak Haad Public Park

치앙마이 게이트
Chiang Mai Gate

샹그릴라 호텔 치앙마이
Shangri-La Hotel Chiang Mai

치앙마이 국제공항

올드 시티 Old City ▲

과거 란나 왕국의 수도로, 700년 역사를 고스란히 담고 있다. 붉은 벽돌로 지은 성벽이 잘 보존되어 있으며, 왓 프라싱, 왓 쩨디루앙 등 치앙마이 대표 사원들이 모여 있다. 고층 빌딩은 찾아볼 수 없고, 시간이 멈춘 듯한 고즈넉한 분위기가 흐른다.

님만해민 Nimmanhaemin

올드 시티와는 정반대로 치앙마이에서 가장 트렌디한 지역이다. 님만해민 로드를 따라 세련된 숍과 레스토랑, 갤러리, 부티크 호텔들이 옹기종기 모여 있다. 치앙마이의 가로수길이라고도 불리며, 한국인 여행자들이 가장 많이 머무르는 지역이다.

▼

싼띠땀 Santitam ▲

올드 시티와 님만해민 중간에 위치한 지역이다. 비교적 저렴한 집세와 물가로 장기 여행자들이 많이 거주한다. 놀라울 만큼 착한 가격의 현지 음식점들을 찾아볼 수 있다. 최근 감각적인 숙소와 카페들이 속속 생겨나는 추세다.

나이트 바자 & 삥강 Night Bazaar & Ping River

올드 시티의 서쪽에 위치한 타패 게이트에서 약 1km 직진하면 삥강이 나타난다. 타패 게이트와 삥강 사이를 나이트 바자 지역이라 부른다. 유동 인구가 많아 늘 북적이며 늦게까지 활기를 띤다. 삥강 주변으로 리버 뷰와 함께 쉬어가기에 좋은 이색 카페들을 만날 수 있다.

▼

치앙마이 대학교 랑머 ▲
Chiang Mi University Rangmor

'랑머'는 후문이라는 뜻. 매일 저녁 치앙마이 대학교 후문 주변으로 먹거리 야시장이 열리며, 골목을 따라 카페와 숙소들이 오밀조밀 모여있다. 학생들을 대상으로 하는 만큼 가격도 착한 편이라 장기 여행자들도 많이 거주한다. 남쪽으로 반캉왓과 왓 우몽이 있으며, 주변으로 친자연적인 카페들이 많아 감성 여행지로 뜨고 있다.

치앙마이 **교통 완전 정복**

'태국 제2의 도시'라는 타이틀이 무색하게도 치앙마이는 대중교통이 매우 열악하다. 그럼에도 불구하고 돌아다니는 데 아무 문제가 없는 신기한 곳이다. 치앙마이 입성부터 시내 교통까지 차근차근 알아보자.

치앙마이 들어가기

직항

인천공항에서 치앙마이까지 직항 노선을 이용하면 약 6시간 정도 소요된다. 대한항공과 아시아나항공 그리고 제주항공이 매일 운행 중이다. 진에어항공도 수, 목, 토, 일 주 4회 운행한다(항공편은 수시로 변경될 수 있음). 직항 항공권 가격은 왕복 50~100만 원 선. 평일 출도착으로 날짜를 맞추고 특가 이벤트를 활용하면 30만 원 대까지도 가능하니 항공권 가격 비교 사이트를 잘 체크하자. 성수기인 동계 시즌에는 부산~치앙마이 직항을 부정기편으로 운행해 더욱 편리해졌다.

방콕 → 치앙마이 경유

❶ 비행기

저가 항공이 많이 다니는 방콕까지 이동한 후 국내선으로 환승하는 방법이다. 방콕에서 치앙마이까지는 약 1시간 소요된다. 인천-방콕-치앙마이까지 같은 항공사를 이용하는 경우, 항공권을 따로 발권할 필요가 없고 짐도 치앙마이에서 찾는다. 입국 심사는 방콕 출국장 내 입국 심사장에서만 받는다.

인천-방콕/방콕-치앙마이 간 다른 항공사를 이용할 경우에는 다르다. 방콕에서 정식 입국 심사를 받고 짐을 찾은 후, 국내선 카운터에서 치앙마이 항공권을 다시 발권해야 한다. 방콕에는 수완나폼 공항과 돈므앙 공항 2개의 국제공항이 있으니 예약 시 꼭 체크할 것! 두 공항

거리는 차로 약 1시간인데, 두 공항을 잇는 무료 셔틀이 다닌다.

❷ 버스

방콕에서 치앙마이까지 육로로 이동할 수 있다. 방콕 모칫Mochi 북부 터미널에서 오전 9시부터 밤 11시까지 거의 매 시간대마다 버스가 다닌다. 약 10시간 소요되니 숙박비도 아낄 수 있는 야간 슬리핑 버스 타는 것을 추천한다. 여행자들은 여행사 버스나 버스 회사에서 개별적으로 운행하는 버스를 많이 이용한다.

가장 추천하는 버스는 나콘차이에어. 여성 전용 열이 따로 있을 만큼 시설과 서비스 면에서 가장 호평을 받고 있다. 온라인으로 좌석을 지정 후 사전 예약할 수 있어 편리하다. 나콘차이에어 버스 자사 터미널에서 출발한다. 금액은 편도 VIP버스 693밧, 퍼스트 클래스 버스 927밧이다. 온라인 예약 시 수수료 15밧이 추가된다.

Data 나콘차이에어 www.nakhonchaiair.com

❸ 기차

버스보다 시간은 더 걸리지만 누워서 갈 수 있어서 많이 이용한다. 방콕 후아람퐁 기차역Hua Lamphong RailwayStation에서 매일 5대의 치앙마이행 기차가 출발한다. 표는 90일 전부터 출발 2시간 전까지 온라인 예매가 가능하다. 오후 6시에 출발하는 급행 기차가 신식으로 시설이 가장 나은 편이다. 2인 개별실로 된 1등석은 두 달 전에도 표가 매진되는 경우가 많으므로 서둘러야 한다.

가장 많이 선택하는 2등석은 2층 침대가 여러 개 붙어 있다. 위층 침대보다 아래층 침대가 흔들림이 적고 공간도 넓어 편리하지만, 100~200밧 정도 더 비싸다. 야간열차 2등석에는 여성 전용 칸이 있다. 3등석은 침대칸이 아니라 추천하지 않는다.

열차 내 간이식당과 화장실, 유료 샤워장을 갖추고 있다. 간단한 음식도 판매하지만 가격이 사악하니 도시락을 준비해 가자. 에어컨이 세기 때문에 긴팔 겉옷을 챙기는 것도 추천한다. 출발 플랫폼이 바뀔 수 있으니 출발 30분 전 역에 도착하기를 권한다. 방콕의 교통체증은 상상을 초월하므로 일찍 서둘러야 한다.

Data 요금 열차별 상이
Special Express CNR기준
1등석 2400밧~, 2등석 1000~1700밧
열차 예약 사이트 www.dticket.railway.co.th

공항에서 시내까지

치앙마이 국제공항에서 시내까지 오가는 가장 대중적인 방법은 택시다. 1번 게이트 쪽에 있는 공항 택시 부스에서 목적지를 이야기하고 금액을 지불하면 티켓을 발권해 준다. 올드 시티까지는 150밧, 님만해민과 삥강까지는 약 200밧. 요금 흥정도, 추가 요금도 없다.

그랩을 이용할 수 있다. 요금은 위치에 따라 약 120~200밧. 편하게 이동하고 싶다면 클룩 Klook 등 투어 사이트에서 프라이빗 픽업 서비스를 신청하자.

치앙마이 시내 교통

❶ 그랩, 볼트 & 인드라이버
Grab, Bolt & Indriver

그랩 없었으면 치앙마이를 어떻게 여행했을까 싶다. 차량 공유 서비스로 해당 어플리케이션에 출발지와 목적지를 입력하면 적합한 운전자와 매칭해 준다. 차량과 운전자 정보를 알 수 있어 안심이고, 금액과 결제 방법까지 선택 가능하다. 우버의 태국 서비스 종료 후 그랩이 독점하고 있었으나, 최근 현지 앱인 볼트가 공격적인 마케팅으로 위협하고 있다. 인드라이버는 드라이버 수가 가장 적지만, 가격이 더 저렴하고 기사 선택이 가능하다는 장점이 있다.

❷ RTC 씨티 버스 RTC City Bus

코로나로 임시 휴업했던 RTC 씨티 버스가 다시 운행을 시작했다. 공항에서 시작, 올드 시티를 오가는 레드 라인, 님만해민을 오가는 옐로우 라인 두 가지 루트만 시범 운행 중이다. 요금은 인당 50밧. 22인치 이상의 캐리어는 30밧 추가 요금이 붙는다. 현금과 QR 결제 모두 가능하다. 버스 앱 Viabus로 루트와 버스의 실시간 위치를 확인할 수 있다.

Data www.facebook.com/rtccmcitybus

❸ 썽태우

공용 버스 겸 택시. 픽업트럭 뒤 칸에 여러 명이 앉을 수 있는 긴 의자 2개가 마주 보고 놓여 있다. 손을 들어 썽태우를 세운 뒤 운전자에게

썽태우

목적지를 말한 후 운전자가 OK하면 뒷자리에 탑승한다. 기본요금은 30밧. 거리에 따라 조금씩 달라진다. 돈은 내릴 때 지불하면 된다. 가까운 거리라면 흥정하지 말고, 그냥 탄 뒤 내릴 때 쿨하게 30밧을 내는 것이 낫다.

④ 애니휠 Anywheel

치앙마이표 따릉이! 싱가포르에서 시작해 동남아로 진출한 공유 자전거 서비스다. 어플을 이용해 페이, 이용, 반납 모두 가능하다. 시간 단위로 빌릴 수 있으며, 무제한 이용권은 하루에 100밧, 7일에 200밧이다. 하루에 몇 번을 이용하든 상관없지만, 기본 대여 시간 30분이 넘으면, 초과 30분당 10밧씩 추가 요금이 부과된다.

⑤ 뚝뚝 Tuk Tuk

오토바이 뒤에 사이드카를 단 현지 택시. 바가지가 심해 매번 흥정은 필수다. 목적지와 금액을 정확히 정하고 타야 한다. 가까운 거리라도 50밧부터 부른다.

⑥ 렌터카 Rent a Car

공항과 렌터카 전문 업체, 여행사에서 렌트할 수 있다. 빌리기 전 차 상태와 보험 커버리지를 꼼꼼히 확인하도록 하자. 소형차 1일 렌트비는 2,000밧 정도. 장기로 빌릴 시 할인받을 수 있다. 우리나라와 운전석이 반대인데다 오토바이가 많아 운전 시 주의해야 한다. 운전에 자신이 없다면 기사를 포함한 차를 렌트하는 것도 방법. 치앙마이 외곽 지역을 여행할 때 유용하다. 이 경우 시간당으로 요금이 계산되며 승용차 기준 1시간 약 200~300밧이다.

⑦ 오토바이 렌트 Motorbike Rental

치앙마이 여행에서 가장 유용한 교통수단이다. 쉽게 오토바이 렌털 숍을 찾을 수 있으며, 믿을 만한 업체로 소개받아 가는 것이 좋다. 오토바이 대여 시 여권 혹은 3,000밧 정도의 보증금을 지불해야 한다. 여권만 강조하는 숍이라면 피하는 것이 좋다. 웬만하면 보증금을 내고 여권은 사본으로 제출하기를 권한다.

50cc 스쿠터부터 전문가용 바이크까지 종류와 상태에 따라 금액이 달라진다. 200cc 미만의 오토바이 하루 렌트비는 250밧 정도. 빌리기 전 오토바이의 상태를 꼼꼼히 살펴보는 것은 필수! 오토바이 보험 여부도 꼭 확인할 것! 장기로 빌리면 더 저렴하다. 헬멧은 필수이며 대여료에 포함된다.

TIP 필수! 원동기 면허증

한국은 자동차 면허증을 소지한 경우 125cc 이하의 오토바이 운전이 허용되지만, 태국은 원동기 면허증이 따로 있어야만 오토바이 운전을 할 수 있다. 오토바이 대여 시에는 면허가 없어도 문제 없지만, 운전 시에는 문제가 된다. 한국에서 원동기 면허증을 딴 뒤 국제 면허증을 발급받아 가거나 현지에서 면허증을 따야 한다. 경찰에 적발될 시 500밧의 벌금이 부과된다. 헬멧 미착용 시에도 500밧의 벌금을 물으니 꼭 착용할 것!

뚝뚝

나만의 **여행 레시피**

누구나 자신만의 여행 스타일이 있다. 열심히 돌아다니며 모든 것을 담고 싶은 사람이 있는가 하면 카페에 앉아 느긋하게 시간을 보내고 싶은 사람도 있다. 치앙마이의 매력을 아낌없이 보여줄 핵심 코스를 효율적인 동선에 따라 소개한다. 이 중에 지울 것은 지우며 자신만의 스타일로 여행을 채워보자. 여기에 빠이와 치앙라이 코스를 붙이면 뚝딱 북부 여행이 완성된다.

알짜배기 치앙마이! 3박 4일 핵심 코스

DAY 1

치앙마이 여행의 시작, 타패 게이트

도보 5분 →

블루 누들에서 든든한 아침 식사 하기

도보 8분 →

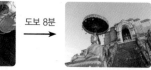

거대한 쩨디가 있는 왓 쩨디루앙 구경하기

도보 10분 ↓

황금빛 사원 왓 프라싱 돌아보기

도보 2분 ←

SP 치킨에서 까이양과 쏨땀 맛보기

도보 3분 ←

아카 아마 커피에서 쉬어가기

도보 8분 ↓

삼왕상 앞에서 찰칵! 멩라이왕과 기념사진 남기기

도보 1분 →

치앙마이 시티 예술문화센터에서 전시 감상하기

차로 8분 →

비엥 줌 온 티 하우스에서 우아하게 애프터눈 티 즐기기

도보 10분 →

나이트 바자에서
치앙마이 기념품 득템하기

도보 3분 →

스트리트 피자 앤 와인
하우스에서 피맥 즐기기

도보 1분 →

타패 이스트에서
라이브 선율에 취하기

DAY 2

더 라더 카페에서
인생 샌드위치 만나기

도보 3분 →

원 님만과 씽크 파크
돌아보며 기념품 사기

↓ 도보 5분

님만해민 거리 구경 및
카페 투어 하기

← 도보 1분

리스트레토 커피에서 세계
챔피언 바리스타의 커피 맛보기

← 도보 3분

카우쏘이 님만에서
카우쏘이 맛보기

↓ 도보 5분

마야 라이프스타일
쇼핑센터 구경 후
님만 힐에서 노을 보기

도보 10분 →

떵뗌또에서
란나 스타일로
한 끼 식사하기

도보 5분 →

웜업 카페에서
신나는 음악으로
밤을 불태우기

꼬프악 꼬담에서
현지식으로 아침 먹기

차로 10분 →

치앙마이 대학교
호숫가 산책하기

차로 40분 →

도이뿌이 몽족 마을
꼭대기에서 커피 즐기기

차로 20분 ↓

몽크 트레일 따라
왓 우몽까지 걷기

← 차로 40분

고즈넉한 숲속 사원
왓 파랏 거닐기

← 차로 10분

치앙마이의 상징 도이쑤텝
에서 탑 돌며 기도하기

도보 30분 ↓

동굴 사원 왓 우몽에서
명상의 시간 갖기

차로 20분 →

창푸악 야시장 구경하며
족발 덮밥에 도전하기

차로 20분 →

노스 게이트 재즈 코업에서
흥 넘치는 공연 감상하기

DAY 4

쿠킹 클래스로 오전을
풍요롭고 맛있게!

→ 차로 15분

예술가들의 작업실이
모인 반캉왓 구경하기

→ 도보 10분

페이퍼 스푼에서 달달한
디저트로 충전하기

↓ 차로 6분

로열 프로젝트 숍에서
유기농 기념품 구입하기

← 차로 10분

진저 팜 키친에서
미슐랭 깨기

← 도보 5분

라이즈 루프톱 바에서
칵테일 즐기기

DAY +1 매림

이른 아침
매림으로 출발

→ 차로 40분
마야
라이프스타일
쇼핑센터 기준

그림 같은 풍경의
먼쨈 만끽하기

→ 차로 25분

퀸 씨리낏 식물원
산책하기

↓ 차로 15분

아이론 우드 정원에서
점심 식사 즐기기

← 차로 25분

훼이뜽타우 호수에서
신선놀음하기

TIP 훼이뜽타우 호수부터 시작해 먼쨈에서 노을을 보는 것도 추천한다.

DAY +1 싼깜팽

이른 아침
싼깜팽으로 출발!

차로 50분
마야
라이프스타일
쇼핑센터 기준

싼깜팽 온천에서 온천욕하며
노곤노곤 여독 풀기

차로 30분

버쌍 우산 마을
구경하기

차로 10분

미나 라이스 베이스드
퀴진에서 오색 쌀밥 맛보기

차로 3분

눈과 입이 행복한 디저트
준준 숍 앤 카페 방문!

차로 7분

마이암 현대미술관에서
전시 감상하기

DAY +1 항동

항동으로
출발!

차로 30분
마야
라이프스타일
쇼핑센터 기준

항동 시장 구경 및 노점에서
현지식 아침 먹기

차로 10분

반 타와이 목공예 마을에서
우드 제품 득템하기

차로 20분

푸핀 도이에서 느긋한
점심 식사 하기

차로 5분

그랜드 캐니언에서 짜릿한
물놀이 즐기기

TIP 1. 물놀이가 별로라면 로열 파크 랏차프룩 → 나이트 사파리 코스로 대신할 수 있다.
2. 매림은 자동차나 썽태우를 렌트해서 가는 것이 일반적이다. 그 외 멀지 않은 외곽은 그
랩을 이용해 충분히 다녀올 수 있다.

치앙마이 **알쓸신잡**

치앙마이 여행에 대한 설렘만큼이나 걱정도 클 당신을 위해 준비했다. 치앙마이로 떠나기 전 알아두면 쓸모 있는 치앙마이 여행 정보를 대방출한다!

치앙마이 여행, 언제가 좋을까?

치앙마이는 연평균 28도를 웃도는 고온다습한 열대 몬순기후다. 북부 지방에 위치해 방콕과 푸껫 등 중남부 지역보다는 선선하며 쾌적한 편이다. 치앙마이 날씨는 크게 건기와 우기, 혹서기로 나뉜다. 11월부터 5월까지는 건기, 6월부터 10월 초까지는 우기다. 여행하기 가장 좋은 시기는 건기인 11월부터 2월까지. 건기에는 쾌청한 날씨는 물론, 다양한 페스티벌이 열려 볼거리가 풍부하다. 그러나 이 시기에는 아침, 저녁으로는 꽤 쌀쌀하니 긴 소매 겉옷을 꼭 챙기도록 하자. 특히, 빠이와 치앙라이 산간 지역은 최저 기온이 14도까지 내려간다. 혹서기인 3월부터 5월까지는 낮 최고 기온이 40도를 넘어가므로 피하는 것이 좋다.

우기에는 하루 한두 차례 소나기성 스콜이 쏟아진다. 우기의 절정인 9월에는 장마처럼 며칠씩 비가 내리는 날이 이어지기도 한다.

치앙마이, 비자가 있다, 없다?

관광이 목적이라면 별도의 비자 신청 없이 90일간 체류할 수 있다. 그러나 여권 유효 기간이 6개월 이상 남아 있어야 하니 미리 체크하자. 입국일 기준이므로 주변 다른 국가를 여행하고 재입국할 경우, 다시 3개월까지 체류할 수 있지만, 이를 상습적으로 이용할 경우 이민국에서 제재를 당할 수 있다.

치앙마이의 언어는?

공용 언어인 태국어를 사용한다. 태국어에도 사투리가 있는데 치앙마이 특유의 북부 사투리가 있다. 북부 지역에는 다양한 고산족과 소수민족이 살고 있는데 그들만의 고유 언어를 사용한다. 관광지에서는 영어로 소통하는 데 불편함이 없다. 영어 교통 표지판과 메뉴판이 잘 되어있다.

> **TIP** 알아두면 유용한 태국어
> - 안녕하세요. 🔊 싸와디 카/캅
> - 감사합니다. 🔊 컵쿤 카/캅
> - 미안합니다. 🔊 커 톳 카/캅
> - 괜찮습니다. 🔊 마이 뺀 라이 카/캅
> - 도와주세요. 🔊 추어이 두어이 카/캅
> - 얼마예요? 🔊 타올 라이 카/캅?
> - 비싸요. 🔊 팽-짱 르어이
> - 맛있어요. 🔊 아로이
> - 고수는 빼주세요. 🔊 마이 싸이 팍치
> - 맵지 않게 해주세요. 🔊 마이 아오 펫
> - 화장실 어디예요? 🔊 헝남 유 티 나이 카/캅?
> * 문장 끝에 여성은 카, 남성은 캅을 붙이면 공손해진다.

치앙마이의 화폐와 환전은?

태국 공식 화폐인 '밧Baht'을 사용하며 'THB'로 표기된다. 20, 50, 100, 500, 1000밧 5종류의 지폐와 25사땅, 50사땅, 1, 2, 5, 10밧 6종류의 동전이 있다. 사땅은 밧보다 작은 개념으로 100사땅=1밧이다. 그러나 사땅은 거의 사용되지 않는다. 1밧은 우리나라 돈으로 약 38~40원 정도. 100밧을 4,000원이라고 생각하면 계산이 수월하다. 현지에서는 '밧'으로 발음한다.

환전은 원화의 경우 국내에서 밧으로 바꿔가는 것이 현지에서 환전하는 것보다 낫다. 많은 돈을 밧으로 환전하고 싶지 않다면 미국 달러로 환전해간 뒤, 현지에서 밧으로 바꾸어도 된다. 이 경우 고액권일수록 환율을 더 높게 쳐준다. 은행, 호텔 등에서 환전할 수 있으며, 사설 환전소도 쉽게 찾아볼 수 있다. 사설 환전소 슈퍼 리치Super Rich가 환율을 잘 쳐준다.

시골에도 ATM이 잘 보급되어 있어 손쉽게 현금을 인출할 수 있다. ATM기 사용 시 영어와 태국어 중 언어를 선택할 수 있으며, 현금 인출은 영어로 'Withdraw Cash'라고 한다. 통화 선택 질문에는 밧을 선택할 것. 신용카드 사용 때와 마찬가지로 현지 통화로 결제하는 것이 이득이다.

그러나 달러로 바꿨다가 다시 밧으로 바꾸는 건 아무래도 이중 수수료가 나간다. 요즘은 한 달 살기를 하더라도 현금 쓸 일이 많지 않기 때문에 현지에서 굳이 현금을 추가 인출하거나 추가 환전하는 일이 없도록 GLN을 충전해서 쓴다. GLN과 현금의 비중은 8:2 정도로 생각하면 된다. 현금은 GLN 어플이 안 열리거나 문제가 생겼을 때를 대비한 비상용 또는 마사지 팁의 용도로 생각하면 된다. 환전을 할 때는 국내 주거래 은행을 이용하고, 여행 전 미리 태국 현지 통화로 100밧과 500밧, 1000밧을 골고루 바꿔가면 좋다. 가장 많이 쓰는 단위다. 1000밧은 우리 돈으로 4만 원 가까운 금액이니 감을 익혀둘 것. 현지에서는 가급적 GLN을 이용한 QR결제를 많이 이용하자. 로컬 식당이나 길거리 노점에서도 스캔 한 번으로 QR 결제가 거의 다 가능하다.

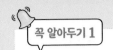

여행 출발 전 미리 GLN 배우기

GLN은 QR 코드 스캔만으로 간단히 결제할 수 있는 시스템! 기술의 발전은 여행을 훨씬 가볍고 편리하게 만든다. 한 번 써본 사람은 현금 거의 안 들고 다닐 정도로 편리하다. 여행 전 환전도 필요 없고, 돈 잃어버릴 위험도 없으며, 여행 후 쓰고 남은 동전이 여기저기 굴러다닐 일도 없다. 충전해 둔 돈이 남았다면 내 계좌로 환급받기 해주면 끝! 최근에는 GLN 어플도 나왔으니, 어플을 이용해도 좋겠다.

그럼 치앙마이 여행자들이 주로 많이 쓰는 하나은행과 토스뱅크의 GLN 사용법을 조금 더 자세히 알아볼까? 두려움에 떨지 말고, 차근차근 따라하자. 미리 익혀두면 치앙마이에서 아주 편하게 사용할 수 있다.

❶ 하나은행

하나원큐 앱 설치 → 하나원큐 회원가입 및 로그인 실행 → 맨 아래 우측 메뉴에서 키워드 검색 중 '번호표 / 출금 /결제'에서 결제 → 결제하기 → GLN 선택 → 최초 1회 시 약관 동의 → GLN 머니 충전 → 맨 아래 결제 아이콘 → 결제하기 → 현재 위치한 지역으로 설정 → QR 코드 스캔

❷ 토스뱅크

토스 앱 설치 → 토스 회원가입 및 로그인 실행 → 우측 하단 전체 메뉴 → 해외 결제하기 → 해외 결제 시작하기 → 토스 인증하기 진행 → 토스 GLN 출금 계좌 등록 → 신분증 등 개인정보 인증 → GLN 등록 완료 후 GLN에 현금 띳머니(선불 전자지급 수단) 충전 → 결제 페이지에서 QR 스캔하기

TIP 국제 현금카드

EXK 카드는 해외에서 현지 통화 인출이 가능한 국내 체크카드다. 저렴한 수수료는 물론, 자동 환전 우대를 받을 수 있다. 시티은행, 우리은행, 하나은행, 신한은행에서 발급할 수 있다. 우리은행의 경우 태국 카시콘 뱅크와 연계되어 있어 카시콘 뱅크 ATM에서 인출 시 수수료가 무료다.

치앙마이 여행 시 주의사항

• 태국은 국민의 90% 이상이 불교를 믿는 불교 국가다. 사원에서는 옷차림을 단정히 해야 하며, 여성은 승려의 몸이나 옷에 손을 대서는 안 된다.

• 태국 왕실은 국민들의 절대적인 지지를 받고 있다. 골목과 집집마다 왕의 초상화가 그려져 있는데 손가락질을 하거나 무례한 행동을 해서는 안 된다. 또한, 왕궁 방문 시 옷차림에 신경 써야 하고, 왕실 찬가가 들려오면 예를 갖춰야 한다. 왕실 모독죄는 외국인에게도 적용된다.

• 태국 사람들은 머리에 영혼이 깃들었다고 믿는다. 따라서 아이라고 할지라도 함부로 머리를 만지는 행동은 매우 큰 실례이다.

• 술에 관한 법률이 엄격하다. 오전 11시부터 오후 2시, 오후 5시부터 자정까지만 술을 구입할 수 있다. 모든 학교와 사원 근처 300m 내와 불교나 왕가와 관련된 날에는 술 판매를 금지하고 있다.

현지 유심 사용하기

로밍보다는 e-SIM이나 현지 유심을 사용하는 것이 금전적으로 훨씬 이득이다. AIS, 트루 모바일, dtac 등 여러 통신사 중 가장 큰 통신사이면서 기지국이 가장 많은 AIS를 추천한다. 유심은 공항에 내리자마자 구입할 수 있으며 교체부터 연결까지 다 해준다. 한국에서 구입해가거나 쇼핑몰에 있는 대리점에서도 판매한다. 1~30일까지 다양한 옵션이 있으며 가격은 7일 기준 데이터 양에 따라 150~250밧 정도로 저렴하다. 단, 듀얼 유심 폰이 아니고서야 현지 유심 사용 시 한국 번호로 걸려오는 전화는 받을 수 없으니 참조하자.

추천 애플리케이션

그랩 Grab 차량 공유 서비스 애플리케이션. 프로모션 이용 시 썽태우보다 저렴하게 다닐 수 있다. 오토바이 택시, 퀵서비스, 음식 배달까지 가능하다.

볼트 Bolt 그랩과 가격, 기사의 거리 등을 비교해 사용하면 편리하다.

푸드 판다 Food Panda 태국판 배달의 민족. 150밧 이상 구입 시 배달비가 무료다.

구글맵 Google Map 해외에서 유용한 애플리케이션. 지도는 물론, 내비게이션, 근처 맛집 검색과 리뷰까지 가능한 척척박사다.

클룩 Klook 여행 액티비티 플랫폼. 현지 투어, 액티비티, 교통수단 등을 예약할 수 있다.

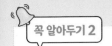

Grab

세상 쉬운 그랩 이용하기

동남아의 우버라고 불리는 그랩은 치앙마이 여행에서 택시나 오토바이 호출 시 많이 이용하는 앱 중 하나다. 우리의 카카오T처럼 미리 결제수단으로 쓸 카드를 등록해 놓으면 내릴 때 결제도 자동으로 되고, 따로 도착지를 말하지 않아도 되니까 편리하다. 운전자와 바로 영어 채팅도 할 수 있고 전화 통화 시 기본적인 영어도 가능하다. 시간도 잘 지키고 친절한 편이며 가격도 합리적이다. 어디든 가고 싶은 곳으로 나를 데려다줄 그랩! 이용 방법을 조금 더 자세히 알아보자.

그랩 설치하기

① Grab 어플 다운로드 받기 : 흰색 바탕에 초록 글씨로 Grab이라 쓰여있는 앱을 다운받으면 된다. 초록 바탕에 흰글씨는 그랩 운전자를 위한 것. 치앙마이에서 그랩 기사를 할 게 아니라면 필요 없는 어플이다.

② 앱 설치 후 'NEW to Grab? Sign up!' 누르기

③ 전화번호 인증하기 : 전화번호는 +82 10 0000 0000 형식으로 쓴다. 010의 앞자리 0은 삭제

④ 해외에서 보낸 Grab Code 6자리 문자가 오면 입력하기

⑤ 영문 이름과 이메일 주소 입력하기

⑥ 기입한 이메일로 온 메일을 확인하여 'Verify Email Address'로 다시 한번 인증을 진행하면 그랩 회원가입 완료

⑦ 'Add Card'에서 결제 카드번호 입력. 단 국내에서 미리 입력해 두려고 할 때 GPS 오류로 국가지원이 안 된다는 메시지가 뜰 수 있다. 그럴 때는 치앙마이 현지에 도착하여 카드번호를 입력하거나 <Fake GPS location> 앱을 깔아서 현재 위치를 국내가 아닌 치앙마이로 변경해야 한다.

해외에서 그랩 이용하기

① 앱 실행 후 'Transport'를 누르면 'Where to'라고 나온다. 구글에서 목적지의 주소를 복사하여 여기에 붙여넣기 하면 된다.

② 카카오T처럼 기사님의 위치와 나의 위치, 이동과정 등이 화면에 나타난다. 하단에는 기사님께 연락할 수 있는 채팅창과 전화연결 모양도 나온다.

③ 앱에는 나에게 배정된 차량의 번호도 뜨니까, 같은 번호의 차량이 도착하면 승차한다.

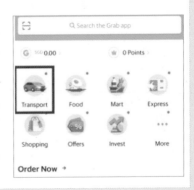

Step 03
Enjoying
....
치앙마이를
즐기다

(ENJOYING **01**)

왓왓왓, 고즈넉한 **사원 호핑**

치앙마이에는 300개가 넘는 사원들이 있다. 올드 시티 내 주요 사원들이 모여 있어 사부작사
부작 돌아보기에 좋다. 태국어로 사원을 '왓Wat'이라고 한다. 골목마다 왓 표지판이 나올 만큼
다양한 사원의 도시에서 꼭 봐야 할 명소들을 소개한다.

왓 프라탓 도이쑤텝 Wat Phra That Doi Suthep

해발 1,053m 도이쑤텝산 정상에 자리한 황금빛 사원. 부처님의 사리를 모시는 24m 높이의 황금
쩨디가 압도적이다. 경문을 읽으며 탑을 세 바퀴 돌면 소원이 이루어진다는 설이 있다. 전망대에서
는 치앙마이 도시가 시원하게 펼쳐진다.

왓 프라싱
Wat Phra Singh

1345년에 건립된 치앙마이의 대표 사원이다. 전형적인 란나 건축 양식의 화려한 법당과 황금빛 쩨디를 돌아보며 가장 찬란하게 빛났던 란나 왕국으로 시간 여행을 떠나보자. 태국 3대 불상으로 꼽히는 프라싱 불상을 모시고 있다.

왓 쩨디루앙
Wat Chedi Luang

'큰 탑이 있는 사원'이라는 이름처럼 높이 60m가 넘는 쩨디가 우뚝 솟아 있다. 원래 90m에 달했지만 대지진과 전쟁으로 망가져 지금의 모습을 갖추게 되었다. 신성한 에메랄드 불상 '프라깨우'를 모시기 위해 지은 탑으로 700년 전 란나 왕국의 위상을 짐작할 수 있다.

왓 우몽
Wat Umong

'우몽'은 동굴이라는 뜻. 도이쑤텝 산기슭에 터널을 파서 지은 동굴 사원으로, 여러 갈래로 난 동굴의 끝마다 불상이 안치되어 있다. 붉은 벽돌로 지어진 내부에는 신비로움과 경건함이 흐른다. 부처의 가르침을 배울 수 있는 명상센터를 함께 운영한다.

리얼 치앙마이! 무엇이든 배워보자

빨리빨리 여러 군데를 찍고 다니는 관광이 아닌, 느릿느릿 살아보는 여행을 해보는 것은 어떨까.
치앙마이에는 다양한 테마의 크고 작은 클래스들이 상시 열려 있으니 관심 분야가 있다면 도전해
보자. 오래오래 기억될 특별한 시간을 선사할 것이다.

음식은 한 나라의 집약체다. 그 나라의 지리적 요건과 문화, 역사 모든 것이 담겨 있기 때문이다. 쿠킹 클래스는 식재료를 직접 보고 스스로 만드는 요리 교실로, 낯선 현지 음식과 친해지는 최고의 방법이다. 일반적으로 함께 장보기 → 요리하기 → 다 같이 먹기 순서로 진행된다. 팟타이, 쏨땀 등 익숙한 요리부터 커리, 똠얌꿍 등 고난도 음식까지 코스별로 만든다.

혼자 참여하더라도 서로 도와주고 맛보다 보면 금방 화기애애해진다. 친구끼리, 연인끼리, 모녀끼리 소중한 사람과 함께 알콩달콩한 시간을 보내기에 좋다. 레시피 북도 제공되니 세계 4대 요리인 태국 음식을 집에서도 만들어보자.

저자 추천 아시아 시닉 타이 쿠킹 스쿨
Asia Scenic Cooking School

치앙마이에서 가장 크고 인기 있는 쿠킹 스쿨. 올드 시티에서 하는 반나절 코스와 외곽의 농장에서 진행되는 종일 코스 중 선택할 수 있다. 시간적 여유가 된다면 농장에서의 코스를 추천한다. 차로 약 20분 떨어진 곳에 위치, 1.6ac 크기의 넓은 논과 밭에 둘러 싸여 도시와는 또 다른 평화로움을 느낄 수 있다. 관광객이 많이 찾지 않는 로컬 재래시장에서 장을 보고, 농장을 둘러보며 허브와 식재료에 대한 이야기를 나눌 수 있는 것도 큰 장점이다.

많은 여행자들이 찾는 곳인 만큼 프로그램이 체계화되어 있으며, 세계 각국의 다양한 사람들을 만날 수 있다. 예약은 홈페이지나 페이스북, 올드 시티 지점에서 가능하다.

홈페이지 facebook.com/AsiaScenic

TIP 소규모 쿠킹 클래스를 원한다면 바질 쿠커리 스쿨Basil Cookery School을 추천한다. 태국 가정집을 개조해 만들었으며 최대 정원이 8명으로 제한되어 있다. 한국인들에게 인기가 높다.
홈페이지 www.basilcookery.com

요가 Yoga

장기 거주하는 외국인이 늘면서 치앙마이에 요가 문화가 자리 잡았다. 근육이 이완되기 좋은 따뜻한 날씨와 마음이 여유로운 생활까지, 요가 입문자부터 수행자들 사이에 핫 플레이스로 떠올랐다. 시내에만 20곳이 넘게 있어 쉽게 찾아볼 수 있다. 아쉬탕가, 빈야사 요가 등 각자 추구하는 수업 방식이 다르니 1회권을 구입해 몇 군데 다녀보고 마음에 드는 곳을 정하면 된다. 기간이 아닌 횟수로 구입할 수 있어 편리하다. 1회 250~300밧 정도. 대부분 레벨별로 다양한 클래스를 진행하며, 홈페이지에서 수업 시간표를 체크할 수 있다.

TIP 추천 요가

사트바 요가 Satva Yoga

척추 라인을 바로 잡아 몸의 불균형을 잡아주는 얼라인먼트 중심의 요가 클래스. 기구를 사용한 다양한 스트레칭과 평소 접하기 힘든 플라잉 요가를 전문적으로 배울 수 있다.
홈페이지 www.yogachiangmaithailand.com

요가 인 더 파크 Yoga in the Park

올드 시티에 있는 농부악 핫 퍼블릭 파크에서 열리는 무료 요가 클래스. 누구나 참여할 수 있는 만큼 난이도도 높지 않으며 야외에서 요가를 하는 특별한 경험을 할 수 있다. 페이스북 페이지에서 한 주 스케줄을 확인할 수 있다.
홈페이지 www.facebook.com/groups/289951174859604

무예타이 Muay Thai

무예타이의 고장에서 배우는 진짜 무예타이! 무예타이는 천 년의 역사를 가진 태국 전통 격투 스포츠이다. 맨손으로 싸우는 람무아이가 유명한데 단단한 신체 부위를 사용해 상대를 공격하는 방식이다. 손만 쓰는 복싱과 달리 발과 무릎 등 인체의 모든 부분을 사용할 수 있다. 치앙마이 내 무예타이를 배울 수 있는 체육관을 쉽게 찾아볼 수 있다. 요가처럼 체험반 원데이 클래스가 있으며 횟수로 등록할 수 있다.

저자추천 치앙마이 무예타이 짐 Chiang Mai Muay Thai Gym

여행자들 사이 가장 유명한 무예타이 체육관. 오전 8시부터 저녁 8시까지 하루 6번 그룹 레슨이 있으며, 1시간 30분에서 2시간 정도 진행된다. 가격은 1회당 390밧.

홈페이지 facebook.com/Chiangmai.Muay.Thai.Gym

저자추천 핏 복싱 짐 Fit Boxing Gym

늘 오픈되어 있는 체육관이 아닌 프라이빗하게 운영되는 곳이다. 소규모로 조용하게 운동하고 싶은 사람에게 강력히 추천한다. 일대일 수업으로 진행되며 1회당 90분, 가격은 500밧이다.

전화 093-554-2293(라인 ID: fitboxing)

댄스 Dance

태국 전통 무용부터 라틴, 재즈 댄스까지 흥 넘치는 클래스들이 가득하다. 특히 님만해민에 위치한 원 님만 쇼핑몰에서 운영하는 무료 댄스 클래스를 놓치지 말자. 30분가량 기본 스텝을 배운 후 파트너와 함께 연습을 한다. 다양한 여행자들과 손을 맞잡고 탱고, 스윙 등 신나는 음악에 맞춰 몸을 흔드는 유쾌한 경험을 선사한다. 무료인데다 횟수 제한도 없으니 이 기회에 몸치 탈출을 꿈꿔보자.

저자추천 원 님만 One Nimman

홈페이지에서 프로그램 요일과 시간을 체크 후 별 다른 절차 없이 장소로 가면 된다. 댄스 외 오전 요가 클래스도 인기가 많다.

홈페이지 www.onenimman.com

저자추천 완카오마이 컬처럴 워크숍 스튜디오 Wankaomai Cultural Workshop Studio

태국 전통 무용과 음악에 대해 배울 수 있다. 전통 의상을 입고 태국의 인사법과 간단한 예절을 익힌 후 진행된다. 그 외에도 과일 카빙과 태국식 꽃꽂이 등 다른 곳에서 보기 힘든 이색 워크숍을 진행한다.

홈페이지 facebook.com/wankaomaistudio

TIP 영어를 잘 못하는데 괜찮을까요?
언어 걱정은 하지 말자! 대부분 시범을 보이고 따라 하는 실습 위주이니 백 마디의 말보다 빠른 눈치가 더 도움이 된다.

초록초록 **자연에 반하다**

치앙마이를 걷다 보면 싱그럽다는 말이 저절로 나온다. 뜨거운 태양을 피해 잠시 들어선 커다란 나무 그늘, 가게 앞 주렁주렁 매달려 있는 화분 등 눈 닿는 곳마다 초록이다. 일상에 자연이 깊숙이 들어와 있는 것도 부러운데, 도심에서 조금만 벗어나면 진정한 초록의 향연이 펼쳐진다.

1 먼쨈 Mon Cham

먼쨈의 동의어는 힐링이다. 북부 고산족 중 하나인 몽족이 살고 있는 고원으로, 산에 겹겹이 둘러싸인 계단식 논들이 그림같이 펼쳐진다. 이른 아침에는 물안개가 피어오른 모습을, 늦은 오후에는 뉘엿하게 물드는 산자락을 볼 수 있다.

2 도이인타논 국립공원
Doi Inthanon National Park

해발 2,565m 태국에서 가장 높은 산이다. 정상에는 고 푸미폰 전 국왕과 씨리낏 왕비의 60주년 생일을 기념하여 지어진 트윈 파고다가 있다. 커다란 나무와 고산 식물들이 우거져 있는 길을 걷는 트레킹도 인기 있다.

3 훼이뜽타우 호수
Huaytuengthao Lake

치앙마이에서 약 15km 떨어진 곳에 위치한 호수. 총 둘레 3.7km의 호수 주변으로 대나무 방갈로가 놓여 있다. 방갈로에 앉아 발을 담그고 한낮의 더위를 식히고, 맥주를 마시며 신선놀음을 즐겨보자.

4 로열 파크 랏차프룩
Royal Park Rajapruek

고 푸미폰 전국왕의 왕위 계승 60주년 및 80세 생일을 기념해 열린 국제원예박람회장을 2010년 왕립 공원으로 꾸며 개방했다. 약 2만 4천 평의 넓은 부지에 50개가 넘는 테마 정원을 갖추고 있다. 공원 중심에 전통 란나 건축방식으로 지어진 로열 파빌리온이 있다.

5 퀸 씨리낏 식물원 Queen Sirikit Botanic Garden

여의도 면적 3배에 이르는 5600ac(약 2,266만 제곱미터)에 달하는 태국 최초의 식물원. 다양한 테마 온실과 울창한 숲의 조화가 훌륭하다. 하이라이트는 숲 위를 걷는 높이 20m, 길이 390m의 캐노피 워크. 발아래로 울창하게 펼쳐지는 열대우림을 내려다보는 짜릿함을 느껴보자.

치앙마이에서는 누구나 아티스트!
예술과 친해지기

예술의 도시 치앙마이. 이곳의 아티스트들은 상생을 위해 끊임없이 고민하고 노력한다. 덕분에 도시 곳곳에서 예술적 영감이 넘친다. 예술이라고 해서 지레 겁먹을 필요 없다. 일상과 친근한 작품들이 많으며, 가까이하는 것만으로도 삶이 충만해진다.

◀ 반캉왓 Baan Kang Wat

자연과 조화를 중시하는 아티스트들이 모여 만든 예술인 공동체 마을. 원형 극장을 중심으로 20여 개의 아기자기한 공방과 숍, 카페들이 모여 있다. 다양한 일일 클래스가 진행되며, 매주 일요일 오전에는 플리 마켓이 열린다.

캄 빌리지 Kalm Village ▶

전통과 현대, 예술과 공동체를 잇는 복합 문화 예술 공간. 업사이클링 티크 목재를 활용해 전통적이면서도 세련된 공간을 완성했다. 갤러리와 박물관, 레스토랑, 카페, 기념품 숍을 한자리에서 만나볼 수 있다. 주말 오후 이곳 옥상에서 열리는 선셋 요가가 인기다.

태국 현대미술을 관람할 수 있는 미술관이다. 거울로 이루어진 모던한 외관이 돋보이며, 전통과 현대가 조화롭게 어우러진 작품들로 찬사를 받고 있다. 치앙마이 출신 화가 라와차이쿨 Navin Rawanchaikul이 무려 11년에 거쳐 완성한 〈슈퍼 아트 방콕 생존자〉그림을 만날 수 있다.

TCDC 치앙마이
TCDC Chiang Mai ▶

방콕과 치앙마이에서 만날 수 있는 디자인 센터이다. 1층 전시관에서는 수시로 다양한 전시가 열리고, 2층 도서관에는 9,000권이 넘는 디자인 서적과 잡지들을 소장하고 있다. 디지털 노마드들의 작업 장소로도 많이 활용된다.

◀ 치앙마이 대학교 아트 센터
Chiang Mai University Art Center

치앙마이 대학교의 부속 시설이다. 상시 열리는 예술 전공 학생들의 전시와 아트 페어를 통해 태국 예술의 현주소를 엿볼 수 있다. 외부인에게도 오픈되어 있으며 입장료는 따로 받지 않아 더욱 즐거운 곳이다.

책 냄새를 좋아하는 당신에게

마하사뭇 도서관 Mahasamut Library

반캉왓 원형 극장 앞에 있는 북 카페이다. 원래는 태
국 책 위주였지만 여행자들이 두고 간 여러 나라의 책
들이 함께 어우러지며 더욱 멋스러운 공간이 되었다.
바람이 솔솔 통하는 오픈 공간에 앉아 달콤한 타이 밀
크티를 마시며 책 한 권 뚝딱, 시간이 바람처럼 지나
가는 곳이다.

지도 188p-C
가는 법 반캉왓 원형 극장 앞
주소 Tambon Su Thep, Amphoe Mueang
전화 087-684-8083
운영시간 10:00~18:00
가격 차가운 음료 90밧부터
홈페이지 facebook.com/mahasamutlibrary

란 라오 Lan Lao

작지만 정겨운 동네 책방이다. 태국어로 된 책이 대부분이어서 읽지는 못하지만 일러스트가 가미된
시집과 에세이, 여행기 등 소장 욕구를 불러일으키는 책이 한가득이다. 2층에는 로컬 예술가의 작
품이 전시되고, 서점 앞 공간에서는 종종 연주회나 토론회가 열린다.

꼭 어떤 목적이 있어서가 아니다. 그냥 서점을 어슬렁거리기 좋아한다. 특유의 종이 냄새, 차분한 분위기, 작은 서점이라면 주인의 취향을 살짝 엿볼 수 있는 설렘까지! 여행지에서 서점 구경은 선택이 아닌 필수다. 수화물 무게에 대한 고민이 있더라도 책을 포기할 수 없는 당신을 위해 준비했다.

게코 북스 Gekko Books

배낭여행자들의 영원한 친구, 중고 서점이다. 2층으로 나눠진 공간에는 영어뿐만 아니라 전 세계에서 온 책들이 1만 5천여 권이 넘게 쌓여 있다. 다소 오래되긴 했지만 한국어로 된 소설책도 찾아볼 수 있다. 구입은 물론 다 읽은 책을 판매할 수도 있어 배낭여행자들이 많이 찾는다.

지도 137p-H
가는 법 타패 게이트를 등지고 나이트 바자 쪽으로 내려오다 왼쪽 두 번째 골목
주소 2/6 Chang Moi Kao Rd., Tambon Chang Moi 전화 091-745-6971
운영시간 10:00~19:00
홈페이지 www.gekkobooks.com

북 스미스 The Booksmith

예술과 디자인 책으로 빼곡한 서점 덕후들의 성지인 곳이다. 건축과 여행, 요리 등 실용 서적도 판매하며 외서도 많아 영문 소설과 동화책도 찾아볼 수 있다. 철 지난 〈킨포크〉를 50% 할인된 가격으로 살 수 있다.

특별함을 더하는
이색 액티비티 총집합

여유와 힐링의 대명사인 치앙마이지만 정적인 동네라고만 생각하면 크나큰 오산이다. 산과 강을 이용한 다양한 레포츠가 발달되어 있어 바다가 대세인 다른 동남아 지역과는 또 다른 매력을 지녔다. 꿀잼 보장 치앙마이의 액티비티 베스트를 소개한다.

거꾸로 거슬러 오르는 연어처럼, **부아텅 폭포**

TV 프로그램 〈뭉뜬 리턴즈〉에 소개된 세계 3대 석회 폭포. 흔히 끈적거리는 폭포Sticky Waterfall라 불린다. 칼슘이 풍부한 물이 석회암을 타고 흘러내리면서 발이 바닥에 착착 감기는 듯한 느낌을 주기 때문. 덕분에 폭포 하류부터 물줄기를 따라 거슬러 올라오는 이색적인 트레킹을 경험할 수 있다.

더운 나라에서 즐기는 온천욕, **싼깜팽**

울창한 숲속에 온천 단지가 공원처럼 조성되어 있다. 현지인들의 인기 휴양지로 혈액순환과 아토피에 탁월한 유황 온천수가 콸콸 쏟아진다. 달걀을 온천에 넣어 삶은 달걀을 만들어 먹는 소소한 즐거움까지 느낄 수 있다.

정글 숲을 가로지르는, **짚라인**

북부 지역의 울창한 산세를 제대로 느낄 수 있는 액티비티. 짚라인에 몸을 맡기고 타잔처럼 정글 위를 날아다니며 자유로움을 만끽해 보자. 사이사이 설치된 흔들다리와 수직 낙하 코스가 짜릿함을 더해준다. 짚라인 수와 난이도에 따라 3가지 코스로 나뉘는데 중간 레벨을 가장 많이 선택한다. 일반적으로 30개가 넘는 짚라인을 타며 3시간 정도 소요된다.

가격은 약 2천 밧, 숙소까지 교통과 점심, 장비가 모두 포함되어 있다. 예약은 홈페이지, 현지 여행사, 액티비티 예약 애플리케이션인 클룩 등을 통해서 쉽게 할 수 있다. 짚라인 이용 시 슬리퍼 착용이 금지되며, 대부분 만 7세부터 이용할 수 있으니 참고하도록 하자.

이글 트랙 Eagle Track
홈페이지 www.eagletrackchiangmai.com

정글 플라이트 Jungle Flight
홈페이지 www.jungleflightchiangmai.com

공존을 배우다, **코끼리 보호 캠프**

한때 태국 하면 코끼리 트레킹이 필수 코스였던 시절이 있었다. 지금도 여전히 행해지고 있지만, 동물 학대 이슈가 알려지면서 코끼리 복지에 관심을 갖는 사람들이 늘고 있다. 치앙마이 외곽에는 이러한 과정에서 학대를 받고 다친 코끼리들을 보호하는 캠프들이 있다. 캠프별로 코끼리와 교감할 수 있는 프로그램을 진행한다.

코끼리의 이름을 부르고 먹이를 주며 친해진 뒤 나란히 걷고 목욕을 시켜준다. 함께 흙탕물에 들어가 물을 끼얹고 진흙을 발라주기도 한다. 코끼리와 눈을 맞추며 한 교감은 함께 찍은 사진만 봐도 가슴이 뭉클할 만큼 진한 감동을 선물한다. 코끼리가 얼마나 똑똑한 동물인지, 무엇을 좋아하는지를 배우며 새삼 코끼리 트레킹이 얼마나 잔인한지 깨닫게 된다. 투어 비용은 코끼리 구조와 치료에 사용되며, 장기 자원봉사도 지원할 수 있다.

엘리펀트 네이처 파크 Elephant Nature Park
홈페이지 www.elephantnaturepark.org

엘리펀트 정글 생추어리 Elephant Jungle Sanctuary
홈페이지 www.elephantjunglesanctuary.com

여기 어때?
인스타그래머블 치앙마이!

요즘 여행에서 SNS의 영향력은 어마어마하다. 핫 플 인증 사진 한 장을 위해 산 넘고 강 건너 긴 줄을 서는 게 더 이상 신기한 일이 아니다. 어떤 사람들은 인스타그램이 여행을 망쳤다는 불만을 표하기도 하지만, 잘 찍은 사진 한 장은 여행을 두고두고 돌아보는 뿌듯함과 함께 영원한 인생 샷으로 남는다! 치앙마이 여행에서 평생 남길 사진에 목숨 건 사람이라면 이곳을 눈여겨보자!

먼쨈 Mon Jam

파란 하늘과 꽃밭이 어우러진 배경으로 하늘하늘 청순한 사진을 남길 수 있다.

코코넛 마켓 Coconut Market

코코넛 농장에서 열리는 마켓도 구경하고, 코코넛 아이스크림도 먹고!

파처 협곡 Pha Chor Canyon

넓이 100m, 높이 30m의 미니 협곡. '여기가 치앙마이라고?' 되묻는 사진을 건질 수 있는 곳!

왓 파랏 Wat Pha Lat

사원 안쪽에 도시가 내려다보이는 폭포가 있다. 노을로 물든 반영과 도시를 함께 담을 수 있는 일몰 사진 맛집! 인생 최고의 사원이 될 거라 장담한다.

촘 카페 & 레스토랑 Chom Cafe & Restaurant / 단테와다 Dantewada

아바타 실사판 카페로 유명한 두 곳. 초록초록한 정원에 빛 내림이 더해져 몽환적인 분위기를 자아낸다.

ENJOYING 08

낭만을 더하는 **야경 명소 베스트**

서울처럼 극적인 야경은 없다. 화려한 스카이라인 대신 조명을 받아 더욱 붉게 빛나는 성벽과 강변을 수놓는 은은한 불빛들이 있다. 이토록 우아한 치앙마이의 밤을 당신과 함께 걷고 싶다.

왓 프라탓 도이쑤텝
Wat Phra That Doi Suthep

치앙마이의 랜드마크인 도이쑤텝은 숨은 야경 명소. 해발 1,053m에 위치한 전망대에 오르면 치앙마이 시내가 시원하게 펼쳐진다. 느지막한 오후에 오르면 찬찬히 물드는 석양 뒤 곧 은은한 불빛으로 뒤덮인 도시를 감상할 수 있다.

도이뿌이 전망대 Doi Pui Viewpoint

왓 프라탓 도이쑤텝에서 약 6km, 꼬불꼬불 길을 따라가야만 만날 수 있다. 산자락에 안긴 몽족 마을이 내려다보이며, 해 질 녘이면 겹겹이 둘러싼 산등성이 사이로 오렌지빛이 스며드는 몽환적인 풍광을 선사한다.

아이언 브리지 Iron Bridge

치앙마이의 젖줄 삥강을 가로지르는 철제 대교. 해가 지면 색색의 조명이 들어와 낭만적인 분위기를 자아낸다. 치앙마이 청춘들 사이에서도 인기 야경 데이트 장소이다.

님만 힐 Nimman Hill

마야 라이프스타일 쇼핑센터 6층에 위치한 루프톱 광장. 주위 높은 건물이 없어 탁 트인 하늘과 야경을 즐길 수 있다. 세련된 바와 레스토랑이 모여 있어 가볍게 맥주 한 잔 즐기며 노을을 기다리기에 좋다.

내적 흥이 폭발한다!
라이브 뮤직 나이트

노스게이트 재즈 코업
The North Gate Jazz Co-Op

자타공인, 명불허전 치앙마이 대표 라이브 바로, 사람들이 가장 많이 찾는 곳이다. 지구촌 각지에서 모인 연주자들이 열정적인 음악을 선사한다. 맥주 한 병을 들고 리듬을 타다 보면 치앙마이 여행의 흥겨운 밤이 깊어진다.

타패 이스트
Thapae East

노스게이트 재즈 코업만큼이나 수준급의 라이브 연주를 만날 수 있는 곳. 붉은색 벽돌을 층층이 쌓아 지은 오래된 건물이 투박하면서도 멋스럽다. 1층 실내는 바와 스테이지가 있고, 야외는 맥주를 마시며 이야기를 나누기에 좋다.

밤이 깊어갈수록 치앙마이의 낭만은 짙어진다. 감미로운 재즈 선율이 골목에 퍼지고 라이브 음악이 강을 따라 흐른다. 맥주에 취하고, 음악에 취해 어느새 어깨춤을 추고 있는 당신을 발견할 것이다.

보이 블루스 바 Boy Blues Bar

태국에서 손꼽는 기타리스트 '보이Boy'가 오픈한 치앙마이 최초의 블루스 라이브 바다. 관객과 호흡하는 열정적인 공연이 늦은 밤까지 펼쳐진다. 블루스가 얼마나 신나는 음악인지 신세계를 보여준다. 맥주를 마시며 블루스에 취해보자.

루츠 록 레게 Roots Rock Reggae

〈루츠 록 레게〉는 레게의 전설 밥 말리Bob Marley의 노래 제목에서 따 왔다고 한다. 매일 밤 레게와 스카, 록 등 실력파 밴드의 공연이 밤늦게까지 끊이지 않는다. 전 세계에서 온 여행자들과 댄스 타임을 가지며 치앙마이의 밤을 즐겨보자.

태국 하면 마사지! **1일 1 마사지**

태국 하면 마사지를 빼놓을 수 없다. 세계적으로도 인정받는 타이 마사지를
단돈 1만 원도 되지 않는 말도 안 되게 착한 가격으로 받을 수 있다. 조금
더 투자하면 좀처럼 누릴 수 없는 럭셔리한 호사도 즐길 수 있다.

파 란나 스파
Fah Lanna Spa

푸르름 가득한 정원과 전통
란나 스타일로 지어진 빌라.
전통 란나 스타일로 지어진 빌
라에는 북부 지역의 지명이 붙
어 있는데 내부 역시 그 지역
의 특색에 맞게 꾸며져 있다.

오아시스 스파 란나
Oasis Spa Lanna

파 란나 스파와 쌍벽을 이루는 고급 스파. 치앙마이에만 5개의 지점이 있는데, 왓 프라싱 근처에 위치한 올드 시티점을 추천한다. 100년 넘은 커다란 나무가 있는 고즈넉한 정원에 둘러싸여 자연 속에서 치유받는 기분까지 느끼게 한다.

렛츠 릴렉스 Let's Relax

고급 스파로 유명한 라린진다 계열에서 운영하는 스파 체인이다. 태국 전역에 20개가 넘는 매장이 있으며 올드 시티, 님만해민, 나이트 바자 3곳에 지점을 가지고 있다. 합리적인 가격으로 고급스러운 시설과 서비스를 누릴 수 있어 인기가 높다.

우먼스 마사지 센터 바이 엑스 프리즈너
Women's Massage Center by Ex-Prisoners

여성 인권 단체 디그니티 네트워크에서 운영하는 마사지 숍. 일자리를 찾기 힘든 여성 재소자들에게 교육과 일자리를 제공함으로써 사회 복귀를 돕고 있다. 전문 교육을 받은 테라피스트들의 솜씨와 착한 가격이 입소문을 타면서 지점이 늘고 있다.

TIP 팁은 얼마나 줘야 할까?

의무는 아니지만 열심히 수고해준 테라피스트에게 팁을 주는 것이 예의이다. 1시간 기준 로컬 숍 40밧, 고급 숍 100밧 이상 주는 것이 일반적이다.

이때 가면 더 즐겁다!
치앙마이 축제 캘린더

밤하늘을 수놓은 풍등 축제부터 지갑을 열게 하는 디자인 페어, 신나는 물총 싸움이 이어지는 송끄란까지! 개성 넘치는 축제가 가득한 치앙마이 365일을 소개한다.

1月	1월 중순(대부분 셋째 주)

버쌍 우산 축제
Bosang Umbrella Festival

200년 전통을 가진 버쌍 마을에서 열리는 축제. 알록달록한 수공예 우산이 마을을 뒤덮고 다양한 즐길거리와 먹을거리가 들어선다. 하이라이트는 화려한 우산 퍼레이드와 치앙마이 최고 미녀를 뽑는 '미스 버쌍 선발대회'가 열린다.

2月	2월 첫째 주말

치앙마이 꽃 축제
Chiang Mai Flower Festival

40년 전통의 축제. 올드 시티 내 농부악 핫 퍼블릭 파크를 중심으로 도시 곳곳에서 생화로 만든 조형물과 꽃마차 등 향기로운 꽃의 향연이 펼쳐진다. 삥강 나와랏 브리지에서 농부악 핫 퍼블릭 파크까지 대규모 퍼레이드가 이어진다.

4月	4월 13~15일

송끄란
Songkran

불교 달력에 따라 새해를 맞이하는 태국 최대 명절이다. 서로서로 물을 뿌리며 행운을 빌어주어, '물의 축제'라고도 불린다. 태국 전역뿐만 아니라 라오스, 미얀마 등 주변 불교 국가들이 모두 새해를 맞이해 흥으로 들썩인다. 물을 살짝 끼얹은 정도가 아니라 물총과 바가지 등을 이용해 전투적으로 퍼붓는 것이 포인트. 카메라와 핸드폰 방수 케이스는 필수다.

5月	5월 중순

인타킨 페스티벌
Inthakin Festival

과거 태국에서는 도시를 세울 때 도시의 번영과 안전을 기원하는 기둥을 세우는데, 이를 인타킨이라고 한다. 5월 중순이 되면 인타킨이 위치한 왓 쩨디루앙을 중심으로 복을 기원하는 행사와 기우제가 열린다.

10月	9월 1~10일

채식주의자 축제
Vegetarian Festival

태국 전역에서 열린다. 태국력 9월 1일부터 9일간 타패 게이트와 와로롯 앞에서 진행된다. 다양한 공연과 체험 등 이색 이벤트가 열린다.

11月	12월 보름 밤

로이 끄라통
Loi Krathong

송끄란과 더불어 태국 최대 축제. 태국력 12월 보름 밤 소원 Loi을 담은 작은 배 끄라통 Krathong을 강에 띄워 보내면 소원이 이루어진다는 풍습이 있다. 삥강 주변으로 꽃과 초로 꾸며진 끄라통을 든 사람들로 붐빈다. 풍등을 날려 보내는 이뻥 Yi Peng 행사까지 더해져 밤하늘과 강이 모두 반짝반짝 물드는 장관을 연출한다.

12月	12월 첫째 주

님만해민 아트 & 디자인 산책로
Nimmanhaemin Art & Design Promenade (NAP)

매년 12월 첫째 주가 되면 님만해민 쏘이 1에서 아트 페어가 열린다. 18년의 역사를 가진 축제로, 태국 전역에서 온 아티스트들의 개성 넘치는 수공예품을 만나볼 수 있다.

12月	12월 둘째 주

치앙마이 디자인 위크
Chiang Mai Design Week

치앙마이에서 열리는 디자인 축제 중 가장 큰 페스티벌이다. 전 세계 디자인 관련 종사자들이 모여 각종 전시와 포럼, 워크숍, 마켓 등을 진행한다. TCDC 치앙마이와 올드 시티를 중심으로 곳곳에 다채로운 전시와 팝 마켓이 들어선다. 디자인을 전공하거나 관심 많은 사람들에게 유익한 축제다.

Step 04
Eating

....

치앙마이를
맛보다

란나 푸드 백과사전

태국 북부 지역에서 즐겨먹는 요리를 란나 푸드라고 한다. 우리가 흔히 접하는 태국 요리는 동북부 지역의 이싼 푸드로, 태국 음식 좀 먹어본 사람이라도 메뉴판 위 생소한 이름들에 당황하기 쉽다. 산악 지대이다 보니 해산물보다는 육류 위주이며, 요리법은 미얀마와 중국의 영향을 많이 받았다. 향신료가 강하고, 투박한 느낌이 특징이다.

카우쏘이 Khao Soi

북부 지역 대표 국수. 치앙마이에서 단 하나의 음식만 먹어야 한다면 주저 없이 카우쏘이를 꼽겠다. 커리 국물에 달걀면이 들어 있고, 고명으로 튀긴 면을 올려 나온다. 코코넛 밀크가 듬뿍 들어간 진한 맛이 일품이다. 닭고기가 들어간 카우쏘이 까이가 가장 인기가 많다. 취향에 따라 채소 절임을 곁들여 먹는다.

깐똑 Khantoke

'깐Khan'은 둥근 소반을 가리키는 태국어로, 소반 위에 찹쌀밥과 여러 가지 반찬을 차려내는 북부 전통 가정식이다. 깽항레와 남프릭 등 북부 대표 음식들을 골고루 맛볼 수 있으므로, 꼭 한 번 먹어보자. 전통 무용을 감상하며 식사를 할 수 있는 깐똑 디너쇼도 인기 있다.

깽항레 Kaeng Hang Lay

미얀마에서 유래한 커리 요리이다. 타마린드Tamarind(북아프리카와 아시아 열대지방 원산인 향신료)를 베이스로 한 커리에 두툼하게 썬 돼지고기가 들어있다. 달고 짠맛으로, 마늘과 생강을 아낌없이 넣어 한국인의 입맛에도 잘 맞는다. 깽항레 혹은 버마식 포크 커리Burmese Pork Curry로 표기된다.

찜쭘 Jim Jum

북부식 샤부샤부. 숯불 위에 육수를 넣은 토기를 얹어 보글보글 끓여 먹는다. 주재료는 고기와 해산물. 시원한 국물 맛이 중독성 있다. 일반적으로 채소와 국수, 달걀이 함께 나오며, 다 먹으면 국수나 죽을 끓여 먹는다.

싸이우아 Sai Ua

태국 북부식 소시지. 돼지고기에 쥐똥고추와 레몬그라스, 생강 등을 넣어 만들어 맵고 거친 맛이 특징이다. 향신료 맛이 강해 호불호가 갈린다. 숯불에 구워 먹는데, 시장이나 길거리에서 흔히 볼 수 있다. 맥주와 함께 먹으면 맛이 배가 된다.

남프릭 Nam Prik

'남'은 소스, '프릭'은 고추를 뜻하며, 말 그대로 고추 소스다. 남프릭만 있어도 밥 한 공기를 먹을 만큼 대표 밥도둑으로 꼽힌다. 초록 고추에 피시 소스와 라임을 갈아 넣은 남프릭 눔과 빨간 고추에 다진 돼지고기와 타마린드, 피시 소스를 넣은 남프릭 옹이 대표적이다.

카오 니아오 Khao Niao

태국 북부에서는 흔히 동남아 하면 떠오르는 안남미로 지은 밥이 아닌, 찹쌀밥을 주로 먹는다. 한국인의 입맛에 잘 맞으며, 쫀득쫀득한 식감 덕분에 스티키 라이스Sticky Rice라고도 불린다.

스텝 바이 스텝, 태국 요리 총정리

태국 음식은 세계 6대 요리로 꼽힐 만큼 전 세계적으로 인정받고 있다. 산악 지대와 바다가 골고루 있어 식재료가 풍부하며, 단맛, 신맛, 매운맛 등 다채로운 맛의 향연을 느낄 수 있다. 부담 없이 도전할 수 있는 음식부터 태국스러움이 가득한 요리까지 단계별로 소개한다.

팟타이 Phad Thai

태국의 국민 음식이자 한국인이 가장 사랑하는 볶음국수. 넓적한 쌀국수 면과 새우를 새콤달콤한 타마린드 소스에 볶아 생숙주와 땅콩을 얹어 나온다. 길거리에서도 쉽게 찾아볼 수 있다. 간장 소스로 볶은 국수 팟씨이우도 입맛에 잘 맞는다.

까이양 Kai Yang

태국에서도 치킨은 언제나 옳다. '까이'는 닭, '양'은 구이를 뜻한다. 양념에 재워둔 닭을 숯불에 구워내는데, 입에서 살살 녹는다는 말이 과장이 아니다. 치킨 무 대신 새콤달콤한 파파야 샐러드인 쏨땀을 곁들이면 태국 스타일 완성!

꾸어이띠여우 Kuay Tiaw

태국식 쌀국수. 흔히 알고 있는 베트남 쌀국수
와 맛이 비슷하다. 돼지고기, 소고기 등 내용물
이 다양하며, 면의 굵기를 고를 수 있다. 고수를
넣어주는 곳도 있으니 싫다면 미리 이야기하자.

뿌팟퐁까리 Poo Phad Phong Curry

옐로 커리 소스에 튀긴 게를 볶아 만든 요리.
입맛에 착착 감기는 이국적인 맛으로 큰 사랑
을 받고 있다. 바다가 없는 치앙마이에서 유일
하게 아쉬운 음식이다.

카오팟 Khao Phad

간단하게 한 끼 해결하기 좋은 볶음밥. 닭고기
를 넣으면 카오팟 까이, 새우를 넣으면 카오팟
꿍이라고 한다. 고추를 잘게 썰어 넣은 피시 소
스와 곁들여 먹는다.

팟 빡붕 파이댕
Phad Pak Bung Fai Daeng

한국어로는 공심채, 영어로는 모닝글로니, 태국
어로는 파이댕이라 불린다. 굴 소스와 마늘, 고추
와 함께 볶아 짭조름하며, 밥도둑이 따로 없다.

카우만까이 Khao Man Kai

치앙마이 사람들의 대표 아침 식사인 카우만까
이. 닭 육수로 지은 밥 위에 닭고기를 얹어 나
온다. 담백한 맛으로 속에 부담이 없다. 좀 더
자극적이게 먹고 싶다면 특제 간장 소스를 곁
들여 먹어도 좋다.

쏨땀 Som Tam

초록색 파파야를 채 썰어 피시 소스, 마늘, 고추, 라임 등을 절구에 넣고 찧어 만든다. 아삭한 식감, 매콤하면서도 깔끔한 맛이 김치의 역할을 한다. 영어로는 파파야 샐러드라고 한다.

얌운센 Yam Un Sen

당면과 비슷한 얇고 투명한 면에 토마토, 고추, 라임 등을 넣어 버무린 태국식 샐러드. 피시 소스로 간을 해 짭조름하다. 매콤 새콤한 맛이 특징. 치킨, 새우 등 토핑을 선택할 수 있다.

남똑무
Nam Tok Moo

숯불에 구운 돼지고기에 바질, 민트, 라임 등을 넣은 양념에 버무려 내는 요리. 태국 북동부 지방 요리로, 매콤 새콤한 맛이 깔끔하게 어우러지니 꼭 먹어볼 것!

카오 니아오 마무앙
Khao Niao Mamuang

밥과 망고, 얼핏 보면 어울리지 않을 것 같은 두 재료가 만났다. 태국 대표 디저트로, 코코넛 밀크로 지은 달콤한 찰밥과 향긋한 생망고의 조화가 환상의 궁합을 이룬다.

팟 끄라빠오 무쌉 Phad Krapow Moo Sab

'끄라빠오'는 바질, '무'는 돼지고기를 뜻한다. 다진 돼지고기에 바질을 섞어 피시 소스로 짭짤하게 볶아낸다. 달걀프라이를 얹은 쌀밥과 함께 나오며 저렴하면서도 든든한 한 끼를 즐길 수 있다.

똠얌 Tom Yang

세계 3대 수프로 꼽히지만 호불호가 강한 음식 중 하나다. 여러 가지 향신료를 넣어 시고, 달고, 쓰고, 매운맛을 동시에 느낄 수 있다. 새우를 넣은 똠얌꿍이 가장 인기 있다. 호불호만큼이나 중독성도 강하다.

똠쌥 Tom Saep

똠얌과 비슷한 수프 요리로, 주로 태국 북부 지방에서 즐겨먹는 요리다. 맑은 국물에 똠얌과 비슷하게 맵고 신맛이 나는 것이 특징이다. 북부에서 재배되는 버섯을 넣어 만드는 머시룸 똠쌥을 추천한다.

카놈찐 남니여우
Khanom Jeen Mam Ngiew

일명 선지 국수. 소면 위로 돼지고기와 선지가 푸짐하게 올라가 있다. 비주얼과 강한 향신료로 도전까지 모험이 필요하지만 의외로 많은 한국인들이 좋아하는 음식이다. 얼큰한 맛이 육개장과 흡사하다.

랍 Laap

랍은 삶은 돼지고기나 닭고기를 잘게 다져 양념과 향신료를 넣어 버무리는 샐러드다. 라오스의 전통 요리로, 태국 북부 지역에서도 흔히 찾아볼 수 있다. 돼지고기를 넣으면 랍 무, 닭고기를 넣으면 랍 까이가 된다. 민트 향이 강하고, 맛 또한 자극적이어서 호불호가 갈린다.

작가 추천! 베스트 태국 음식점 넘버 원

입맛은 개인차가 있기에 이곳저곳 먹어보며 자신만의 스타일을 찾는 것이 가장 좋다. 하지만 일정이 짧은 여행자에게는 사치일 뿐, 실패를 줄이는 것이 최선이다. 지인이 치앙마이를 간다고 하면 꼭 소개해 주는 나만의 맛집 리스트를 대공개한다.

까이양+쏨땀

1위

SP 치킨 SP Chickeni

까이양 맛집 1순위로 소개하는 집. 입구에서 닭을 통째로 꼬치에 꽂아 굽고 있는 모습을 볼 수 있다. 숯불과 마늘향이 은은하게 배어 있으며 부드럽고 촉촉하다. 달짝 매콤한 특제 소스는 먹을수록 감칠맛이 난다. 아삭아삭한 식감의 쏨땀과의 조화가 훌륭하다.

카우쏘이

1위

카우쏘이 매싸이 Khao Soi Mae Sai

북부 지역의 대표 국수 카우쏘이의 현지인 추천 맛집. 추천 메뉴는 닭다리 하나가 통째로 들어간 카우쏘이 까이. 양파와 채소 절임을 넣은 뒤 라임을 짜 맛의 균형을 맞춘다. 부드러운 닭다리 살과 코코넛 밀크 특유의 부드러운 국물이 어우러진 마성의 국수다.

꾸어이띠여우

꾸어이띠여우 땀룽 Kuay Teaw Tamlung

영어 간판도, 영어 메뉴도 없는 로컬 식당. 영어는 통하지 않지만 면 굵기만 고르면 저절로 주문 끝! 30년 넘게 국수를 만든 장인의 내공이 담긴 쌀국수를 맛볼 수 있다. 호로록 한 입 뜨는 순간, 엄지를 척하고 들게 된다. 뒤돌아서면 또 생각나는 중독성을 가졌다.

블루 누들 Blue Noodle

도저히 우열을 가릴 수 없어 둘 다 소개한다. 한국인 여행자들 사이에서도 이미 유명한 곳으로, 유명한 데는 그럴만한 이유가 있음을 다시 한번 깨닫게 해준다. 소고기와 돼지고기 중 선택할 수 있으며, 야들야들한 고기와 입에 착착 감기는 깊은 국물 맛이 일품이다.

카우만까이

카우만까이 쌥 Khao Man Kai Sap

아직 한국인 여행자들에게 잘 알려지지 않은 현지인 맛집 카우만까이 쌥. 닭 육수로 지은 밥 위에 삶거나 튀긴 닭고기를 얹어 먹는 카우만까이 맛이 일품이다. 고소하면서도 자극적이지 않은 맛은 마치 우리나라의 닭죽을 먹는 듯하다. 아침 식사를 해결하기 위해 찾기 좋은 식당이다.

지금은 **오가닉 시대!**

치앙마이만큼 유기농이라는 단어가 잘 어울리는 도시가 또 있을까. 느릿하게 마음을 다스리는 데 건강하게 먹기가 빠질 수 없다. 직접 기른 유기농 식재료를 사용해 느린 방식으로 차린 건강한 한 상, 치앙마이에서 맛볼 수 있다.

샐러드 콘셉트 The Salad Concept

대장암에 걸린 아버지가 채식 식이요법을 통해 호전하는 것을 지켜본 자매가 차린 레스토랑. 친자연주의 음식을 목표로, 깜짝 놀랄 만큼 다양한 종류의 샐러드를 선보인다. 엄청난 양은 덤! 원하는 재료만 골라 자신만의 샐러드를 만들 수도 있다. 20가지에 달하는 홈메이드 드레싱이 즐거움을 업시켜줄 것이다!

오카쥬 Ohkajhu

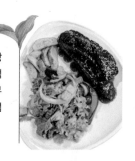

치앙마이 농대생 셋이 모여 만든 유기농 식당. 유기농 채소 농장으로 시작해 치앙마이 최고의 유기농 맛집으로 거듭났다. 채식 전문 식당은 아니며, 고기고기한 메뉴도 많으니 참고하자. 대부분의 메인 메뉴에 풍성한 샐러드가 곁들여 나온다. 산사이 본점보다 공항 근처 님 시티점이 접근성이 더 좋다.

베어풋 레스토랑 Barefoot Restaurant

유기농 채소와 자연 방사 계란 등 신선한 재료로 파스타 면부터 소스까지 직접 만든다. 로컬 농부들과 상생하며 최대한 지역에서 나는 재료를 사용한다. 메뉴판 앞부분에 어떤 재료를 사용하고, 누가 재배하는지 등 자세한 스토리가 적혀 있다. 열대 과일이 듬뿍 올라간 그릭 요거트나 스무디 볼도 추천한다.

버드 네스트 카페 Birds Nest Café

요리책 〈야오 쿠킹Yao Cooking〉의 저자인 자연주의 셰프 야오가 운영하는 베지테리언 카페이다. 소규모 농가에서 재배한 유기농 채소와 방목해서 키운 닭과 달걀을 사용한다. 빵과 크림, 소스, 요거트 모두 홈메이드를 고집한다.

어스 톤 Earth Tone

빠이에 위치한 채식주의 카페. 단순히 고기를 뺀 음식이 아닌, 정성이 가득한 채식 메뉴로 사랑받고 있다. 현지에서 키운 유기농 재료로 만든 스무디 볼과 샌드위치, 파스타 등을 맛볼 수 있다. 글루텐이 들어가지 않은 빵과 비건 디저트도 판매한다.

도전! 미슐랭 도장 깨기

치앙마이에 미슐랭 바람이 불었다. 합리적인 가격으로 좋은 음식을 제공하는 레스토랑을 꼽는 '미쉐린 빕 구르망'에 여러 레스토랑이 이름을 올린 것! 앞서 소개한 SP치킨과 카우쏘이 매싸이를 포함해, 1일 1 미슐랭 플렉스를 놓치지 말자!

진저 팜 키친 Ginger Farm Kitchen

치앙마이 외곽 쌀 농장에서 시작해 방콕까지 역 진출했다. No MSG, 유기농 재료를 사용한 건강한 태국 가정식을 선보인다. 애피타이저와 메인 메뉴 각 하나씩, 두 개의 메뉴에 미슐랭을 받았다.

미나 라이스 베이스드 퀴진 Meena Rice Based Cuisine

쌀의 무궁무진한 변신을 기대해도 좋다. 천연 재료로 물들인 오색 주먹밥과 튀김 옷에 쌀알을 묻힌 새우튀김이 유명하다. 꽃과 과일을 이용한 플레이팅 역시 수준급!

로띠 파 데 Rotee Pa Day

네 번이나 미슐랭을 받은 노점. 가게가 따로 있는 것이 아니라 오후 6시가 되면 타패 로드에 카트를 끌고 등장한다. 20가지가 넘는 토핑이 있지만, 미슐랭을 안겨준 버터 로띠는 꼭 먹어보자.

림 라오 어묵 국수 Lim Lao Ngow Fishball Noodle

미슐랭 7관왕을 달성한 80년 전통의 국숫집. 전통 방식으로 어묵과 에그 면 모두 직접 만든다. 시그니처 에그 누들은 방콕 본점과 치앙마이점에서만 판매하니 기억해 두었다가 꼭 맛볼 것!

EATING 06

치앙마이 **커피 스토리**

여행 중에는 커피 한 잔도 특별하다. 피곤한 일상을 깨우기 위한 카페인 충전용이 아니라 여유가 담겨 있기 때문이다. 나른한 오후 향기로운 커피 향기를 따라 치앙마이 카페 투어를 떠나보자!

아카 아마 커피 Akha Ama Coffee

'아카'는 태국 북부 지역에 사는 고산족의 이름이며, '아마'는 엄마를 뜻한다. 가난한 마을에서 유일하게 대학 교육의 기회를 얻은 아카족 청년 리 아유가 공동체의 자립과 이익을 위해 만든 사회적 기업 카페이다. 싼띠땀과 올드 시티, 매림 3개의 지점이 있다.

리스트레토 커피 Ristr8to Coffee

태국 라떼아트 챔피언 아논이 운영하는 카페.
리스트레토는 에스프레소를 가장 진한 상태까
지만 뽑는 기법으로, 풍부한 커피 본연의 향이
살아 있다. 님만해민에만 2개의 지점이 있는데
본점보다는 쏘이 3에 있는 리스트레토 랩이 자
리가 넓고 여유롭다.

그래프 카페 Graph Cafe

올드 시티 3평 남짓한 작은 공간에서 시작해
지금은 치앙마이에서 가장 유명한 카페라 해
도 과언이 아니다. 현재 올드 시티점은 휴점
상태이며, 님만해민에 3개의 지점을 가지고
있다. 석탄 커피, 장미 커피 등 유니크한 메뉴
가 많다.

퐁가네스 커피 로스터
Ponganes Coffee Roasters

휴식 목적의 카페이기보다는 커피 맛에 집중하
는 에스프레소 바를 지향한다. 다양한 산지의
원두를 사용, 숍에서 직접 로스팅한다. 바리스
타 추천 메뉴는 플랫 화이트. 에스프레소 외에
도 에어로 프레스, 콜드 드립, 푸어 오버 등 다
양한 드립 커피를 맛볼 수 있다.

옴니아 카페 앤 로스터리
Omnia Cafe & Roastery

접근성이 떨어지는 창푸악에 숨어 있음에도 커
피 마니아들 사이에 이미 정평이 난 곳. 치앙라
이에 커피 농장을 운영하며 가게에서 직접 로
스팅한다. 에스프레소뿐만 아니라 에어로 프레
스, 프렌치 프레스, 콜드브루 등 다양한 방식
으로 추출한 커피를 맛볼 수 있다.

여행에서 빠질 수 없는 호사, **브런치**

미떼 미떼 Mitte Mitte

어렸을 때 살던 이층집을 개조해 만든 브런치 카페. 유학생 출신 오너가 올드 시티에 제대로 유럽 감성 한 스푼을 더했다. 페이스트리 담당 셰프가 별도로 있을 만큼 베이커리에도 진심이다!

꼬프악 꼬담 Gopuek Godam

태국인들의 대표 아침 메뉴인 카놈빵Khanom Pang의 감각적인 변신! 스팀 혹은 구운 토스트를 4색 커스터드 크림에 찍어서 한 입에 쏙 넣으면 눈과 입이 모두 행복해진다.

여행의 첫 아침은 무조건 브런치로 시작한다. 늘어지게 늦잠을 잔 뒤 바삭한 빵을 한 입 베어 무는 순간 비로소 떠나왔구나 하는 기분이 든다. 여행의 활기를 더해주는 브런치 맛집 4곳을 소개한다.

선데이 베이커 Sunday Baker

갓 구운 크루아상의 맛을 아시나요? 르 꼬르동 블루 출신 파티시에가 운영하는데, 수준 높은 브런치와 신선한 베이커리를 선보인다. 햇살이 가득한 공간에서 여유로운 휴식을 만끽해 보자.

더 라더 카페 앤 바 The Larder Cafe & Bar

서양인 여행자들에게 애정을 듬뿍 받고 있는 카페이다. 아보카도와 연어 등 신선한 재료가 풍성하게 올라간 오픈 샌드위치가 유명하다.

전 세계 **빵순이들은 숲으로 모여라!**

치앙마이에 푹 빠지게 된 일순위는 자연이다. 유독 친자연적인 카페들이 많아 더욱 반갑다. 초록 초록한 세상에 들어서니 요즘 말로 '갬성'이 폭발한다. 카메라만 들이대면 인생 사진을 건질 수 있는 건 치앙마이 여행에서의 덤이다.

나나 정글 Nana Jungle

매주 토요일 숲속에 빵 굽는 장터가 열린다. 프랑스 파티시에 남편과 태국인 부인이 함께 운영하는 나나 베이커리에서 시작한 작은 마켓이 지금은 하나의 문화로 자리 잡았다. 수제 요거트와 잼, 과일 등 유기농 식품을 판매하는 노점들도 있어 더욱 풍성하게 즐길 수 있다.

포레스트 베이크 Forest Bake

주택가 골목 안쪽에 위치한 작은 베이커리. 울창한 정원에 둘러싸인 작은 나무집에 달콤한 빵 냄새가 가득하다. 파이와 페이스트리, 디저트류가 대부분으로, 장식품은 아닐까 싶을 만큼 예쁘다.

나카라 자딘 Nakara Jardin Bistro & Salon de Thé Restaurant

'자딘'은 프랑스어로 '정원'을 뜻한다. 유럽식 정원에서 뻥강의 운치를 느낄 수 있는 프렌치 레스토랑이다. 르 꼬르동 블루에서 요리와 파티시에를 동시 전공한 셰프 폼므가 운영한다. 나른한 오후 달콤한 케이크가 주는 행복을 누려보자. 클래식한 애프터눈 티 세트도 추천!

펀 포레스트 카페 Fern Forest Cafe

올드 시티 내 위치하고 있지만 들어서는 순간 다른 세상에 온 것만 같다. 커다란 고목이 있는 넓은 정원에는 고사리를 닮은 양치식물이 주렁주렁 늘어져 있으며, 한 켠에는 고풍스러운 유럽식 저택이 자리하고 있다. 추천 메뉴로는 과육이 듬뿍 들어간 코코넛 케이크가 있다.

페이퍼 스푼 Paper Spoon

오래된 집의 목재를 그대로 사용해 빈티지한 감성이 가득한 인테리어가 인상적인 카페다. 자연 바람이 살랑살랑 통하는 2층에 앉아 패션 프루트 잼을 바른 스콘을 한 입 베어 물며 느긋한 순간을 즐겨보자.

넘버 39 카페 No. 39 Cafe

나무로 된 이층 집, 계단 대신 놓인 미끄럼틀 등 이색적인 공간. SNS 핫 플레이스로 떠올랐다. 작은 호수를 중심으로 건물과 테이블이 놓여 있어, 해먹과 좌식 테이블에 두 다리 쭉 뻗고 자연을 만끽할 수 있다.

카페 사장이 반한
치앙마이 디저트 모음 ZIP

반 피엠숙 Baan Piemsuk

오픈런을 불사하게 하는 코코넛 크림 파이가 있는 곳.
입에 넣는 순간 녹아내리면서 온몸으로 퍼지는 진한
코코넛 맛이 오래도록 아른거린다.

콤 초콜릿티어 하우스
Khom Chocolatier House

태국 북부에서 자란 카카오 열매로 만든 수제 초콜릿 전
문점. 살짝 얼은 75% 다크초콜릿 큐브 위에 초코우유
를 부어 먹는 '더블 다크초콜릿'은 황홀하기까지 하니 절
대 놓치지 말자.

플립스 & 플립스 홈메이드 도넛
Flips & Flips Homemade Donuts

세 번째 방문에야 겨우 먹을 수 있었던 도넛. 11시에 도
넛이 나오지만, 점심 먹고 찾아가면 이미 솔드아웃인 경
우가 많다. 도넛의 폭신한 식감과 적절한 단맛이 커피를
절로 부른다.

요즘은 N 잡 시대! 여행작가가 우리의 본캐라면, 부캐는 카페 사장이다. 자연스럽게 디저트에 관심이 많을 수밖에 없는데, 여행 중에도 디저트 탐방이 빠지질 않는다. 치앙마이 여행의 달달함을 더해줄 디저트를 찾아 출발~!

사루다 파이니스트 페이스트리
Saruda Finest Pastry

차마 먹기 아까운 예술작품 같은 프랑스 디저트가 가득하다. 특히 실제 오렌지와 거의 똑같이 생긴 무스 케이크는 상큼한 행복감을 선사한다.

구 퓨전 로띠 & 티 Guu Fusion Roti & Tea

로띠는 팬케이크 반죽을 아주 얇게 부쳐 계란이나 과일 등 토핑을 넣어 만드는 태국 국민 간식이다. 단짠단짠한 조합으로 커피는 물론, 맥주와도 잘 어울리는 건 우리만의 비밀!

세븐 센스 젤라토 7 Senses Gelato

이탈리안이 운영하는 수제 젤라토 전문점. 이탈리아에서 공수한 재료로 만들며, 때에 따라 조금씩 다르지만 10여 가지 맛이 준비되어 있다. 특유의 쫀쫀한 식감과 진한 풍미가 일품이다.

Step 05

Shopping

....

치앙마이를
남기다

놓치지 말자! 머스트 겟 쇼핑 리스트

미리 경고해야겠다. 치앙마이 지름신의 위력을! 예로부터 손재주 좋기로 유명한 란나 민족의 피를 고스란히 이어받은 로컬 아티스트들의 개성 넘치는 수공예품과 자연을 담은 유기농 제품들, 100년 된 빈티지 잡화까지! 평소 쇼핑에 관심이 없다 할지라도 쇼핑 예산을 넉넉히 잡을 것을 권한다.

수공예품

각종 야시장과 플리 마켓에서 솜씨 좋은 수공예품을 쉽게 찾아볼 수 있다. 한 땀 한 땀 손수 만든 인형과 파우치, 세공된 향초, 직접 그린 그림으로 만든 엽서와 노트 등은 치앙마이 다녀온 티 팍팍 낼 기념품으로 최고다.

우드 제품

예쁘고 질 좋은, 거기다 가격까지 착한 우드 제품 천국이다. 아기자기한 스푼과 버터나이프, 코스터와 쟁반, 미니 밥상 등 고르다 보면 어느새 장바구니에 한가득이다.

법랑 제품

알록달록한 색감과 동글동글한 외모로 보는 순간 심쿵! 도시락, 냄비, 컵 등 다양한 법랑 제품을 만날 수 있다. 와로롯 마켓과 야시장에서 쉽게 구매할 수 있다.

라탄 제품

이건 꼭 사야만 해! 언젠가부터 한국에도 라탄 붐이 일었다. 귀여운 라탄 핸드백과 바구니, 인테리어 소품들이 절대적인 인기를 끌고 있다.

천연 염색 패브릭

인디고 컬러의 패브릭 제품은 지갑을 탈탈 털게 만드는 일등공신이다. 치앙마이 감성이 물씬 나는 코스터와 스카프부터 두고두고 잇템으로 활용될 모자와 원피스, 에코백까지 다양하다.

코끼리 바지

태국 패션의 기본 아이템! 입는 순간 어마어마한 편안함에 놀랄 것이다. 디자인이 다양해 고르는 재미가 있고, 가격도 착해 지인들에게 기념품으로 선물하기에도 좋다.

고산족 의류

북부에서만 찾아볼 수 있는 고산족 원피스. 화려한 색감과 패턴으로 눈에 확 띈다. 사진이 잘 받아 친구와 맞춰 입으면 더 예쁘다. 아이 혹은 조카가 있다면 어린이용 원피스를 놓치지 말자!

와코루 속옷

유명 속옷 브랜드 와코루의 공장이 태국에 있다. 국내보다 저렴한 가격에 구입할 수 있으며, 세일도 자주 하니 세일 기간을 절대 놓치지 말자!

천연 보디 제품

태국은 아로마 제품으로도 유명하다. 활용도 높은 코코넛 오일은 물론, 천연 허브나 열대 과일로 만든 비누와 보디 로션 등은 쟁여두면 두고두고 유용하다.

태국 식재료

시장과 슈퍼마켓에서 태국 요리에 필요한 재료 세트를 쉽게 찾아볼 수 있다. 기본적으로 들어가는 향신료 모음부터 팟타이, 카우쏘이 페이스트 등 입맛대로 골라보자.

커피 & 차

북부 고산지대에서 재배된 커피 원두와 유기농 티. 일상으로 돌아와 맛보는 커피 한 잔은 치앙마이에서의 추억을 새록새록 되새겨 줄 것이다.

야돔

태국 여행 기념품의 정석. 챕스틱 크기의 용기에 페퍼민트 성분이 들어 있다. 코에 대고 흡입하면 두뇌까지 닿는 청량감을 느낄 수 있다. 멀미와 두통 완화에도 도움이 된다.

달리 치약

강렬한 민트향으로 유명한 달리 치약. 한국보다 훨씬 저렴한 가격으로 구입할 수 있다. 자매품으로 센소다인Sensodyne과 덴티스테Deniste 치약이 있다.

주말 플리 마켓 캘린더

치앙마이 여행에 주말이 껴있다면 부지런히 움직여보자. 다양한 테마의 크고 작은 플리 마켓이 곳곳에서 열린다. 홈페이지나 페이스북 페이지에서 요일과 시간, 이벤트를 체크할 수 있다.

토요일

08:00

뱀부 토요 마켓(나나 정글) Bamboo Saturday Market(Nana Jungle)

숲속에서 열리는 빵 굽는 장터. 크루아상과 바게트, 페이스트리 등 갓 구운 빵을 만나기 위해 아침 일찍부터 많은 사람들이 몰린다. 오전 8시에 시작이지만 1시간 전에 가서 대기표를 받는다.

09:00

참차 마켓 Cham Cha Market

중심가에서 조금 떨어진 산클랑 지역에 자리한 핸드 크라프트 플리 마켓. 규모는 작지만 많은 로컬 아티스트들의 작품을 만날 수 있다. 특히 다양한 천연 염색 패브릭 제품이 인기 있다. 자연과 어우러진 공간에 다양한 먹거리까지 어우러져 요즘 뜨는 마켓 중 하나. 유명 맛집 미나 라이스 베이스드 쿠진 근처에 있다.

18:00

토요 야시장 Saturday Market

치앙마이 게이트 근처 우아라이 로드를 따라 야시장이 열린다. 곳곳에서 은을 세공하는 모습을 볼 수 있으며, 품질 좋은 은제품을 만나 볼 수 있다.

07:00

징자이 마켓 Jing Jai Market

징자이 마켓에서 운영하는 주말 플리 마켓. 신선한 유기농 식재료를 파는 파머스 마켓과 핸드 크라프트 잡화 등을 파는 러스틱 마켓이 함께 열린다. 조금 멀지만 야시장과는 또 다른 매력으로 가볼 만한 가치가 있다.

반캉왓 모닝 마켓 Morning Market at Baan Kang Wat

08:00

매주 일요일 오전 8시부터 오후 1시까지 플리 마켓이 열린다. 아기자기한 수공예품과 빈티지한 제품들을 만날 수 있다.

일요 야시장 Sunday Market

17:00

치앙마이 최대의 야시장. 매주 일요일 타패 게이트에서 왓 프라싱까지 약 1km가 넘는 구간에 노점이 들어선다. 수공예품과 의류, 화장품, 생활용품 등 없는 것 빼고는 다 있다.

세상에서 가장 즐거운 **시장 구경**

시장 구경을 좋아한다. 활기 넘치는 분위기 속 흥정하는 사람들 사이를 걷다 보면 현지인이 된 듯한 기분이 든다. 난생처음 보는 식재료가 궁금해 말도 안 되는 현지어 몇 마디로 물어보면 돌아오는 웃음이 좋다. 쇼핑은 덤, 기분 좋은 에너지를 받을 수 있는 재래시장으로 마실을 나가보자.

와로롯 시장 Warorot Market

치앙마이에서 가장 큰 재래시장. 우리나라 남대문 격의 실내 시장으로, 1층에는 식품과 잡화, 2~3층에는 의류를 판매한다. 이른 오전에 가야 활기찬 시장의 모습을 볼 수 있다. 오후 6시가 되면 먹거리 노점들이 들어선다.

치앙마이 대학교 나머 야시장
Chiang Mai University Namor Market

치앙마이 대학교 정문 맞은편에 위치한 시장. 여행자보다는 현지 대학생들을 위한 공간으로 20대 취향을 저격하는 옷과 액세서리 등을 판매하는 보세 가게들이 즐비하다.

쏨펫 시장 Somphet Market

타패 게이트 근처에 위치, 여행자들에게 가장 접근성이 좋은 시장이다. 규모는 작지만, 신선한 채소와 과일, 군것질거리를 판매한다. 기념품으로 좋은 차와 식재료들을 구입할 수 있다.

똔파욤 마켓 Ton Payon Market

관광객이 거의 없어 현지 사람들의 삶을 엿볼 수 있는 재래시장이다. 신선한 꽃과 과일, 채소 등을 판매하며, 싸이우아와 남프릭 등 다양한 지역 먹거리를 만날 수 있다.

치앙마이 대표 쇼핑몰

태국에서 쇼핑몰은 쇼핑만을 위한 곳이 아니다. 다양한 부대시설과 문화의 장이 열리는 복합문화 공간이다. 치앙마이 여행에서 빼놓을 수 없는 쇼핑몰 4곳을 꼽았다.

원 님만 One Nimman

2018년 4월에 오픈한 쇼핑몰. 시계탑이 있는 광장과 아치형의 구조로 유럽의 소도시를 연상 시킨다. 1층은 카페와 레스토랑, 2층은 쇼핑 위주이다. 웬만한 여행자들의 버킷 리스트 카페와 숍은 다 입점해 있다. 요가, 스윙댄스 등 다양한 문화 강좌도 운영한다.

마야 라이프스타일 쇼핑센터
Maya Lifestyle Shopping Center

모던한 외관을 자랑하는 7층 규모의 쇼핑센터. 림삥 슈퍼마켓과 헬스장, 영화관이 입점해 있다. 란나 음식을 전문으로 하는 푸드 코트와 24시 간 운영되는 코 워킹 스페이스가 인기 있다. 3 층에 AIS 매장이 있어 유심 개통하기 좋다.

센트럴 페스티벌 치앙마이
Central Festival Chiang Mai

태국 북부에서 가장 큰 쇼핑몰. 로빈슨 백화점 이 통째로 입점해 있으며 300여 개의 국내외 브랜드를 만날 수 있다. 인기 프랜차이즈 식당 과 영화관, 실내 아이스링크 등을 갖춘 복합문 화공간이다.

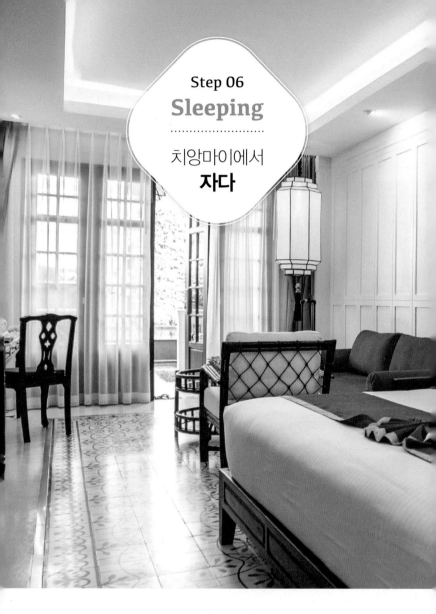

Step 06
Sleeping

치앙마이에서
자다

01 내 맘에 쏙 드는 숙소를 찾아라!

02 치앙마이 추천 숙소

SLEEPING 01

내 맘에 쏙 드는 **숙소를 찾아라!**

무엇을 원하든 그 이상을 찾을 수 있는 곳, 바로 치앙마이다. 럭셔리한 호텔부터 트렌디한 부티크 호텔, 치앙마이 감성이 가득한 숙소들이 도시 곳곳에 자리하고 있다. 자신의 여행 스타일과 예산에 맞춰 꼼꼼하게 골라보자.

숙소 예약하기

호텔 예약 사이트를 이용하는 것이 가장 편리하고 합리적이다. 같은 급의 호텔들을 한눈에 비교할 수 있으며 지난 여행자들의 리뷰도 큰 도움이 된다. 같은 호텔이어도 예약 사이트마다 가격이 다를 수 있으니, 가격 비교 사이트를 이용해 한 번 더 체크하는 것이 좋다. 예약 시 조식 포함, 환불 가능 여부, 후결제 기능 등을 꼼꼼히 살펴볼 것. 종종 호텔 공식 홈페이지에서 프로모션을 진행하기도 하니 이 또한 놓치지 말자.

TIP 호텔 예약 사이트

- 아고다 www.agoda.com
- 익스피디아 www.expedia.co.kr
- 부킹닷컴 www.booking.com

호텔 가격 비교 사이트

- 호텔스 컴바인 www.hotelscombined.co.kr
- 트리바고 www.trivago.co.kr
- 트립 어드바이저 www.tripadvisor.co.kr

에어비앤비 airbnb

현지인의 집에서 살아보는 특별한 경험을 제공한다. 치앙마이에서도 에어비앤비가 인기 있는데, 로컬 느낌 물씬 나는 목재 가옥부터 주방과 수영장이 딸린 콘도까지 매우 다양하다. 단, 사진과 설명이 실제와 다를 수 있으니 후기를 꼼꼼히 읽은 후 결정할 것.

홈페이지 www.airbnb.co.kr

어느 지역에 묵을까?

한국 여행자가 가장 많이 머무는 곳은 님만해민이지만, 그렇다고 님만해민이 정답은 아니다. 먼저 자신의 여행 콘셉트를 파악해야 한다. 목적이 무엇인지, 누구와 함께 하는지 등 요소에 따라 숙소 타입과 어떤 지역에 머무를지가 달라진다.

올드 시티

오래된 사원과 성벽, 여러 나라에서 온 여행자들에 둘러싸여 가장 여행하는 느낌이 드는 곳이다. 주요 볼거리와 오래된 맛집, 재래시장이 모여 있어 뚜벅이 여행자들에게 좋다. 옛 모습을 간직한 고즈넉한 숙소에서 낭만적인 시간을 보낼 수 있다. 단, 오래된 숙소들이 많은 만큼 시설은 낡은 편이다.

👍 **나 홀로 여행, 친구와의 우정 여행**

님만해민

고급 호텔과 레지던스, 세련된 부티크 호텔 등이 밀집된 곳이다. 새로운 숙소들이 하루 걸러 속속 생겨나고 있으며, 시설이 중요한 사람이라면 이 지역을 추천한다. 큰 볼거리보다는 쇼핑몰과 맛집, 예쁜 카페들이 모여 있다. 늦게까지 오픈하는 식당과 바, 클럽이 많아 밤에 돌아다녀도 무섭지 않다.

👍 **가족 여행, 커플 여행, 여자끼리 여행**

나이트 바자 & 삥강

삥강을 기준으로 나이트 바자 쪽은 시끌벅적하지만 두루두루 접근성이 높으며, 강 건너편은 휴식을 취하기에 좋은 한적함을 가졌다. 가장 번화가인 만큼 천차만별의 다양한 숙소들이 있으며, 샹그릴라, 아난타라, 르 메르디앙 등 유명한 체인 호텔들이 위치해 있다.

👍 **나 홀로 여행, 가족 여행**

치앙마이 외곽

도심에서 벗어나 자연에 둘러싸여 원 없이 휴식을 취하고 싶은 사람에게 추천한다. 대부분의 리조트에서 수영장과 레스토랑 등 여러 편의시설을 잘 갖추고 있다. 그러나 그랩이나 썽태우를 이용하기 힘들며, 교통비가 많이 든다는 단점이 있다.

👍 **가족 여행, 커플 여행**

치앙마이 **추천 숙소**

치앙마이 럭셔리 리조트
아난타라 치앙마이 리조트 Anantara Chiang Mai Resort

삥강 주변에 위치해 있는 럭셔리 리조트이다. 32개의 스위트룸을 포함해 총 84개의 객실을 갖추고 있으며, 모든 객실에는 테라스가 있다. 수준급 조경이 돋보이는 중앙 가든과 삥강을 내려다볼 수 있는 수영장과 스파, 레스토랑이 자리하고 있다.
나이트 바자에 걸어서 오갈 수 있을 만큼 도심에 자리 잡고 있지만, 들어서는 순간 자연 속에 푹 묻혀 있는 기분이 든다. 더 서비스 1921 레스토랑은 럭셔리한 3단 트레이의 애프터눈 티 세트로 유명하니 꼭 맛볼 것!

Data 지도 230-F
가는 법 나이트 바자에서 삥강 쪽으로 도보 5분
주소 123-123/1 Charoen Prathet Rd.
전화 053-253-333
요금 디럭스룸 10,000밧부터
홈페이지 www.anantara.com/en/chiang-mai

올드 시티의 오아시스

타마린드 빌리지 치앙마이 Tamarind Village Chiang Mai

올드 시티 중심에 자리한 란나 스타일의 리조트이다. 푸른 대나무숲 터널로 된 입구는 다른 두 세계를 이어주는 듯하다. 정원에 200년 된 커다란 타마린드 나무가 있으며, 주변으로 란나 전통 가옥의 객실들이 있다. 총 42개의 객실로 규모는 크지 않지만 세심한 서비스가 돋보이는 숙소다.

야외 수영장과 레스토랑, 스파를 갖추고 있다. 레스토랑 2층은 갤러리로 운영되며, 치앙마이의 문화와 역사를 주제로 한 전시로 꽤 볼만하다. 워킹 투어 등 투숙객을 위한 다양한 자체 액티비티를 운영하고 있다.

Data 지도 137p-G
가는 법 타패 게이트에서 라차담넌 로드를 따라 약 200m
주소 50/1 Rajdamnoen Rd., Tambon Si Phum
전화 053-418-896
요금 란나룸 5,200밧부터
홈페이지 www.tamarind village.com

아이와 떠나는 호캉스

샹그릴라 호텔 치앙마이 Shangri-La Hotel Chiang Mai

세계적인 대형 호텔 체인인 샹그릴라의 치앙마이 지점이다. 277
개의 객실을 보유하고 있다. 도심에서 조금 떨어진 곳에 위치해
있지만, 따로 시내로 나가지 않아도 될 만큼 부대시설을 잘 갖추
고 있다. 특히, 치앙마이에서 보기 힘든 커다란 수영장이 샹그릴
라의 매력 포인트다. 어린이용 풀장과 자쿠지도 따로 마련되어
있다. 키즈 클럽도 운영하고 있어서 아이가 있는 가족 여행객에
게 안성맞춤인 호텔이다.

4개의 레스토랑과 사우나, 피트니스 센터, 요가 스튜디오, 유명
스파 체인인 치 스파까지! 완벽한 호캉스를 선사한다.

Data 지도 230-E
가는 법 나이트 바자에서 창클란
로드를 따라 도보 7분
주소 89/8 Changklan Rd.,
Tambon Chang Khlan
전화 053-253-888
요금 디럭스룸 3,600밧부터
홈페이지 www.shangri-la.com/
chiangmai

위치, 시설, 서비스 모두 갖춘

치앙마이 메리어트 호텔 Chiang Mai Merriott Hotel

치앙마이에서 보기 드문 5성급 고층 호텔. 총 22층으로 되어 있으며, 380개의 객실을 갖춘 대형 호텔이다. 2023년 르 메리디안에서 메리어트로 리모델링 하면서 한층 더 고급스러운 시설과 수준 높은 서비스로 업그레이드되었다.

도심이 내려다보이는 인피티니 풀과 고급 스파, 4개의 레스토랑을 갖추고 있다. 어반 도이쑤텝 뷰 룸에서는 도이쑤텝과 치앙마이 시내가 한눈에 들어오며, 아름다운 일몰을 감상할 수 있다. 나이트 바자 중심에 위치하고 있어, 주변에 시장과 편의시설이 많아 편리하게 머물 수 있는 호텔이다.

Data 지도 230-E
가는 법 나이트 바자 옆에 위치
주소 108 Changklan Rd.,
Tambon Chang Khlan
전화 053-253-666
요금 디럭스룸 5,500밧부터
홈페이지 www.marriott.com

스몰 럭셔리
시리 빌리지 Siri Village Chiang Mai

100년 된 란나 가옥을 유럽 스타일로 리모델링해 우아한 분위기를 자아낸다. 본관을 거쳐 안쪽으로 들어서면 수영장과 객실 동이 나온다. 1층은 수영장과 바로 연결되는 디럭스 풀 뷰룸, 2층과 3층은 디럭스와 킹룸, 스위트로 나뉜다. 모든 객실에는 발코니와 욕조가 있으며, 탄 어메니티가 제공된다. 웰컴 코코넛, 무료 미니바, 오후 수영장 옆 작은 스낵바까지 세심한 배려가 돋보인다. 메인 도로에서 한 블록 떨어져 있는 데다, 객실이 24개밖에 되지 않아 조용하게 즐기기 좋다.

Data 지도 136p-F 가는 법 치앙마이 경찰서 옆 골목으로 도보 5분 주소 2 Jhaban Rd, Tambon Si Phum 전화 053-272-799 가격 디럭스 더블 5,800밧~, 디럭스 풀 뷰 8,500밧~ 홈페이지 www.sirichiangmai.com

5성급 부티크 호텔
아키라 매너 치앙마이 호텔 Akyra Manor Chiang Mai Hotel

님만해민 중심에 있는 5성급 부티크 호텔. 30개의 객실 모두 스위트룸으로 블랙과 화이트가 조화된 세련된 인테리어가 돋보인다. 객실마다 둘이 들어가도 충분한 크기의 둥근 욕조가 있어 낭만을 더한다. 에스프레소 머신과 제네바 스피커, 메이크업 전용 조명 등 구석구석 센스가 돋보인다. 하이라이트는 루프톱 수영장. 통유리로 된 수영장과 아키라 라이즈 바가 있다. 해피 아워도 진행하니 님만해민의 일몰을 감상하며 수준급 칵테일을 즐겨보자.

Data 지도 179p-D 가는 법 님만해민 로드에서 쏘이 9로 들어선 후 도보 5분
주소 22/2 Nimmana Haeminda Rd. Lane 9, Tambon Su Thep 전화 053-216-219
요금 아키라 디럭스 스위트룸 6,350밧부터 홈페이지 www.theakyra.com

도심에서 즐기는 휴양

마이 치앙마이 부티크 롯지 My Chiang Mai Boutique Lodge

2016년에 오픈한 신생 부티크 호텔. 깨끗한 시설과 잘 관리된 수영장을 갖추고 있어 더욱 반갑다. 23개의 객실을 갖추고 있으며, 수페리어, 디럭스, 스위트, 패밀리룸으로 객실이 분류된다. 패밀리룸은 2개의 방이 연결된 커넥팅룸이다. 디럭스룸 이상부터는 간단한 조리를 할 수 있는 주방도 갖추고 있다. 올드 시티와 가까우면서도 번화가에서 벗어나 있어 한적함을 느낄 수 있다.

Data 지도 137p-D 가는 법 타패 게이트에서 도보 12분
주소 425 1 Wichayanon Rd., Tambon Chang Moi 전화 053-232-344 요금 스탠더드룸 1,000밧부터,
수페리어룸 1,500밧부터 홈페이지 www.mychiangmaiboutiquelodge.com

동심으로의 초대

아르텔 님만 호텔 Artel Nimman Hotel

치앙마이 유명 예술가 똘랍 헌Torlarp Hun이 운영하는 호텔. 동그란 창문과 체스 말을 닮은 도자기로 장식된 벽, 2층에 연결된 미끄럼틀 등 그의 상상력이 마음껏 발휘되어 있다. 색과 선을 사용한 단아한 내부는 들어오는 햇살에 따라 시시각각 변한다. 13개의 객실이 있으며 곳곳에 재활용품을 이용한 센스 만점 소품이 배치되어 있다.

Data 지도 179p-D 가는 법 님만해민 로드 떵뗌또 레스토랑에서 도보 1분
주소 40 Nimmanahaeminda Rd.Lane 13, Tambon Suthep 전화 089-432-9853
요금 미니 스튜디오 1,400밧부터 홈페이지 facebook.com/TheArtelNimman

치앙마이 감성 넘버 원
이너프 포 라이프 Enough for Life

태국인 남편과 한국인 아내가 운영하고 있는
아기자기한 게스트하우스. '부족함 없는 삶'이
라는 이름처럼 제대로 '소확행'을 느낄 수 있는
곳이다. 단돈 3,000원을 추가하면 매일 아침
9시 방으로 법랑 도시락에 담긴 조식이 배달된
다. 열대 과일과 시리얼, 요거트 등이 담겨 있
는데 햇살 가득한 발코니에서 먹는 행복은 말
로 표현 불가다. 반캉왓에 1호점, 근처 빌리지
에 2호점이 있다.

Data 지도 188p-C
가는 법 1호점 반캉왓 내, 2호점 반캉왓에서 남쪽으로
도보 5분
주소 123/1 Moo 5, Tambon Su Thep
전화 084-504-5084
요금 1박 1인 40,000원, 2인 50,000원, 3인 60,000원
홈페이지 www.enoughforlife.com

영화 속 그곳!
호시아나 빌리지 Hoshihana Village

일본 영화 〈수영장〉의 배경이 된 숙소. 룸은 독
채형 4채의 코티지가 전부다. 개별 기부로 만
들어져 코티지마다 특색이 다르다. 항동 지역
에 위치, 도심에서 조금 멀어졌을 뿐인데 고요
한 평화를 느낄 수 있다. 낮에는 남국의 꽃이
탐스럽게 핀 정원에서 고양이와 장난을 치다,
저녁에는 쏟아질 듯한 별을 감상하며 하루를
보낸다. 수익은 에이즈로 부모를 잃고, 모자감
염으로 HIV 보균자가 된 아이들을 돕는 비영리
기구 반롬사이를 운영하는 데 쓰인다.

Data
가는 법 올드 시티에서 서쪽으로 약 17km
주소 211 Moo 3, Tambon Namprae
전화 063-158-4126
요금 2,000밧부터
홈페이지 www.hoshihana-village.org

내 집처럼 편안한
원스 어폰 어 타임 부티크 홈
Once Up on a Time Boutique Home

치앙마이의 감성과 편의성 둘 다 잡았다. 태국 전통 목조 주택을 개조해서 만들어 고즈넉한 운치가 살아 있다. 2층에 위치한 6개의 객실은 수페리어룸과 복층으로 된 디럭스룸 두 가지 타입이 있다. 1층은 카페 겸 다이닝 공간으로, 커다란 테이블에 둘러앉아 도란도란 시간을 보내기에 좋다. 조식은 네 가지 메뉴 중 선택할 수 있으며, 맛있기로 호평을 받고 있다.

Data 지도 136p-J
가는 법 올드 시티 남서쪽에 위치. 쑤언독 게이트에서 도보 10분
주소 1 Samlarn Rd. 6, Tambon Si Phum
전화 053-904-199
요금 수페리어 1,800밧부터, 디럭스 2,800밧부터
홈페이지 www.onceuponatimechiangmai.com

MZ 감성 충족하는
지 님만 G Nimman

우주선을 연상시키는 원형의 건물 내부가 특이하다. 중앙 천장이 뻥 뚫려 있어 실내지만 시원한 개방감을 느낄 수 있다. 이곳 수영장은 인생 사진 맛집으로 유명하니 예쁜 수영복 하나쯤은 꼭 챙겨가자. 수영장이 내려다보이는 2층 카페테리아에서는 매일 오후 5~7시까지 무료 스낵바가 제공된다. 님만해민 중심에 위치한 접근성, 10만 원 안팎의 가성비, 모던한 시설, 친절한 서비스 모두 갖췄으니 애정할 수밖에!

Data 지도 179p-C
가는 법 님만해민 로드에서 소이 17로 도보 5분
주소 13 Nimmana Haeminda Rd Lane 17, Suthep
전화 052-010-111
가격 스탠다드 2,600밧~, 디럭스 3,300밧~
홈페이지 www.gnimmanchiangmai.com

01 올드 시티
02 님만해민

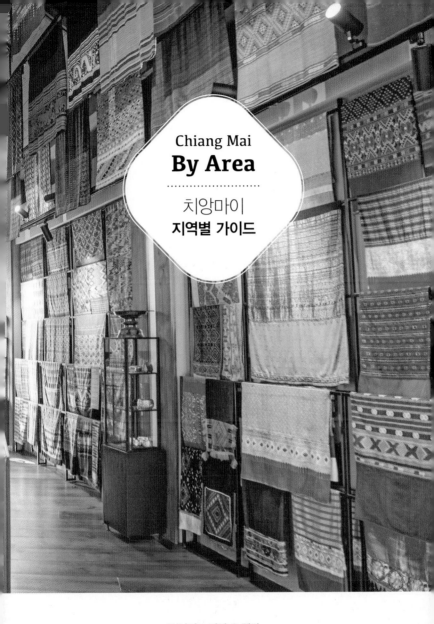

Chiang Mai
By Area
· · · · · · · · · · · · · · · · · · · ·
치앙마이
지역별 가이드

01

올드 시티
Old City

가로세로 약 2km 규모의 공간에 란나 왕국 700년의 역사가 담겨있다. 1296년 멩라이Mengrai왕이 수도를 옮기면서 새로운Mai 도시Chiang라 이름 지은 후, 란나 왕국에서 씨암을 거쳐 오늘날 태국까지 오랜 호흡으로 숨 쉬고 있다.

올드 시티 여행의 미학은 느림이다. 희끗희끗 시간이 바랜 듯한 거리를 걸으며 상상의 나래를 펼친다. 한때는 코끼리가 다녔을 문과 황금빛으로 찬란했을 북방의 장미를!

미리보기

치앙마이 지도를 보면 중심에 네모난 상자를 발견할 수 있다. 이곳이 바로 란나 왕국의 옛 수도 올드 시티다. 성벽과 해자로 둘러싸인 옛 왕조의 도시 형태가 잘 보존되어 있다. 개발이 제한되어 있어 고즈넉한 옛 정취를 느낄 수 있다. 곳곳에서 황금빛 사원이 반짝거리며, 동서남북으로 5개의 성문(프라뚜)이 있다.

SEE

올드 시티를 가장 잘 돌아볼 수 있는 방법은 산책이다. 세월의 흔적이 묻은 거리를 걸으며 란나 왕국의 정취를 느껴보자. 구석구석 위치한 작은 사원과 센스 넘치는 벽화, 예쁜 골목이 많아 구경하는 즐거움이 크다. 요리와 요가, 무예타이 등 여행자들을 위한 문화 클래스도 다양하게 마련되어 있다.

EAT

포장마차부터 럭셔리한 레스토랑까지 선택의 폭이 넓다. 북부 지방 특유의 카우쏘이와 대표 란나 요리가 한 접시에 담겨 나오는 어듭므앙 등 태국의 다른 지역에서 접하기 힘든 란나 요리에 도전해보자. 요리에 관심 많은 여행자라면 식재료부터 문화까지 자세히 배울 수 있는 쿠킹 클래스를 추천한다.

BUY

여행 일정 중 주말이 있다면 주말 마켓을 놓치지 말자. 야시장의 천국 태국의 진가를 볼 수 있을 것이다. 또한, 골목 곳곳에 감각적인 소품 가게와 디자이너 숍들이 숨어 있으니 두 눈을 크게 뜨고 다녀야 한다. 특히, 문 무앙 쏘이 6 주변으로 아기자기한 거리가 형성되어 있으니 꼭 방문해 볼 것을 추천한다.

어떻게 갈까?

치앙마이 국제공항에서 약 5km 떨어져 있으며, 차로 약 15분 소요된다. 미터 택시를 타는 것이 가장 일반적이다. 국제선 1번 출구에 있는 택시 창구에 목적지를 말하면 기사와 금액을 지정해 준다. 요금은 내릴 때 지불한다. 금액은 약 150~200밧. 2018년부터 공항버스가 도입되었다. 노란색 노선을 타면 올드 시티까지 갈 수 있다. 요금은 20밧으로 매우 저렴하며 시설도 쾌적하다.

어떻게 다닐까?

올드 시티는 하루 이틀이면 다 돌아볼 수 있을 정도로 아담한 동네다. 대부분 걸어서 다니며 조금 먼 곳은 썽태우를 타고 이동한다. 대부분의 숙소에서 자전거와 스쿠터를 빌려준다. 운전 시에는 해자 양 옆 도로가 일반통행이니 주의해야 한다. 일요일에는 타패 게이트 주변으로 교통을 통제한다.

올드 시티
📍 1일 추천 코스 📍

치앙마이 여행은 올드 시티에서 출발한다. 과거의 영광을 느낄 수 있는 사원 호핑이 빠질 수 없다. 꼭 봐야 할 곳들을 중심으로 큰 동선을 짠 뒤에 다니는 것이 좋다. 란나 왕국의 매력을 아낌없이 보여줄 코스를 소개한다.

치앙마이 만남의 광장, 타패 게이트 입성!

도보 5분 →

블루 누들에서 아침 식사하기

도보 10분 →

북부 대표 사원 왓 프라싱 구경하기

도보 1분 ↓

아카 아마 커피로 에너지 충전하기

← 도보 10분

삼왕상 동상 앞에서 기념사진 남기기

← 도보 1분

치앙마이 시티 예술 문화센터 관광하기

도보 7분 ↓

왓 쩨디루앙 돌아보기

도보 1분 →

왓 판따오까지 사원 산책하기

도보 5분 →

흐언펜에서 북부 전통 요리 맛보기

도보 10분 ↓

렛츠 릴렉스에서 여독 풀기

← 도보 1분

언제나 재미있는 야시장 구경하기

← 도보 10분

노스게이트에서 재즈로 엣지 있게 마무리하기

헤이깨우 로드
(님만해민 방향)
Huaykaew Rd.

N

0   200m

올드 시티
Old City

왓 록 몰리
Wat Lok Molee

창푸악 야시장
Chang Puak Night Market
S

치앙마이 람 병원
Chiang Mai Ram Hospital

시리 폼 로드 Sri Poom RD.

카우쏘이 쿤야이
Khao Soi Khun Yai

펀 포레스트 카페
Fern Forest Cafe

우먼스 마사지 센터 바이 엑스 프리즈너
Women's Massage Center by Ex-Prisoners
E

버드 네스트 카페
BiRd.s Nest Cafe

풍가네스 커피 로스터
Ponganes Coffee Roasters

F

치앙마이 시티 예술문
Chiang Mai City Arts & Cultural

치앙마이 히스토리컬 센
Chiang Mai Historical Cer

왓 프라삿
Wat Prasat

왓 파봉
Wat Pha Bong

림 라오 어묵 국수
Lim Lao Ngow
Fishball Noodle

아카 아마 커피
Akha Ama Coffee

왓 씨코엣
Wat Si Koet

왓 프라싱
Wat Phra Singh

치앙마이
경찰서   썹 씨푸드
SUB Seafood

SP 치킨
SP Chicken

오아시스 스파 란나
Oasis Spa Lanna

마이 시크릿 카페 인 타운
My Secret Cafe In Town

잉디
Yindee

시리 빌리지
Siri Village Chiang Mai

흐언펜
Huen P

마호리 시
Mahore

콤 초콜릿티
Khom Choco

원스 어폰 어 타임 부티크 홈
Once (Upon a Time) Boutique Home

농부악 핫 퍼블릭 파크
Nong Buak Haad Public Park

선데이 베이커
Sunday Baker

센풍 게이트
Saen Pung Gate

붐룽 부리 로드 Bumrung Buri Rd.
창로 로드 Chang Lor Rd.

수안독 게이트

수텝 로드
(치앙마이 대학교 후문 방향)
Suthep Rd.

아락 로드 Arak Rd.

삼란 로드 Samlam Rd.

분르앙 릿 로드 Bunrueang Rit Rd.

창푸악 로드
Chang Puak Rd.

창푸악 게이트
Chang Puak Gate

넹 무옵 옹 항아리 구이 ↑ 🅡 바리우마
Neng Earthen Jar Roast Pork   Bariuma

오아시스 루프톱 가든 바
Oasis Rooftop GaRd.en Bar

마이 치앙마이 부티크 롯지
My Chiang Mai Boutique Lodge

🅔 게이트 재즈 코업
th Gate Jazz Co-Op

쪽 쏨펫
Jok Sompet

블루 다이아몬드 더
브렉퍼스트 클럽
Blue Diamond the
Breakfast Club

왓 차이 시 품
Wat Chai Si Poom

위차야논 로드 Wichayanon Rd.

왓 치앙만
Wat Chiang Man

그래프 테이블
Graph Table

🅡 더 하이드아웃
The Hideout

나나 스파
Lanna Spa

바이 핸드 피자 카페
By Hand Pizza Cafe

🅡 베이글 하우스 카페 & 베이커리
Bagel House Cafe & Bakery

나나이로 🆂
Nanairo

바트 커피 Bart Coffee 🅡

🅔 스파이시
Spicy

록 레게
ock Reggae

딥디 바인더 🆂
Dibdee Binder

🅡 란나 스퀘어
Lanna Square

쏨펫 시장 Somphet Market

🅡 쿤깨 주스 바
Khunkae's Juice Bar

조 인 옐로 Zoe in Yellow 🅔

🅡 아로이 디 Aroy Dee

크러스티 로프 베이커리 🅡
Crusty Loaf Bakery

통 바
🅔 Tong Bar

🅡 마운틴 커피 바이 노이
Mountain Coffee by Noi

삼왕상
Three King's
Monument

란나 포크라이프 박물관
Lanna Folklife Museum

창 모이 로드 Chang Moi Rd.

🆂 수파체트 스튜디오
Supachet Studio

쿠킹 러브
Cooking Love

게코 북스
Gekko Books

운카 마사지
hunka Massage

타마린드 빌리지 치앙마이
🅗 Tamarind Village Chiang Mai

🅡 할머니 식당
Grandma's Restaurant

라차담넌 로드 Rachadamnoen Rd.

일요 야시장
Sunday Market

타패 로드 Thapae Rd.

완 판따오
Phan Tao

타패 게이트
Tha Phae Gate

쩨디루앙
: Chedi Luang

블루 누들
Blue Noodle

🅡 싸이롬조이
Sailomjoy

찬야 숍 앤 갤러리
Chanya Shops & Gallery

🅔 렛츠 릴렉스
Let's Relax

🅔 릴라 마사지
Lila Massage

랏차파키나이 로드
Ratchapakhinai Rd.

브 뮤직
of Music 🅔

🆂 타패 마켓 101 센터 포인트
Tha Phae Market 101 Center Point

로이 크라 로드 Loi Kroh Rd.

우스
House

캄 빌리지
Kaml Village

대시
Dash
🅡

앙마이 게이트 마켓
ang Mai Gate Market
🆂

치앙마이 게이트
Chiang Mai Gate

스리돈차이 로드 Sridonchai Rd.

🆂 토요 야시장
Saturday Market

란나 양식의 정수

왓 프라싱 Wat Phra Singh

전통적인 란나 양식을 갖춘 치앙마이의 대표 사원이다. 들어서는 순간 금빛으로 빛나는 쩨디(탑)와 화려한 건축물의 조화에 입이 딱 벌어질 것이다. 1345년 멩라이왕조의 파유Pha Yu왕이 건립했다. 1367년 사자 모양의 불상 '프라싱'을 모셔 오면서 왓 프라싱이 되었다. 프라싱은 부처님이 깨달음을 얻는 순간의 사자와 같은 당당함을 담아낸 불상으로 태국 3대 불상으로 손꼽힌다. 프라싱은 스리랑카에서 만들어져 치앙라이를 거쳐 치앙마이로 건너온 것으로 전해진다. 현재 프라싱은 송끄란 축제 기간에만 일반에게 공개된다.

법당들은 날개처럼 끝이 살짝 들린 3겹 지붕과 금박을 이용한 화려한 세공이 특징이다. 불당 라이캄은 1345년에 지어진 건축물로 내부에 당시 생활을 엿볼 수 있는 풍속화가 그려져 있다. 세월의 흔적은 빛바랬지만 찬찬히 살펴보면서 당시 모습을 상상해 보기에 충분하다.

Data 지도 136p-F **가는 법** 타패 게이트에서 랏차담넌 로드를 따라 직진
주소 2 Samlarn Rd., Phra Sing **전화** 053-416-027 **운영** 05:00~18:00 **요금** 입장료 20밧

치앙마이의 정신적 지주
왓 쩨디루앙 Wat Chedi Luang

올드 시티에서 꼭 봐야 할 사원이다. '큰 탑이 있는 사원'이라는 이름처럼 높이 60m가 넘는 탑(쩨디)이 우뚝 솟아 있다. 신성한 에메랄드 불상 '프라 깨우Phra Kaew'를 모시기 위해 지은 탑으로, 1411년 완공될 당시 높이가 90m에 달했다고 전해진다. 그러나 1545년 대지진으로 상반부가 무너지고 전쟁으로 망가진 후 유네스코의 도움으로 현재의 모습이 되었다. 그을린 하부와 부서진 코끼리 장식에서 험난했던 세월이 엿보이지만 여전히 위용을 뽐낸다. 입구로 들어서면 바로 보이는 작은 법당은 치앙마이를 지켜주는 돌기둥 '사오 인타킨Sao Inthakhin'을 모시는 곳이다. 종교적인 이유로 여성은 출입할 수 없다. 법당 옆 키 큰 나무 역시 도시를 지켜주는 수호신 나무다. 빨간 3층 지붕의 본당은 14세기 말에 만들어진 불상 프라 차오 아따롯Phra Chao Attarot을 모시고 있다. 불교문화에 관심이 많다면 승려와의 대화에 참여해 보자. 매년 5월 비를 기원하는 인타킨 축제가 열린다.

Data 지도 137p-G 가는 법 타패 게이트에서 랏차담넌 로드를 따라 직진, 두 번째 큰 사거리에서 좌회전 주소 103 Prapokkloa Rd., Tambon Si Phum 전화 097-195-4695 운영 06:00~18:00 요금 입장료 40밧

란나 왕조의 첫 사원
왓 치앙만 Wat Chiang Man

란나 왕국을 건설한 멩라이왕이 치앙마이에 지은 첫 번째 사원. 가장 오래된 건축물인 쩨디 창 롬 Chedi Chang Lom은 15마리의 코끼리가 떠받치고 있는 황금색 쩨디가 인상적이다. '치앙마이에서 가장 오래된 사원'이라는 명칭에 걸맞게 역사적 가치가 높은 보물이 많다.

대웅전에는 치앙마이에서 가장 오래된 불상을 모시고 있고, 오른쪽 법당에는 프라 실라Phra Sila와 프라 새 땅 따마니Phra Sae Tang Tamani가 보존되어 있다. 프라 실라는 비를 내리는 힘을 가진 비석이다. 약 2500년 전 스리랑카에서 만들어진 것으로 추정되며 서 있는 부처의 모습이 새겨져 있다. 프라 새 땅 따마니는 약 1800년 전 만들어진 약 10cm 높이의 크리스털 불상이다. 13세기 말 화재에서 유일하게 살아남아 도시를 지키는 불상으로 받들어진다.

Data 지도 137p-C **가는 법** 창푸악 게이트에서 도보 5분
주소 171 Ratchapakhinai Rd., Tambon Si Phum **운영** 06:00~18:00 **요금** 무료

작지만 아름다운
왓 판따오 Wat Phan Tao

14세기 말에 세워진 사원. 티크 나무로 지은 본당은 세월을 머금고 기품과 단아함이 흐른다. 마호트라 프라텟Mahotra Prathet왕궁전의 일부였으나 새 왕조가 들어서면서 법당으로 재건축했다. 입구 위쪽에 금과 색유리로 세공된 공작은 당시 왕조의 상징이다. 내부에는 108개 번뇌를 상징하는 108개의 항아리가 있다. 동전을 넣고 기도하며 번뇌를 털어보자. 법당 뒤쪽으로 아름다운 정원이 펼쳐진다. 커다란 나무 아래 불상이 놓여있고 주위로 연못이 감싸고 있다. 5월 위사카 부차 축제와 11월 로이 끄라통 기간에는 연못 주위로 수백 개의 램프를 밝히고 승려들이 기도하는 모습을 볼 수 있다.

Data 지도 137p-G **가는 법** 왓 쩨디루앙 옆에 위치
주소 127/7 Prapokkloa Rd., Tambon Si Phum **전화** 053-814-689 **운영** 06:00~17:00 **요금** 무료

과거와 현재를 이어주는
타패 게이트 Tha Phae Gate

'치앙마이'하면 가장 먼저 떠올릴 만큼 대표적인 랜드마크다. 올드 시티 동쪽에 위치한 거대한 성문으로 붉은 돌로 쌓은 성벽이 잘 보존되어 있다. 과거 승려, 상인, 외교관이 드나들던 문이다. 현지 이름은 프라뚜 타패, 삥강과 연결되는 문으로 '배를 댄다'라는 의미를 가지고 있다.

타패 게이트 안쪽으로는 시간이 멈춘 듯한 올드 시티가, 바깥쪽으로는 활기가 넘치는 현재가 펼쳐진다. 몇 년 사이 비둘기 밥을 주는 관광객이 많아지면서 어마 무시한 비둘기 떼가 여행자들을 맞아주니 마음의 준비를 할 것. 밤이 되면 해자 주위로 은은한 조명이 들어오며 버스킹이 열려 낭만을 더한다.

Data 지도 137p-H
가는 법 올드 시티 동쪽 성벽 중간

치앙마이의 존경과 자부심
삼왕상 Three King's Monument

고대 태국 북부 지방을 다스리던 3명의 왕을 모신 동상으로, 타패 게이트와 함께 올드 시티의 이정표 역할을 한다. 가운데가 란나 왕국의 멩라이왕, 왼쪽이 파야오의 응암무앙Ngam Mueang왕, 오른쪽이 수코타이의 람캄행Ramkhamhaeng왕이다. 1296년 멩라이왕이 치앙마이로 수도를 옮긴 후 세 사람의 우정과 동맹을 기념하며 동상을 세웠다. 이후 세 왕은 힘을 합쳐 최대의 번영기를 누리고 북방의 장미를 꽃피웠다.

동상 앞으로 제법 널찍한 광장이 있어 다양한 국가 행사들이 진행된다. 기념사진을 찍는 관광객들 사이로 꽃이나 향을 올리며 기도하는 태국인의 모습을 볼 수 있다.

Data 지도 137p-G 가는 법 타패 게이트에서 랏차담넌 로드를 따라 직진, 두 번째 큰 사거리에서 우회전
주소 127/7 Prapokkloa Rd., Tambon Si Phum

고풍스럽게 예술을 즐긴다

치앙마이 시티 예술문화센터 Chiang Mai City Arts & Cultural Center

삼왕상 뒤에 위치한 하얀 건물. 1920년대에 건축한 콜로니얼 양식의 건물로 천천히 돌아보기에 좋다. 아기자기 볼거리가 많아 생각보다 오랜 시간을 보내게 되는 곳이다. 문화를 역사와 종교, 미술 등 다양한 관점으로 보여준다. 영어 설명이 잘 되어 있다. 1층의 작은 카페를 그냥 지나치지 말 것. 햇살이 가득한 공간에서 사프론Saffron으로 내린 커피 한 잔이면 감성 충전 완료!

Data 지도 137p-G 가는 법 삼왕상 뒤 주소 Prapokkloa Rd., Tambon Si Phum 전화 053-217-793 운영 08:30~17:00 휴무 월요일 요금 입장료 성인 90밧, 아동 40밧 홈페이지 facebook.com/cmocity

란나 사람들은 어떻게 살았을까?

란나 포크라이프 박물관 Lanna Folklife Museum

란나 사람들의 삶과 문화에 관심이 많다면 이곳이 정답이다. 1930년대 콜로니얼 건물을 개조해 건축했다. 1층에는 종교와 벽화가, 2층에는 의식주 관련 용품이 전시되어 있다. 유물 전시보다는 마네킹과 모형 등을 이용해 당시 생활상을 자세하게 묘사한다. 전통과 풍습에 대한 자세한 설명도 찾아볼 수 있다. 약 1시간 소요되며 란나 문화를 이해하는 데 큰 도움이 된다.

Data 지도 137p-G 가는 법 삼왕상 맞은편 주소 Prapokkloa Rd., Tambon Si Phum 전화 053-217-793 운영 08:30~17:00 휴무 월요일 요금 입장료 성인 90밧, 아동 40밧 홈페이지 facebook.com/cmocity

치앙마이 역사 속으로

치앙마이 히스토리컬 센터 Chiang Mai Historical Center

초록빛 정원에 둘러싸인 란나 전통 양식의 건물이 발길을 끈다. 지하에는 고대 왕가 사원의 터와 유물이 전시되어 있는데, 박물관을 건축하는 과정에서 발견된 것이다. 란나 이전의 시대부터 멩라이왕조, 버마(미얀마)의 침략, 현재까지의 발자취를 따라 돌아볼 수 있다. 규모에 비해 정리되지 않은 부분이 많아 역사에 큰 관심이 있는 사람이 아니라면 건너뛰어도 좋다.

Data 지도 137p-G 가는 법 치앙마이 시티 예술문화센터 뒤 주소 Prapokkloa Rd., Tambon Si Phum 전화 053-217-793 운영 08:30~17:00 휴무 월요일 요금 입장료 성인 90밧, 아동 40밧 홈페이지 facebook.com/cmocity

TIP 위 3곳을 모두 방문할 계획이라면 뮤지엄 패스를 이용하는 것이 저렴하다. 가격은 성인 180밧(아동 80밧)이며 일주일 동안 사용할 수 있다.

 도심 속 센트럴 파크
농부악 핫 퍼블릭 공원 Nong Buak Haad Public Park

올드 시티 남서쪽 코너에 있는 아담한 공원. 호수를 중심으로 신록이 우거진 멋진 산책로가 있다. 여유로운 치앙마이에서 한층 더 여유로운 시간을 보낼 수 있게 해주는 공원이다. 햇빛이 뜨겁지 않은 아침과 늦은 오후에는 여유롭게 조깅을 하거나 잔디에 누워 일광욕을 즐기는 사람들을 볼 수 있다. 커피 한 잔 사들고 시간을 보내다 보면 뉴욕의 센트럴 파크가 부럽지 않다.

매일 오전 9시에는 무료 요가 클래스도 진행된다. 싱그러운 자연 속에서 즐기는 요가라니! 관심 있는 사람은 페이스북 그룹 '요가 인 더 파크 치앙마이Yoga in the Park-Chiang Mai'에 참여해 보자. 따로 놀이터가 마련되어 있고 잉어 밥(유료)도 줄 수 있어 아이가 있는 가족 여행자에게도 추천한다. 해가 질 무렵이면 서양인 여행자들이 몰려들어 이국적인 풍경을 자아낸다. 매년 2월에는 꽃 축제가 열려 꽃의 향연이 펼쳐진다. 매점에서 단돈 20밧에 돗자리를 대여할 수 있다.

Data 지도 136p-I 가는 법 02샌풍 게이트 서쪽 주소 Arak Rd., Tambon Phra Sing 운영 06:00~21:00

TIP **치앙마이 플라워 페스티벌**Chiang Mai Flower Festival
2월에 치앙마이를 여행 중이라면 플라워 페스티벌을 놓치지 말자! 50년 가까운 역사를 가진 축제답게 상상 이상 스케일의 꽃가마 퍼레이드가 펼쳐진다. 매년 2월 첫째 주 주말 농부악 공원에서 열리며, 행진했던 꽃가마들과 꽃밭, 일루미네이션을 만날 수 있다.

예술과 로컬을 잇다
캄 빌리지 Kaml Village

전통과 현대, 예술과 공동체를 잇는 복합 문화 예술 공간. 건축과 호텔 사업을 하는 로자나피롬 Rojanapirom 남매가 란나 문화의 가치를 알리고, 커뮤니티 허브를 만들고자 2021년 문을 열었다. '캄 빌리지'라는 이름에는 예술 하면 떠오르는 부담스러움보다 누구나 편하게 놀러 와 친해지기를 바라는 철학이 담겨 있다. 업사이클링된 티크 목재로 만든 공간을 돌아보면 전통을 이토록 세련되게 풀어낼 수 있다는 사실에 놀라게 된다. 더욱 놀라운 것은 입장료가 무료라는 사실!

2개의 광장을 중심으로 8개의 건물이 둘러싸고 있으며, 갤러리와 박물관, 카페 등 각기 다른 볼거리와 이야기가 있다. 할머니의 레시피를 맛볼 수 있는 캄 키친, 어머니가 30년 동안 모은 소장품으로 채워진 캄 아카이브, 태국 장인이 만든 라이프 스타일 캄 스토어 등 돌아보다 보면 반나절이 순삭이다. 카페 2층은 예술과 공예, 건축 서적 등을 모아둔 도서관인데 창의적인 영감을 받고 싶다면 꼭 들러볼 것! 란나 건축양식에 유리 지붕을 얹은 파빌리온에 오르면 왓 쩨디 루앙의 탑이 내려다보인다. 매주 금요일부터 일요일 오후 5시 이곳에서 선셋 요가가 열린다. 인기가 많으니 예약은 필수! 홈페이지나 워크 인으로 예약 가능하다.

Data 지도 137p-K
가는 법 왓 쩨디 루앙에서
치앙마이 게이트 쪽으로 도보 10분
주소 14 Phra Pok Klao Rd Soi 4,
Tambon Phra Sing
전화 093-320-9809
운영 09:30~18:30
가격 입장료 없음.
선셋 요가 400~500밧
홈페이지 www.kalmvillage.com

사랑이 이루어지는 사원
왓 록 몰리 Wat Lok Molee

500년의 역사를 가진 치앙마이의 유서 깊은 사원이다. 14세기 망라이 왕조 시절 건축된 것으로 추정되며, 수많은 승려와 학자들이 모인 불교 전파의 중심지였다. 미얀마의 침략으로 방치된 후 20세기 복원되었다. 비단 역사적인 이유가 아니더라도, 사원 자체가 아름다우니 꼭 한 번 가보길 권한다. 화려한 란나 건축양식의 법당 뒤로 벽돌로 지어진 거대한 쩨디가 압도적이다. 1527년 건설되었지만 비교적 양호한 상태로 남아있어, 지금까지도 그 위용을 엿볼 수 있다. 현지인들 사이 사랑을 이루어주는 사원으로도 유명한데, 그 중심에는 지라프라파 마하데비Jiraprapha Maha Devi여왕이 있다. 란나 왕국의 '사랑의 여신'으로 존경받는 인물로, 외세의 침략으로 나라가 어지럽던 시절 마하데비여왕이 왓 록 몰리에서 공덕을 쌓아 나라를 지켰다고 전해진다. 오후 6시 이후 문을 닫는 다른 사원과는 달리 그 시간에도 개방되어 있다. 저녁이면 조명이 들어와 색다른 분위기를 자아낸다.

Data 지도 136p-B 가는 법 창푸악 게이트에서 도보 5분
주소 298/1 Manee Nopparat Rd
홈페이지 www.facebook.com/watlokmolee

란나 저택으로의 초대
대시 Dash

치앙마이 전통 란나 스타일 저택에서 우아하게 식사를 즐길 수 있는 곳이다. 싸고 맛있는 음식의 천국인 태국이지만, 한 끼쯤은 고급스러운 요리로 입맛을 업그레이드해 보자. 유명 프랑스 요리학교 르 꼬르동 블루 출신 셰프인 노이Noi와 아들 대시Dash가 운영하며, 유학파의 섬세한 서비스가 돋보인다. MSG를 전혀 사용하지 않은 깔끔한 음식을 맛볼 수 있다.

전체적으로 수준 높고 정갈한 태국 음식을 선보인다. 추천 메뉴는 쌀로 튀김옷을 입힌 새우튀김과 타마린드 소스를 입힌 치킨. 친숙한 음식을 고급스럽게 재해석했다. 카우쏘이 역시 맛과 식감 모두 훌륭한 밸런스를 갖추고 있다. 북부 소시지와 여러 종류의 바비큐가 함께 나오는 대시 미트 플레이트는 타이거 생맥주와 궁합이 환상적이다. 저녁에는 촛불과 라이브 음악이 더해져 한층 더 로맨틱하다. 현금밖에 안 되며 5%의 서비스 요금이 따로 붙으니 참고할 것.

Data 지도 137p-K
가는 법 타패 게이트를 등지고 왼쪽으로 직진, 문무앙 쏘이 2로 들어서 도보 3분 주소 38, 2 MoonMuang Rd Lane 2, Phra Sing
전화 053-279-230 가격 카우쏘이 174밧~, 타마린드 치킨 250밧
영업 10:30~22:00 홈페이지 www.dashchiangmai.com

태국 북부 요리를 맛보다
흐언펜 Huen Phen

40년이 넘은 태국 북부와 미얀마 요리 전문점이다. 브레이크 타임을 두고 점심과 저녁으로 나눠서 장사를 한다. 점심 식사는 가벼운 단품 위주로 일부 야외석만 오픈한다. 저녁에는 실내를 개방한다. 짙은 원목 인테리어에 앤티크한 란나 소품이 가득해 무척 이국적이다.

치앙마이 전통 국수인 카우쏘이, 미얀마 커리 깽항래, 북부식 소시지 싸이우아Saiua 등 지방색 진한 음식들을 만나볼 수 있다. 태국 북부에서는 삶은 채소를 장에 찍어 먹는데 초록색 고추로 만든 남프릭눔Nam Prik Num과 제육볶음 맛이 나는 남프릭옹 Nam Prik Ong이 입에 잘 맞는다. 다양한 음식을 맛보고 싶다면 2인 깐똑 세트를 추천한다.

Data 지도 136p-F 가는 법 타패 게이트에서 직진 후, 경찰서가 위치한 사거리에서 좌회전
주소 112 Rachamankha Rd., Tambon Phra Sing 전화 086-911-2882 영업 08:00~16:00, 17:00~22:00
가격 카우쏘이 60밧, 깽항래 75밧 홈페이지 www.baanhuenphen.com

태국에서도 치맥은 진리

SP 치킨 SP Chicken

누군가 까이양이 먹고 싶다고 하면 일 순위로 소개하는 집이다. 입구에서 닭을 통째로 꼬치에 꽂아 빙글빙글 굽고 있는데 그 모습과 냄새에 그냥 지나치기가 더 어려운 곳이다.

까이양은 태국식 숯불 닭요리다. 훈제와 접합한 방식으로 구운 SP 치킨은 숯불과 마늘 향이 은은하게 배어 있으며 부드럽고 촉촉하다. 달짝 매콤한 특제 소스는 먹을수록 감칠맛이 난다. 까이양의 짝꿍 쏨땀과 함께 즐기면 맛이 배가 된다. 시원한 맥주까지 곁들이면 바깥 뜨거운 태양은 다른 세상 이야기가 된다. 왓 프라싱과 가까우니 연계해 들르면 좋다.

Data 지도 136p-F
가는 법 왓 프라싱을 마주보고 왼쪽 살람 쏘이 1에서 도보 1분
주소 Samlan Rd. Soi 1, Tambon Si Phum
전화 080-500-5035
영업 10:00~17:00
가격 까이양 반마리 90밧, 쏨땀 40밧

한국인이라면 사랑할 수밖에 없는

넹 무옵 옹 항아리 구이 Neng Earthen Jar Roast Pork

여행 TV 프로그램 〈배틀 트립〉에서 뱀뱀이 소개한 후 더욱 핫해진 로컬 식당. 저녁 시간이 되면 가게를 찾는 사람들과 포장을 하려는 오토바이들로 문전성시를 이룬다. 입구에 줄지은 커다란 항아리들이 압도적인데, 숯불이 든 항아리 안에 통 삼겹과 치킨을 천천히 굽고 있다. 기름기 쪽 빠진 제대로 된 겉바속촉의 정석을 맛볼 수 있다. 쏨땀과 태국식 고추 다짐장 남프릭, 찰밥을 곁들이면 순식간에 한 접시 뚝딱이다. 양이 매우 적은 편이니 주문 시 참고하자. 에어컨이 없는 오픈 공간에 항아리에서 나오는 열기로 무척 더우니 해 질 무렵 방문하는 것을 추천한다.

Data 지도 137p-D 가는 법 타패 게이트에서 도보 15분
주소 Rattanakosin Rd, Chang Wat
전화 082-766-4330 영업 10:30~20:00
가격 크리스피 포크 70밧~, 하프 치킨 90밧

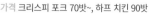

한국인 입맛 취향저격
블루 누들 Blue Noodle

아는 사람은 다 아는 쌀국수 맛집이다. 한 번 맛본 사람은 다시
찾을 만큼 인기 있다. 재료는 소고기와 돼지고기 두 가지이지만
선택할 수 있는 메뉴는 다양하다. 먼저 면의 굵기를 고른 후 국
물과 함께 먹을 것인지 따로 먹을 것인지를 정한다. 고기는 살코
기와 갈비, 포크볼과 비프볼 중에 고를 수 있다.
국물 한 입 떠먹는 순간 깊은 맛에 반하고, 고기 한 점 씹는 순간
이토록 잡내 없이 부드럽게 삶을 수 있는지에 대해 감탄하게 된
다. 조금 뜬금없지만 함께 판매하는 아보카도 스무디와 코코넛
아이스크림도 맛있다.

Data 지도 137p-G
가는 법 랏차담넌 로드 와위 커피
옆 골목으로 도보 1분
주소 71 Rachadamnoen Rd,
Phra Sing
전화 093-589-6477
영업 10:00~21:00
가격 소고기 쌀국수 60밧부터

미슐랭 7관왕
림 라오 어묵 국수 Lim Lao Ngow Fishball Noodle

방콕 차이나타운에서 시작해 80년 전통을 자랑한다. 밀가루나
다른 첨가물을 넣지 않아 깔끔하면서도 통통 튀는 식감의 어묵
으로 입소문을 탔다. 베스트 조합은 어묵+스페셜 에그 면. 전통
레시피를 따라 자체 개발한 면은 고소한 달걀 맛과 쫄깃함 둘 다
잡았다. 국물이 있는 수프와 비빔국수 스타일의 드라이 누들, 두
가지 버전으로 즐길 수 있다. 완탕이나 새우 완자 튀김 같은 사
이드 메뉴를 곁들이면 맛이 두 배! 분홍색 국물의 옌타포 역시 유
명한데, 태국 TV 프로그램에서 '베스트 옌타포 3'에 꼽힌 전적이
있다. 오픈 공간의 로컬 식당이지만 깔끔하고 친절하다.

Data 지도 137p-G
가는 법 삼왕상 동상에서 도보 3분
주소 53/2 Khang Ruan Jum Rd,
Tambon Si Phum
전화 053-327-304
영업 09:00~14:30
가격 어묵 국수 60밧,
새우어묵튀김 70밧
홈페이지 www.limlaongow.com

여행 기분 업! 야시장 감성

란나 스퀘어 Lanna Square

2023년 오픈! 드디어 올드 시티에도 동남아 감성 낭랑한 푸드 야
시장이 생겼다. 네모난 광장 가운데 무대와 테이블이 있고, 20여
개의 각기 다른 음식을 판매하는 좌판이 둘러싸고 있다. 무대에
서는 라이브 음악이 울려 퍼지고, 여러 나라 언어가 오가는 왁자
지껄한 분위기에 맥주가 술술 들어간다. 올드 시티의 밤을 책임
지는 조 인 옐로와 루츠 록 레게도 바로 옆에 있으니 2차로 고고!
팁은 여행 첫날 저녁으로 추천! 한국에서 출발하는 직항 비행기는
저녁 늦게 도착해 문을 연 식당을 찾기가 쉽지 않다. 자정까지 오
픈하니 가볍게 꼬치와 맥주를 홀짝이며 여행 기분 내기 좋다.

Data 지도 137p-G
가는 법 타패 게이트에서
랏차담넌 소이 1로 우회전 후
골목 따라 도보 5분
주소 5 Ratvithi Rd, Tambon Si
Phum
전화 081-409-0000
영업 17:00~24:00
가격 팟타이 120밧
홈페이지 www.facebook.com/
Lannasquarechiangmai

해산물 러버들을 위한

썹 시푸드 SUB Seafood

바다가 없는 치앙마이에서 유일하게 아쉬운 음식이 해산물이 아
닐까 싶다. 여러 종류의 해산물을 펼쳐두고 먹고 싶을 때 추천한
다. 친절하고 유쾌한 주인아저씨가 맞아주며, 합리적인 가격과
푸짐한 양을 자랑한다. 튀긴 마늘이 올라간 생선구이, 칠리소스
나 풋 파퐁 커리에 버무린 머드 크랩, 머리까지 바싹하게 튀긴 새
우, 중국식 조개 볶음 등이 한국인 입맛에 잘 맞는다. 메뉴판의
금액들은 1kg 기준이며, 양이 많은 편이다. 단점은 도로 바로
옆에 위치, 소음과 먼지에 취약하다.

Data 지도 136p-F
가는 법 치앙마이 경찰서 맞은편
주소 141/6 Rachadamnoen
Rd, Tambon Si Phum
영업 14:30~21:00
가격 갈릭새우 500밧~, 게 요리
kg당 1,100밧 ~

현지인 픽 카우쏘이!
카우쏘이 쿤야이 Khao Soi Khun Yai

치앙마이 대표 국수 카우쏘이. 카우쏘이를 파는 식당은 많지만, 고수는 언제나 따로 있는 법! 쿤야이는 오전 10시부터 오후 2시까지 딱 4시간만 영업하는, 현지인들도 줄 서서 먹는 맛집이다. 1시쯤 되면 대부분 재료 소진! 닭고기, 돼지고기, 소고기 중 선택할 수 있으며, 카레 베이스의 국물이 유독 걸쭉하고 매콤한 뒷맛이 특징이다. 10밧을 추가하면 사이즈 업도 가능하다. 오픈 공간의 현지 식당이지만 전체적으로 깔끔하다. 특이하게도 롱간 주스와 연근 주스를 판매하는데, 의외로 잘 어울리니 곁들여 먹어볼 것!

Data 지도 136p-B
가는 법 창푸악 게이트에서 도보 5분
주소 Sri Poom 8 Alley, Tambon Si Phum
전화 090-651-7088
영업 10:00~14:00
휴무 일요일
가격 카오쏘이 50밧~

느려서 더 정겨운
할머니 식당 Grandma's Restaurant

골목 안쪽 작은 식당이지만, '할머니 식당'이라 적힌 한국어 간판이 있어 쉽게 찾을 수 있다. 구글 맵에도 '할머니 식당'이라고 표기되어 있다. 연세가 지긋한 노부부가 운영하며, 친절하고 정겨운 분위기로 입소문을 탔다. 가장 인기 있는 메뉴는 돼지고기 바질 볶음 덮밥! 과하지 않으면서 감칠맛 넘치는 손맛이 특징. 다른 곳에서 흔히 볼 수 없는 볶음국수 랏나도 추천한다. 넓적한 쌀국수 면을 전분이 들어간 끈적한 소스에 볶은 요리로, 누룽지탕과 비슷한 맛이 난다. 할머니 혼자 요리를 하는 데다 화구가 하나밖에 없어 음식이 나오는 데 오래 걸리니 참고하자.

Data 지도 137p-H
가는 법 타패 게이트에서 왓 프라싱 방향으로 직진, 첫 번째 골목에서 우회전
주소 Rachadamnoen Rd Soi 1, Si Phum Sub-district
영업 09:00~17:00
가격 팟 끄라빠오 무쌉 60밧, 랏나 50밧

의외의 발견
아로이 디 Aroy Dee

해자와 인접한 도로변에 야외 좌석까지 갖추고 있어 올드 시티의 분위기를 즐기기에 그만이다. 메뉴는 팟타이, 볶음밥 등 기본적인 태국 음식. 오픈 키친으로, 직원 모두 위생 모자를 쓰고 있는 점이 인상적이다. 늦은 밤까지 오픈하는 반가운 식당 중 하나이다.

Data 지도 137p-H 가는 법 타패 게이트를 등지고 오른쪽으로 도보 7분 주소 157 Moonmuang Rd., Tambon Si Phum 전화 093-171-5426 영업 08:30~23:30 휴무 일요일 가격 50~90밧

가볍게 먹는 즐거움
싸이롬조이 Sailomjoy

타패 게이트 안쪽 노란 스마일 캐릭터가 그려진 간판을 찾아보자. 내부에는 다녀간 여행자들의 사진으로 빼곡하다. 웨스턴부터 타이, 중식까지 메뉴가 다양하지만 태국 음식에 집중하는 것이 성공 확률이 높다. 맛이 대단하지는 않지만 간단한 한 끼를 즐기기에는 부족함이 없다.

Data 지도 137p-H 가는 법 타패 게이트에서 도보 1분 주소 7 Rachadamnoen Rd., Tambon Si Phum 전화 080-798-2429 영업 07:30~16:00 가격 팟타이 60밧

24시간 죽집
쪽 쏨펫 Jok Sompet

현지인들에게 30년 동안 사랑받아온 아침 맛집. 쪽Jok은 죽을 뜻한다. 쌀을 갈아 죽을 만들며, 죽에 날달걀과 간장을 넣어 먹는다. 생강을 올려주니 원하지 않는다면 주문할 때 말하자. 저녁에는 닭다리를 올린 덮밥이 인기 있다.

Data 지도 137p-C 가는 법 창푸악 게이트를 등지고 왼쪽으로 도보 5분 주소 59/3 Sri Poom Rd., Tambon Si Phum 전화 053-210-649 영업 24시간 연중무휴 가격 쪽 30밧부터, 딤섬 32밧부터

Data 지도 137p-D 가는 법 타패 게이트에서 북쪽으로 도보 15분 주소 3/8 Autsadathorn road T.Sriphoom 전화 099-001-0018 영업 11:30~14:30, 17:30~22:30 가격 닭다리살 꼬치 15밧, 시메 사바 130밧 홈페이지 www. facebook.com/ bariuma.thai

일본 여행 안 부럽다!
바리우마 Bariuma

여기가 일본인지, 태국인지 헷갈릴 만큼 이자카야 콘셉트를 잘 살린 곳. 하카타식 꼬치구이 전문점으로, 바리우마라는 이름 역시 '매우 맛있다'는 뜻의 그 지역 사투리다. 바 좌석에 앉으면 바로 앞에서 꼬치를 굽는 모습을 볼 수 있다. 가격 대비 맛이 좋다. 소금구이와 간장 베이스 타래 소스 중 선택 가능하다. 토치로 껍질을 구워주는 시메 사바(고등어 초절임)와 숯불 버터구이 가리비, 타코 와사비 등 고급 이자카야 부럽지 않은 해산물 요리도 추천한다. 오후 5시 36분에 오픈이지만, 6시가 되면 이미 만석이다. 웨이팅도 길어 아예 일찍 가거나, 늦게 가는 편이 좋다.

햇살 가득한 공간
선데이 베이커 Sunday Baker

유럽풍의 브런치 카페. 르 꼬르동 블루 출신 파티시에가 운영, 고품질의 재료로 만든 수준 높은 브런치와 베이커리를 선보인다. 특히 매일 매장에서 굽는 신선한 크루아상이 일품이다. 햄과 치즈, 연어를 넣은 샌드위치로도 즐길 수 있다. 유기농 과일이 올라간 프렌치토스트, 트러플 향을 느낄 수 있는 버섯 토스트도 후회하지 않을 메뉴다. 아침 요가로 유명한 농부악 공원과 가까워 산책 후 여유로운 아침을 만끽하기 좋다.

Data 지도 136p-J 가는 법 치앙마이 게이트에서 서쪽으로 도보 5분, 라나 보니타 부티크 호텔 1층 주소 35 Bumrung Buri Rd, Tambon Phra Sing 전화 062-593-5393 영업 08:00~17:30 휴무 수요일 가격 크로아상 베네닉트 255밧 홈페이지 www.facebook.com/sundaybakercafe

갑 오브 갑 샌드위치
더 하이드아웃 The Hideout

동남아에서 만나는 샌드위치는 무척이나 반가운 음식이다. 10개
도 안 되는 테이블을 가진 작은 가게에 서양인 여행자들로 북새
통을 이룬다. 주 메뉴는 오가닉 스무디와 샌드위치.
샌드위치는 우선 베이글과 식빵, 바게트를 선택하고 채소와 메
인을 취향대로 선택해 자신이 원하는 조합으로 맛볼 수 있다. 가
볍게 먹을 수 있는 프렌치토스트는 생각보다 큰 크기에 놀란다.
버터를 올려 한 입 먹으면 바삭한 질감에 속은 촉촉한 맛을 느낄
수 있다. 무엇보다 달지 않으며 주재료인 빵이 괜찮다. 고수가
들어간 메뉴도 있으므로 주문 시 잘 살펴보자. 고수를 빼고 싶다
면 '마이 싸이 팍치' 또는 '노 코리엔더'라고 말하면 된다.

Data 지도 137p-D
가는 법 타패 게이트에서 북쪽으로
750m
주소 95/10 Sithiwongse Rd,
Tambon Si Phum
전화 081-960-3889
영업 08:00~17:00
휴무 일요일
가격 하이드아웃 샌드위치 150밧
홈페이지 facebook.com/
thehideoutcm

화덕 피자가 당기는 날에는
바이 핸드 피자 카페 By Hand Pizza Cafe

해가 떨어질 무렵 느지막이 문을 연다. 가게 안에는 키우는 개와
고양이가 사람들의 눈치를 보지 않고 돌아다닌다. 이런 자유로
움이 왠지 모르게 편안하다. 입구에 화덕과 조리대가 있어 피자
를 만드는 모습을 볼 수 있다. 이름처럼 한 땀 한 땀 피자 도우부
터 만들기 때문에 어느 정도 기다림은 감수해야 한다.
오로지 피자만을 취급하며 베지테리언을 뛰어넘어 비건까지 커버
가능하다. 메뉴판 외에도 스페셜 메뉴가 있으니 벽면 보드를 꼭
확인하자. 화덕 피자 특유의 쫀득하고 담백한 도우를 느낄 수 있
다. 양이 많지 않으니 1인 1개 피자를 추천한다.

Data 지도 137p-C
가는 법 타패 게이트를 등지고 왼쪽으로 도보 7분 정도 걷다가 문무앙 쏘이 7로 좌회전
주소 25 Moonmuang Soi 7, Tambon Si Phum 전화 063-882-8195 영업 17:00~23:00
가격 피자 160밧부터 홈페이지 facebook.com/byhandcafe

한량놀이를 즐겨보자
블루 다이아몬드 더 브렉퍼스트 클럽
Blue Diamond the Breakfast Club

거창한 이름에 쫄지 말자. 클럽이라고 쓰여 있지만 멤버십 가입 같은 것은 없는 일반 식당이다. 단,
내부는 결코 일반적이지 않다. 커다란 나무와 남국의 꽃이 넘실거리는 정원에 테이블이 놓여 있다.
세계 각국의 여행자들을 끌어 모으는 히피스러움이 곳곳에 묻어 있다. 작지만 인공 폭포까지 있어
졸졸졸 물소리가 흐른다. 빈백Bean Bag에 누운 듯 앉아 멍 때리기에 최고다.

실내에는 천연제품, 유기농 과일, 글루텐 프리 쿠키와 빵 등을 판매한다. 이름처럼 다채로운 아침
식사와 태국 음식을 맛볼 수 있다. 가격이 비싼 편이지만, 양이 많다. 맛까지 좋은 건 안 비밀!

Data 지도 137p-C 가는 법 창푸악 게이트에서 600m 주소 35/1 Moon Muang Rd. Soi 9, Tambon Si Phum
전화 053-217-120 영업 07:00~21:00 휴무 일요일 가격 아침 식사 세트 140밧부터
홈페이지 facebook.com/BlueDiamondTheBreakfastClubCmTh

러블리 그 자체!
콤 초콜릿티어 하우스 Khom Chocolatier House

일본 가게를 연상시키는 단정한 분위기의 초콜릿 전문점. '달콤'이란 단어가 절로 떠오르는 이름 '콤'은 아이러니하게도 태국어로 '쓴맛bitter'을 뜻한다. 쌉싸름한 초콜릿 본연의 맛을 표현한 것! 태국 북부에서 자란 카카오 열매로 만든 수제 초콜릿을 선보이는데, 인터내셔널 초콜릿 어워즈, 아카데미 오브 초콜릿에서 수상할 만큼 높은 수준을 자랑한다. 메뉴를 보면 초콜릿만으로 이렇게 많은 음료를 만들 수 있다는 것이 놀라울 정도! 살짝 얼은 75% 다크초콜릿 큐브 위 초코우유를 부어 먹는 '더블 다크초콜릿'은 황홀하기까지 하니 꼭 맛보기를 추천한다. 예쁜 포장에 담겨있어 선물하기 좋은 생초콜릿과 초코칩, 파우더 등도 판매한다. 카페 안쪽으로 초콜릿을 만드는 작업 공간이 따로 있으며, 다양한 체험 워크숍을 진행하니 SNS를 체크해 볼 것! 캄 빌리지와 가까우니 함께 돌아보면 좋다.

Data 지도 136p-J
가는 법 왓 쩨디루앙에서 치앙마이 게이트 쪽으로 도보 10분
주소 24/2 Ratchamanka Rd, Tambon Phra Sing
전화 086-924-4131
영업 10:00~18:00
가격 더블 다크 초콜릿 135밧, 시그니처 초콜릿 케이크 135밧
홈페이지 www.facebook.com/khom.chocolatierhouse

여행자들의 둥지
버드 네스트 카페 Birds Nest Cafe

자연주의 셰프 야오가 운영하는 카페 겸 레스토랑이다. 여행 에세이 《치앙마이, 그녀를 안아줘》를 읽은 사람이라면 이곳을 치앙마이에서 꼭 가야 할 카페 1순위로 생각할 것이다. 건강한 철학이 깃든 요리를 맛볼 수 있기 때문. 소규모 농가에서 기른 유기농 채소와 방목 사육한 닭과 달걀을 사용하며, 빵과 크림, 소스, 요거트 모두 홈메이드다. 건강과 환경, 지역 경제까지 생각하는 마음이 돋보인다.

서빙이 느린 편인데 '사랑을 담느라 늦었다'는 문구에 미소가 절로 나온다. 주인의 예쁜 마음만큼 아기자기한 공간, 넉넉한 콘센트와 와이파이로 여행자들의 둥지 역할을 톡톡히 하고 있다.

Data 지도 136p-B
가는 법 쑤언독 게이트에서 북쪽으로 직진 후 씬하랏 로드 쏘이 3로 우회전
주소 11 SinHarat Lane 3, Tambon Si Phum
전화 095-914-0265
영업 08:30~18:00
휴무 화요일
가격 샐러드 85밧부터, 샌드위치 100밧부터
홈페이지 facebook.com/birdsnestcafe

갓 구운 베이글이 기다리는
베이글 하우스 카페 앤 베이커리
Bagel House Cafe & Bakery

매일 직접 베이글을 굽는 홈메이드 베이글 전문점. 플레인, 참깨, 어니언 등 기본 8가지 타입이 있으며, 시즌별로 스페셜 메뉴가 추가된다. 크림치즈 베이글은 토핑을 추가할 수 있다. 내용물이 넉넉하게 들어간 베이글 샌드위치도 인기. 페이스북 페이지를 통해 오늘의 메뉴를 공개하며 활발하게 소통한다.

Data 지도 137p-D
가는 법 타패 게이트를 등지고 왼쪽으로 도보 7분, 문 무앙 쏘이 8에서 좌회전 주소 1 Moonmuang Soi 8, Tambon Si Phum
전화 091-632-3688 영업 08:15~17:00
가격 베이글 55밧, 베이글 샌드위치 90밧부터,
크림치즈 베이글 80밧부터
홈페이지 facebook.com/BagelHouseTravelCafe

치앙마이에서 만나는 아일랜드
크러스티 로프 베이커리 Crusty Loaf Bakery

난쟁이가 그려진 귀여운 베이커리. 치아바타와 캄파뉴, 바나나 케이크, 치즈 머핀 등 먹음직스러운 빵이 가득하다. 오후 6시까지 오픈하지만 3~4시쯤이면 거의 매진된다. 추천 메뉴는 미트 파이. 페이스트리 안에 고기와 그레이비 소스가 가득 차 있는데, 두고두고 생각나는 맛이다. 달콤한 시나몬 롤도 인기 있다. 원래 UN 아이리시 펍 내 작게 운영되다가 카페로 확장 이전했다. 빵을 사서 펍에서 맥주와 즐기는 것도 가능하다. UN 아이리시 펍에서도 미트 파이와 시나몬 롤을 판매한다.

Data 지도 137p-G 가는 법 타패 게이트를 등지고 왼쪽으로 도보 5분, 문 무앙 쏘이 5 다음 골목에서 좌회전
주소 28 Ratvithi Rd. Lane 1, Tambon Si Phum 전화 095-451-0438 영업 09:00~18:00
가격 치아바타 15밧, 기네스 파이 120밧 홈페이지 facebook.com/chiangmaibakery

모두가 행복한 세상을 위해
아카 아마 커피 Akha Ama Coffee

치앙마이 여행을 꿈꾸는 사람들의 버킷리스트에 꼭 들어 있을 만큼 아카 아마 커피는 치앙마이를
대표하는 커피다. '아카Akha'는 태국 북부 고산 지역 매잔타이Maejantai에 사는 소수민족의 이름이
며, '아마Ama'는 아카어로 엄마를 뜻한다.

아카 아마 커피를 운영하는 아유 리는 가난한 마을에서 유일하게 대학 교육을 받았다. 그 후 도시
로 떠나는 대신 마을로 돌아와 공동체의 자립을 고민했다. 그 결과 마을 사람들을 설득해 고소득
작물인 커피를 재배했다. 습하고 기온이 서늘한 지리적인 요건에 유기농 시스템이 도입되면서 품질
좋은 원두가 탄생했다. 이 원두를 공정한 가격에 구입해 가공 후 판매한다. 착한 마음만큼이나 훌
륭한 맛은 아카 아마 커피를 두고두고 기억하게 할 것이다.

Data 지도 136p-F 가는 법 왓 프라싱 맞은편
주소 175/1 Rachdhamnoen Rd., Phra Singh 전화 088-267-8014 영업 08:00~18:00
가격 커피 50밧부터 홈페이지 www.akhaama.com

진한 커피 한 잔이 필요할 때
퐁가네스 커피 로스터 Ponganes Coffee Roasters

높은 천장과 심플한 인테리어, 호주의 어느
카페에 들어선 듯한 힙한 분위기를 자아낸다.
빠른 와이파이도, 편안한 테이블도, 화장실도
없지만 발길을 향하게 만드는 커피 맛이 있
다. 커피 맛에 집중하는 에스프레소 바를 지
향한다.

태국뿐만 아니라 라오스, 인도 등 다양한 산
지의 원두를 사용, 숍에서 직접 로스팅한다.
바리스타 추천 메뉴는 플랫 화이트. 고소하면
서도 쌉쌀한 맛이 부드럽게 어우러진다. 에스
프레소뿐만 아니라 에어로프레스Areopress,
콜드 드립, 푸어 오버 같은 다양한 드립 커피
를 맛볼 수 있다.

Data 지도 136p-F 가는 법 삼왕상 동상에서 도보 5분
주소 11, 2 Changphuak Soi 1, Si Phum Sub-district
전화 087-727-2980 영업 10:00~16:00
휴무일 월·화·수 가격 아메리카노 80밧~
홈페이지 www.ponganes.com

노이네 집으로 놀러 오세요
마운틴 커피 바이 노이 Mountain Coffee by Noi

지금의 세련된 치앙마이 감성이 자리 잡기 전, 여행자들의 머릿속에 떠오른 '치앙마이스러운' 카페는 이런 느낌이 아니었을까? 한적한 골목에 자리 잡은 노이네 집 마당에서 노이는 원두를 볶고 딸은 커피와 건강한 디저트를 만든다. 직접 재배한 유기농 원두를 숯불 오븐에서 로스팅한다. 숯불을 이용하면 흔히 사용하는 가스 로스터기보다 골고루 열이 전도되어 잔 맛이 없고 부드러운 향미가 도는 균형이 잘 잡힌 커피가 탄생하기 때문. 타이밍이 맞으면 마당 한편에서 원두 볶는 모습을 볼 수 있다. 100년이 된 나무 아래 있는 테이블에는 세계 각국에서 온 여행자들이 앉아 자신만의 시간을 보낸다. 맛있는 커피와 바나나 빵을 먹으면서!

Data 지도 137p-G 가는 법 왓 쩨디루앙에서 치앙마이 게이트 쪽으로 도보 10분
주소 6 Ratvithi 2 Alley, Mueang Chiang Mai District 전화 098-113-7106 영업 08:00~16:00 휴무 일요일
가격 아메리카노 55밧~, 바나나 빵 50밧 홈페이지 www.instagram.com/mountaincoffee.cnx

여행 내내 비타민 충전소
쿤깨 주스 바 Khunkae's Juice Bar

신선한 열대 과일과 채소로 만든 주스와 스무디볼 맛집! 설탕을 넣지 않고 과일로만 단맛을 내는 건강한 맛집이자, 열대 과일이 듬뿍 올라간 스무디볼을 100밧 내외로 즐길 수 있는 가성비 맛집이기도 하다. 오후가 되면 비타민 C를 충전하기 위해 모여든 여행자들로 붐빈다. 가게가 좁다 보니 웨이팅은 기본, 합석도 자연스럽게 이루어진다. 다양한 디톡스 스무디와 부스터도 준비되어 있으니 여독에 지친 몸에 활력을 더해보자. 주스 바가 있는 골목 주변으로 아기자기한 가게들이 모여 있어 구경하는 즐거움도 쏠쏠하다.

Data 지도 137p-C 가는 법 타패 게이트에서 북쪽으로 도보 10분 주소 19 3 Mun Mueang Rd, Si Phum
Sub-districtm 전화 084-378-3738 영업 09:00~19:30 가격 스무디 50밧~, 스무디 볼 90밧
홈페이지 www.facebook.com/khunkaejuicebar

숲으로의 초대
펀 포레스트 카페 Fern Forest Cafe

올드 시티 안이라고는 믿기지 않을 만큼 넓은 정원에 고사리를 닮은 양치식물이 주렁주렁 늘어져 있다. 중앙의 커다란 고목 주위로 테이블이 놓여 있어 오후의 망중한을 즐기기에 최고이다. 안쪽으로 유럽식 저택이 있다. 과육이 듬뿍 들어간 코코넛 케이크는 꼭 맛봐야 할 메뉴. 도이사켓 원두로 만든 커피를 곁들이면 금상첨화. 스무디와 파스타, 브런치, 샌드위치 등 메뉴의 폭이 넓다.

Data 지도 136p-B
가는 법 타패 게이트를 등지고 왼쪽으로 도보 5분, 문무앙 쏘이 5 다음 골목에서 좌회전
주소 54, 1 Singharat Rd, Si Phum
전화 084-616-1144
영업 08:30~20:30
가격 코코넛 크림 파이 95밧
홈페이지 facebook.com/fernforestcafe

늘 그 자리에 있어 주길
바트 커피 Bart Coffee

풍성한 파마머리 같은 나뭇잎이 지붕을 드리우고 작은 창 앞에 의자 두 개가 놓여 있다. 이 풍경 하나로 여행자들의 마음을 사로잡았다. 커다란 나무에 맞춰 건축한 내부는 4인 테이블 하나와 2인 테이블 하나가 끝. 벽에는 세계 각국의 여행자들이 남긴 메모들로 가득하다. 작은 고추가 맵다고, 커피 맛이 으뜸이다. 치앙라이산 원두를 사용, 기본에 충실하며 정성스럽게 커피를 내린다.

Data 지도 137p-C
가는 법 그래프 커피에서 도보 1분
주소 51 Moon Muang Rd. Lane 6, Tambon Si Phum
전화 099-049-4688
영업 08:00~17:00
가격 아메리카노 65밧
홈페이지 facebook.com/Bartcoffee-1995176584043282

명불허전, 엄지 척!

파 란나 스파 Fah Lanna Spa

들어서는 순간 싱그러운 정원에 매료된다. 로비에는 향긋한 진저Ginger 냄새가 흐르고 한편에 각종 허브와 함께 보글보글 끓고 있는 전통 화덕을 볼 수 있다. 단독 빌라 7개를 포함해 총 25개의 트리트먼트룸을 갖추고 있다. 전통 란나 스타일로 지어진 빌라에는 북부 지역의 지명이 붙어 있는데, 내부 역시 그 지역의 특색에 맞게 꾸며져 있다. 가운데 종유석이 있는 독특한 사우나 실은 치앙다오Chiang Dao의 동굴을 따서 만들었다.

기본 타이 마사지도 좋지만 다른 트리트먼트를 결합한 스파 패키지를 추천한다. 발 마사지와 아로마 오일 전신 마사지, 허브볼과 타이 마사지 등 다양한 조합이 있다. 마사지 후 따듯한 생강차로 몸을 다독인다. 워낙 인기 있는 곳이라 예약은 필수. 자체 홈페이지 또는 여행 액티비티 예약 사이트 클룩을 통해 예약할 수 있다. 옆에 자리한 카페 파타라 커피Fahtara Coffee도 같이 운영한다.

Data 지도 137p-C
가는 법 창푸악 게이트에서 도보 5분
주소 57, 57/1 Wiang Kaew Rd., Sripoom,
전화 088-804-9984
영업 08:30~17:00
휴무 월요일
가격 타이 마사지 350밧부터, 스파 패키지 1,400밧부터
홈페이지 www.fahlanna.com

태국 대표 스파
오아시스 스파 란나 Oasis Spa Lanna

파 란나 스파와 쌍벽을 이루는 고급 스파. 여행자들에게 15년 동안 사랑받아 온 스파 브랜드로 태국 주요 도시에 여러 지점을 가지고 있다. 치앙마이에만 5개의 지점이 있으며, 오아시스 스파 란나점은 왓 프라싱 근처에 있다. 100년이 넘은 커다란 나무가 있는 고즈넉한 정원은 시끌벅적한 올드 시티 내 완벽한 오아시스를 제공한다.

12개의 룸과 5개의 빌라로 구성된다. 빌라 주위로 수로가 설치되어 있어 물 흐르는 소리가 들려 자연 속에서 치유받는 기분이 든다. 예부터 전해져 온 타이 허브를 이용, 뭉친 근육을 푸는 것에서 한 단계 더 나아가 에너지 순환을 돕는 마사지를 선보인다. 추천 트리트먼트는 란나 시크릿Lanna Secret. 두 시간 동안 타이 마사지와 허브볼, 아로마 오일 마사지 세 가지를 경험할 수 있다. 그 외에도 두 명의 테라피스트가 호흡을 맞추는 포 핸드 마사지Four Hand Massage, 천연 과일을 이용한 트리트먼트 등 다양한 프로그램이 준비되어 있다. 무료 픽드롭 서비스 제공.

Data 지도 136p-F
가는 법 왓 프라싱에서 남쪽으로 도보 3분
주소 4 Samlan Rd., Phra Sing
전화 053-920-111
영업 10:00~22:00
가격 타이 마사지 1,200밧부터, 란나 시크릿 2,700밧부터
홈페이지 www.oasisspa.net

고급스럽게 힐링하자
렛츠 릴렉스 Let's Relax

고급 스파로 유명한 라린진다 계열의 스파 체인. 편안한 분위기와 체계적인 시스템으로 태국을 사로잡았다. 방콕, 푸껫 등에 20개 이상의 매장이 있으며 나이트 바자와 님만해민에도 지점이 있다. 고급 스파와 저렴한 로드 숍 중간급으로 시설을 중요하게 생각하는 사람에게 추천한다.
기본 마사지인 타이 마사지를 포함해 다양한 패키지가 준비되어 있다. 합리적인 가격으로 고급스러운 서비스를 받을 수 있다. 마사지 전에는 레몬그라스와 사탕수수로 만든 차를, 후에는 카오 니아오 마무앙을 제공한다. 숍 내에 라린진다 스파의 보디 용품을 판매한다. 인기가 많으니 예약하는 것이 좋다. 여행 예약 사이트 클룩을 이용하면 할인받을 수 있다.

Data 지도 137p-G 가는 법 타패 로드에서 도보 5분, D 비스트로 안쪽에 위치
주소 97/2-5 Rachadamnoen Rd., Tambon Su Thep 전화 053-271-339 영업 10:00~24:00
가격 타이 마사지 60분 600밧

한국인 마음은 한국 사람이!
쿤카 마사지 Khunka Massage

친절한 한국인 남편과 태국인 부인이 운영하는 마사지 숍이다. 착한 가격에 깔끔한 시설까지 갖추고 있어 여행자들의 사랑을 듬뿍 받고 있다. 기본 타이 마사지에 자신이 원하는 부위를 추가로 받을 수 있어 더욱 반가운 곳이다.
부드러운 마사지를 원한다면 아로마 오일, 핫스톤, 허브볼 마사지로 업그레이드해 보자. 보디 스크럽과 페이셜, 왁싱 등 뷰티 트리트먼트도 받을 수 있다. 4층으로 되어 있지만, 규모가 크지 않으니 예약하는 것이 좋다. 선데이 마켓이 열리는 일요일은 예약을 받지 않는다.

Data 지도 137p-G
가는 법 타패 게이트에서 랏차담넌 로드를 따라 도보 7분
주소 80/7 Rachadamneon Rd., Tambon Su Thep
전화 080-777-2131 영업 10:00~22:00 가격 타이 마사지 250밧부터
홈페이지 facebook.com/Rachadamneon/

착한 가격, 착한 마사지
우먼스 마사지 센터 바이 엑스 프리즈너
Women's Massage Center By Ex-Prisoners

긴 이름이 모든 것을 말해준다. 여성 인권 단체 디그니티 네트워크Dignity Network에서 운영하는 마사지 숍으로, 여성 재소자들의 사회 복귀를 돕는 일을 한다. 일자리를 찾기 어려운 여성 재소자들에게 교육과 일자리를 제공함으로써 새로운 삶을 살아갈 기회를 주는 것이다.

마사지 솜씨도 좋아 입소문을 타면서 현재 올드 시티 내 3개의 지점을 가지고 있다. 무섭지 않을까 하는 선입견도 잠시, 밝고 친절한 서비스에 무장 해제된다. 넓은 방에서 여럿이 함께 마사지를 받는 오픈 형태로 되어 있으며 오일 마사지 시 프라이빗룸을 선택할 수 있다.

Data 지도 136p-B 가는 법 창푸악 게이트에서 도보 5분 주소 18/2 Wiang Kaew Rd, Tambon Si Phum 전화 094-635-1928 영업 09:00~21:00 가격 타이 마사지 250밧부터 홈페이지 www.dignitynetwork.org

보랏빛 힐링 물결
릴라 마사지 Lila Massage

보라색 간판으로 유명한 마사지 숍이다. 올드 시티 내에만 7개의 지점이 있다. 여성 교도소 소장이 은퇴 후 사회적 편견으로 취업이 어려운 여성 재소자들을 위해 오픈했다. 모든 테라피스트들은 180시간의 기본 트레이닝을 거치고 채용되기 때문에 만족스러운 마사지를 기대할 수 있다.

다른 숍에서 보기 힘든 톡센Toksen 마사지도 가능하니 체크해볼 것. 톡센 마사지는 나무망치로 못을 박듯 혈을 치는 란나 전통 마사지다. 저렴한 가격이 매력 포인트 중 하나였으나 최근 가격이 올라 다른 곳들과 비슷한 수준이 되었다.

Data 지도 137p-H
가는 법 타패 게이트에서 도보 3분
주소 31, 33 Rachadamnoen Rd. Soi 7, Tambon Su Thep
전화 053-280-998
영업 10:00~22:00
가격 타이 마사지 60분 250밧
홈페이지 www.chiangmaithaimassage.com

여행자들을 위한 여행자들의 재즈

노스게이트 재즈 코업 The North Gate Jazz Co-Op

자타공인, 명불허전 치앙마이 대표 라이브 바이다. 맥주 한 병 값이면 지구촌 각지에서 모인 연주자들의 열정적인 음악을 들을 수 있다. 리듬을 타며 친구와 대화를 나누는 동안 재즈 바는 어느새 만석이 된다. 도로변까지 차지한 여행자들은 저마다 맥주 한 병을 들고 몸을 좌우로 움직이며 흥겨운 밤을 보낸다. 혼자여도 괜찮다. 음악을 중심으로 화기애애한 이야기가 오가기 때문이다.

매주 화요일은 아마추어 연주자들이 모여 애드리브로 공연하는 잼 라이브가 열린다. 대게 여행자들이다. 그들이 꾸려나가는 시간은 꽤 흥미롭다. 매일 저녁 8시부터 공연이 열린다.

Data 지도 137p-C 가는 법 창푸악 게이트 안쪽
주소 91/1-2, Si Phum Rd., Tambon Si Phum 전화 081-765-5246
영업 19:00~24:00 가격 맥주 85밧부터, 칵테일 160밧부터
홈페이지 facebook.com/northgate.jazzcoop

이 밤, 새하얗게 불태워보자
조 인 옐로 Zoe in Yellow

매일 밤 음악과 웃음으로 들썩이는 올드 시티의 대표 클럽이다. 천장에 걸린 색색의 종이우산과 시끌시끌한 음악으로 존재감을 드러낸다. 야외 오픈 바로, 일렉트로닉과 댄스 음악이 쿵쾅쿵쾅 흘러나온다. 지구촌 곳곳에서 온 친구들과 스스럼없이 어울리며 진정 '위 아 더 월드We Are The World'를 경험할 수 있다. 밤 10시부터 피크이며 눈치 보지 않고 신나게 즐길 수 있는 곳이다.

작은 양동이에 여러 가지 술을 섞어 만든 버켓 칵테일을 나눠 먹는 모습도 흔히 볼 수 있다. 스테이지 뒤쪽으로 야외 테이블 석이 있어 춤을 추다 지치면 잠시 쉬며 한 잔 하기에도 좋다.

Data 지도 137p-G
가는 법 타패 게이트에서 북쪽 문무앙 로드로 직진, 랏비티 로드로 좌회전
주소 48, QXRR+F4X, 1 Ratvithi Rd, Si Phum
전화 095-695-6050 영업 17:00~24:00
가격 칵테일 130밧부터, 버켓 300밧부터
홈페이지 facebook.com/ZOEINYELLOWCHIANGMAI

내적 흥이 폭발하는
루츠 록 레게
Roots Rock Reggae

무더위에 가장 잘 어울리는 음악은 레게가 아닐까. 루츠 록 레게는 레게의 전설 밥 말리Bob Marley의 노래 제목이다. '춤추고 싶은 기분이야, 우린 자유로워'라는 가사처럼 이곳에서는 라이브를 들으며 신나게 몸을 흔들 수 있다. 몸치여도 괜찮다. 흥겨운 분위기에 저절로 어깨가 들썩인다.

벽면에 밥 말리가 그려져 있고 라이브 공연 무대와 그 앞으로 댄스 플로어가 있다. 매일 밤 레게와 스카, 록 등 실력파 밴드의 공연이 늦은 밤까지 이어진다.

Data 지도 137p-G
가는 법 조 인 옐로 골목 안쪽
주소 196/5/1 Ratchapakhinai Rd, Tambon Si Phum 전화 092-698-9365
영업 19:00~다음 날 01:00
가격 맥주 80~120밧,
칵테일 120~160밧
홈페이지 facebook.com/RootsRockReggaeCM

TIP 최근 태국 정부에서 마리화나를 합법화했다. 하지만 한국인이 흡입 및 섭취, 구매 시 한국법에 따라 처벌받게 되니 주의하자. 대부분의 식당에서는 대마 사용 여부를 표기하고 있으니 너무 큰 걱정은 하지 않아도 된다.

 음악으로 소통하는
마호리 시티 오브 뮤직 Mahoree City of Music

노스게이트 재즈 코업의 오너가 오픈한 재즈 바. 노스게이트가 자유로운 노상 바이브라면 마호리는 조금 더 격식을 갖췄다. 마호리는 태국어로 '국악단'이라는 뜻이다. 전통 란나 음악의 정체성을 잃지 않으면서 다양한 문화적 시도를 한다는 의미를 담고 있다. 무대를 둘러싸고 10명 남짓 앉을 수 있는 작은 공간이지만, 그만큼 더 가까이 호흡하며 공연을 즐길 수 있다. 실내와 연결된 테라스는 공연이 잔잔하게 들려와 음악을 배경으로 담소를 나누기 좋다. 전통음악부터 블루스, 재즈, 클래식 등 장르를 국한하지 않고 공연이 열리며, 라인업은 SNS에서 확인할 수 있다. 입장료가 없는 만큼 음료는 비싼 편이지만, 수준 높은 칵테일을 선보인다. 코코넛 럼 베이스의 '마호리'는 꼭 마셔볼 것!

Data 지도 137p-G 가는 법 왓 쩨디루앙과 삼왕상 동상 사이 주소 208 1 Prapokkloa Rd, Si Phum Sub-district 전화 098-516-2569 영업 18:30~24:00 가격 마호리 360밧, 싱하 생맥주 120밧 홈페이지 www.facebook.com/mahoree.city.of.music

 열정적인 뮤지션과 더 열정적인 관중들

통 바 Tong Bar

흔히 볼 수 있는 동네 작은 펍이지만, 저녁 8시 30분 라이브가 시작되면 분위기가 달라진다. 커다란 스피커로 전해지는 바운스, 뮤지션의 격렬한 액션, 청중들의 환호가 어우러져 라이브의 묘미를 오롯이 느낄 수 있다. 신나는 펑크에 강렬한 록, 메탈의 열기가 지나가던 발걸음을 붙잡는다. 내부 자리가 부족해 노상에도 테이블이 깔리지만 그걸로도 역부족이다. 서서 한 손에 맥주를 들고 몸을 흔들며 자유롭게 음악을 즐긴다. 모르는 사람과도 어느새 건배를 외치게 되는 분위기. 라이브는 자정까지 이어지고, 밤이 깊어갈수록 사람들이 계속 모여드는 마법같은 곳이다. 술값도 저렴해 더 좋은 건 안 비밀!

Data 지도 137p-G
가는 법 타패 게이트에서 도보 5분 주소 34 3 Ratvithi Rd, Tambon Si Phum
전화 095-676-9238 영업 09:00~01:00 가격 맥주 100밧~, 칵테일 140밧~

SHOP

내가 찾던 핸드메이드 여기 다 있네!
찬야 숍 앤 갤러리 Chanya Shops & Gallery

소장하기도, 선물하기도 좋은 수공예품 가게들이 모여 있다. 뜨거운 햇살을 피해 잠시 들어갔다가 한참을 머물게 되는 타임 워프 구역이다. 직접 디자인한 원피스, 천연 인디고 염색 가방, 여행에 향기를 더해줄 고체 향수, 나무 시곗줄 시계 등 다른 곳에서 찾아보기 힘든 유니크한 제품을 찾아볼 수 있다. 핸드메이드인 만큼 가격대는 높은 편이지만, 퀄리티가 좋아 만족도도 높다.

Data 지도 137p-G
가는 법 타패 게이트에서 왓 프라싱 방향으로 도보 10분
주소 147/1 Rachadamnoen Rd, Tambon Si Phum
전화 090-324-5996
영업 09:00~21:00

문구 덕후들의 참새방앗간
딥디 바인더 Dibdee Binder

문구나 필기류를 좋아한다면 달려가야 할 1순위! 2011년 한 땀 한 땀 종이를 자르고 실로 제본하며 노트를 만드는 공방으로 시작했다. 입구에 쓰인 'all about paper'라는 단어 그대로, 다양한 디자인과 재질의 노트를 만나볼 수 있다. 원하는 표지로 주문 제작도 가능하다. 노트와 찰떡인 펜과 스탬프, 스티커 등을 판매한다. 나만의 노트를 만들 수 있는 북 바인딩 워크숍도 진행하니 홈페이지를 참고하자.

Data 지도 137p-C
가는 법 바트 커피 맞은 편
주소 37 4 Mun Mueang Rd, Tambon Si Phum
전화 091-655-9299
영업 10:00~18:00
홈페이지
www.dibdeebinder.com

치앙마이 대표 야시장
일요 야시장 Sunday Market

치앙마이 여행 계획에 일요일을 꼭 넣어야 하는 이유! 바로 일요 야시장 선데이 마켓 때문이다. 매주 일요일 오후 4시경부터 빨갛고 파란 천막들이 하나둘씩 펴지면서 순식간에 랏차담넌 로드를 뒤덮는다. 타패 게이트에서 왓 프라싱까지 약 1km 구간에 차량 진입이 금지되고, 치앙마이 최대의 야시장이 열린다. '치앙마이 사람들 여기에 다 모였나'라고 할 만큼 수많은 여행자들로 붐빈다.

없는 것 빼고는 다 있다. 알록달록 소수민족 감성을 담은 원피스와 반바지, 열대과일로 만든 핸드메이드 비누, 오리지널리티 목공예품 등 지갑을 열게 하는 아이템들이 가득하다. 사이사이 골목마다 상점이 들어와 찜해둔 가게를 다시 찾기 쉽지 않다. 마음에 드는 물건이 있다면 그 자리에서 바로 사는 것이 좋다. 거리의 악사들이 흥을 돋우고, 국적을 넘나드는 먹거리가 즐비하다. 피곤해질 때쯤이면 길거리 발마사지 숍이 나타나니 이 밤, 쇼핑은 계속 된다.

Data 지도 137p-G
주소 Rachadamnoen Rd., Tambon Si Phum
가는 법 타패 게이트부터 왓 프라싱까지
영업 일 18:00~23:00

불타는 토요일을 더욱 신나게

토요 야시장 Saturday Market

선데이 마켓보다 규모는 작지만 시장 구경의 즐거움은 결코 뒤지지 않는다. 매주 토요일 저녁 치앙마이 게이트 근처 우아라이 로드Wua Lai Road를 따라 야시장이 열린다. 우아라이 로드는 평소 은을 취급하는 가게들이 모여 있는 곳으로, 곳곳에서 은을 세공하는 모습을 볼 수 있다. 품질 좋은 은 제품을 만나볼 수 있으니 두 눈을 크게 뜰 것! 그 외 품목은 선데이 마켓과 비슷하다. 선데이 마켓만큼이나 야시장의 덕목을 잘 갖추고 있으니 치앙마이에 온다면 2곳 중 1곳은 꼭 들러볼 것을 권한다. 선데이 마켓을 갈 예정이라면 굳이 갈 필요는 없다.

Data 지도 137p-K

주소 Wua Lai Rd., Tambon Phra Sing 가는 법 치앙마이 게이트 맞은편 영업 토 18:00~23:00

맛있는 먹거리 천국

창푸악 야시장 Changphuak Night Market

올드 시티 북쪽 창푸악 게이트 맞은편 재래시장이 있다. 낮에는 채소와 생필품을 파는 평범한 시장이지만, 밤이 오면 거대한 먹거리 포장마차로 변신한다. 각종 꼬치구이와 국수, 해산물, 디저트와 스무디까지 입맛대로 골라먹을 수 있다. 가장 유명한 음식은 족발 덮밥인 카우카무Khao Kha Moo이다. 카우보이 모자를 쓰고 곱게 화장을 한 아주머니가 맞아주어 '카우보이 족발 덮밥'이라고 불린다. 한약재를 넣고 푹 삶은 야들야들한 족발이 한국인의 입맛에 잘 맞는다. 늘 긴 줄로 북적여 쉽게 찾을 수 있다.

Data 지도 136p-B

가는 법 창푸악 게이트에서 도보 5분

주소 248/70 Manee Nopparat Rd., Tambon Si Phum

영업 17:00~24:00

카우카무

여행자들의 친구
쏨펫 시장 Somphet Market

규모는 작지만 깔끔하고 접근성이 좋아 여행자들이 많이 찾는 재래시장이다. 타패 게이트 근처에 위치해 많은 쿠킹 클래스들이 이곳에서 장을 본다. 신선한 채소와 과일 등을 판매하며, 여행자들이 먹기 쉽도록 손질해 준다. 특히 요리에 들어가는 재료를 모아 소포장으로 파는 똠얌 세트, 카우쏘이 세트는 특색 있는 기념품으로 그만이다. 차로 마시기 좋은 말린 레몬그라스와 갈랑가도 추천한다. 북부식 소시지와 튀긴 돼지 껍데기, 프라이드치킨 등 아침부터 저녁까지 다양한 먹거리를 즐길 수 있다.

Data 지도 137p-D 가는 법 타패 게이트에서 북쪽으로 도보 7분
주소 4163 Mun Mueang Rd., Chang Moi 영업 07:00~19:00

현지인처럼 살아보기
치앙마이 게이트 마켓 Chiang Mai Gate Market

쏨펫 시장보다 규모가 훨씬 큰 재래시장이다. 야시장이 여행자들을 위한 곳이라면, 이곳은 현지인들의 삶의 터전이다. 이른 새벽부터 문을 열고, 탁밧로 하루를 시작하는 치앙마이 사람들을 만날 수 있다. 다양한 식재료와 현지 반찬들을 사기 위해 줄 서는 사람들로 북적인다. 현지인들이 아침 식사로 자주 먹는 빠땡꼬Patonggo와 쪽, 남녀여우 등에 도전해 보자. 가판에 앉아 호로록 한 그릇하면 이곳 주민이 된 것만 같은 기분이 든다. 건물 옆 골목으로 시장이 이어지니 놓치지 말자.

Data 지도 137p-K 가는 법 창푸악 게이트에서 도보 5분
주소 Bumrung Buri Rd., Tambon Phra Sing 영업 06:00~23:00

빠땡꼬 가게

❖ 그냥 지날 칠 수 없는 뽕뿌 숍 ❖

올드 시티를 돌아다니다 보면 취향 저격하는 물건들을 판매하는 숍들이 한 집 걸러 발목을 잡는다.
오리지널리티 넘치는 숍들 중 꼭 봐야 할 곳을 소개한다.

❖ 수파체트 스튜디오 Supachet Studio

태국 왕실에서도 관심을 가지는 작가 수파체트 뷰마칸Supachet Bhumakarn이 운영하는 스튜디오
이자 숍. 치앙마이의 대표 동물 코끼리를 그만의 보드라운 감성으로 표현했다.

 Data 지도 137p-G
가는 법 타패 게이트에서 서쪽으로 도보 7분 주소 56/2 Ratchadamnoen Rd., Tambon Phra Sing
전화 089-950-1329 영업 10:30~18:00 홈페이지 facebook.com/supachetstudio

❖ 나나이로 Nanairo

일본인이 운영하는 편집 숍. 구제 옷과 소품들, 치앙마이 젊은 아티스트들의 수제품들이 빼곡하다.
빈티지한 패션을 좋아하는 사람들에게 오아시스 같은 곳. 카페와 문신 숍도 함께 운영한다.

 **Data** 지도 137p-C
가는 법 타패 게이트에서 북쪽으로
직진 후 문무앙 로드 쏘이 6로 좌회전
주소 20 Moonmuang Lane Soi 6,
Tambon Si Phum
전화 086-908-3776
영업 10:00~18:00

❖ 타패 마켓 101 센터 포인트 Tha Phae Market 101 Center Point

비어있던 상가 안쪽으로 가판들이 하나둘 모여 형성된 작은 마켓. 흔히 볼 수 있는 기념품들 사이 취향 저격할 만한 소품들이 숨어 있다. 정찰제로 가격도 착한 편!

Data 지도 137p-G
가는 법 타패 게이트에서 왓 프라싱 방향으로 도보 5분
주소 101 Rachadamnoen Rd, Phra Sing 영업 10:00~22:00

❖ 잉디 Yindee

왓 프라싱 근처 눈길을 끄는 감각적인 핸드 크래프트 편집숍. 손바느질 브랜드 잉디를 포함해 마크 메라, 우드, 가죽 등 여러 로컬 아티스트의 제품을 만날 수 있다.

Data 지도 136p-F
가는 법 왓 프라싱 방향에서 남쪽으로 도보 5분 주소 41/1 Samlarn Rd, Si Phum Sub-district
영업 10:00~22:00 홈페이지 www.instagram.com/yindee.handmade

02

님만해민
Nimmanhaemin

'치앙마이의 가로수길' 등 여러 수식어가 붙지만 '님만해민' 그 자체로 고유 명사가 되기에 충분하다. 올드 시티가 란나 문화를 고스란히 간직하고 있는 전통적인 곳이라면, 님만해민은 오늘날의 치앙마이를 이끌어나가는 트렌디한 감성으로 넘실거리는 곳이다.
한 걸음마다 멋스러운 가게들이 발길을 잡고, 두 눈을 크게 뜰 때마다 감각적인 아이템들이 마음을 사로잡는다.

미리보기

올드 시티 서쪽은 님만해민, 쌘띠땀, 치앙마이 대학교 근처로 크게 나눌 수 있다. 서양 여행자들로 가득한 올드 시티와는 달리, 치앙마이 젊은이들과 한국, 중국 관광객이 대부분이다. 님만해민을 걷다 보면 디자인 강국 태국의 위상을 새삼 엿볼 수 있다. 쌘띠땀과 치앙마이 대학교 주위는 저렴한 물가로 한 달 살기 장기 여행자들이 많이 찾는다.

SEE & ENJOY

님만해민에서 무엇을 봐야 하냐고 물으면 조금 고민스럽다. 대단한 볼거리, 즐길거리가 있는 것이 아니라 자신이 찾아나가야 하는 곳이기 때문이다. 개성 넘치는 숍들이 숨겨진 골목골목을 누비고, 예술가들이 모여서 만든 공동체 마을을 구경하며 소소하지만 소중한 치앙마이의 일상에 젖어보는 것은 어떨까.

EAT

힙한 레스토랑과 카페, 펍들이 밀집되어 있는 미식 지구이다. 예쁜 카페 탐방을 좋아한다면 천국과 같은 곳이다. 반캉왓 주변으로 치앙마이 분위기를 가장 잘 담은 카페들이 모여 있다. 저녁이면 치앙마이 대학교 주위로 저렴한 먹거리 노점들이 들어선다. 루프톱 바에서 석양과 함께 즐기는 맥주 한 잔의 낭만도 놓치지 말자.

BUY

미리 경고해야겠다. 소비 요정의 강림! 치앙마이 최고의 쇼핑몰 마야 라이프스타일 쇼핑센터가 있으며, 최근 원 님만이 오픈하면서 더욱 막강해졌다. 유명 브랜드와 로컬 인기 숍들뿐만 아니라, 지역 예술가들의 손맛 가득한 수공예품과 태국 북부 소수민족의 특색 있는 기념품들까지 가득해 지갑을 열지 않고는 못 배길 것이다.

어떻게 갈까?

치앙마이 국제공항에서 님만해민까지는 약 20분 소요된다. 국제선 1번 출구로 나오면 미터 택시를 잡는 창구가 있다. 목적지를 말하면 금액을 지정해 준다. 기사와 따로 흥정할 필요가 없어 편하다. 금액은 150~200밧 정도. 2018년부터 공항버스가 도입되었다. 빨간색 노선을 타면 님만해민까지 갈 수 있다. 요금은 20밧으로 저렴하다.

어떻게 다닐까?

도보 혹은 자전거 이용이 대부분이다. 골목은 '쏘이Soi'라 하며 몇 번째 골목인지 숫자와 함께 표기가 되어 있다. 올드 시티와 치앙마이 대학교를 오갈 때에는 썽태우가 편리하다. 목적지를 말하고 타면 된다. 기본요금 20밧. 그 외에는 그랩을 이용할 수 있다. 님만해민에 그랩과 연계된 식당이 많으니 할인 코드를 기억해 두자.

마야 라이프스타일 쇼핑센터
Maya Lifestyle Shopping Center

왓 쩻욧
Wat Chet Yot

옴니아 카페 & 로스터리 방향
Omnia Cafe & Roastery

치앙마이 대학교
Chiang Mai University,

나머 야시장
Namor Market,

나나 정글
Nana Jungle,

꼬푸악 꼬담
Gopuek Godam,

펑키 그릴
Funky Grill

님만 힐
Nimman Hill

보탄(모란)
Botan

플레이웍스
Playworks

자나두 펍 & 레스토랑
Xanadu Pub & Restaurant

북 스미스
The Booksmith

원 님만
One Nimman

님만해민 아트 앤 디자인 산책로

싱크 파크
Think Park

화이트 마켓 White Market

꾸어이띠여우 땀룽
Kuay Teaw Tamlung

진저 팜 키친 Ginger Farm Kitchen

란 라오 Lan Lao

사루다 파이니스트
페이스트리
Saruda Finest Pastry

리스트레토 커피
Ristr8to Coffee

청도이 로스트 치킨
Cherng Doi
Roast Chicken

몬놈쏫
Mont Nom Sot

포하이드 Fohhide

닌자 라멘
Ninja Ramen

매니프레쉬토 Manifreshto

구 퓨전 로띠 앤 티
Guu Fusion Roti & Tea

카우쏘이 님만
Khaosoi Nimman

그래프 그라운드
GRAPH ground

헬씨 정크 Healthy Junk

리틀 서울
Little Seoul

샐러드 콘셉트
The Salad Concept

아키라 매너 치앙마이 호텔
Akyra Manor Chiang Mai Hotel

라이즈 루프톱 바
Rise Rooftop Bar

란저우 누들
Lanzhou Noodles

비어 랩 Beer Lab

떵뗌또
Tong Tem Toh

록 미 버거
Rock Me
Burger

위치안부리 까이양
Wichiang Buri Kaiyang

웜업 카페
Warm Up Cafe

비스트 버거
Beast Burger

지 님만 G Nimman

아르텔 님만 호텔
Artel Nimman Hotel

세븐 센스 젤라토
7 Senses Gelato

갤러리 시스케이프 & SS 1254372 카페
Gallery Seescape & SS1254372 Cafe

씨아 피시 누들
Sia Fish Noodles

모멘트 마사지
Moment Massage

크레이지 누들
Crazy Noodles

데이 데이 마사지
Day Day Massage

치앙마이 대학교 컨벤션센터
Chiang Mai University Convention Center

치앙마이 대학교 아트 센터
Chiang Mai University Art Center

치앙마이 대학교 후문
로열 프로젝트 숍
Royal Project Shop,
똔파욤 마켓 방향
Ton Payon Market
치앙마이 대학교 후문에 위치

반 이터리 앤 디자인
The Barn Eatery And Design

왓 쑤언독
Wat Suan Dok

무스 가츠
MU's Katsu

오카쥬 님 시티
Ohkajhu Nim City

님만해민
Nimmanhaemin

님만해민
📍 2일 추천 코스 📍

하루는 님만해민 대로 쪽을, 하루는 근교에 있는 곳들 위주로 돌아보자. 거리는 멀지 않지만 날씨 때문에 걷기 힘들다. 도보 15분 이상의 거리는 썽태우나 그랩 등을 이용하는 것이 좋다. 소품 구경과 쇼핑을 좋아한다면 장소별로 시간을 넉넉히 배분해야 쫓기지 않는다.

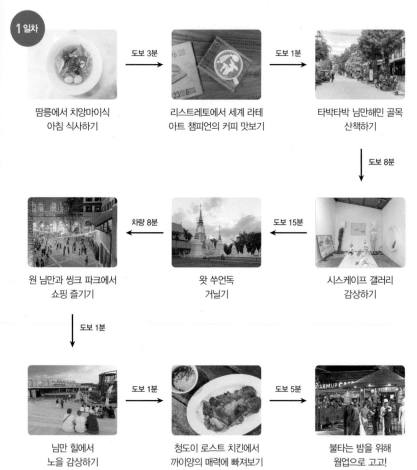

1 일차

땀롱에서 치앙마이식 아침 식사하기
→ 도보 3분 →
리스트레토에서 세계 라테 아트 챔피언의 커피 맛보기
→ 도보 1분 →
타박타박 님만해민 골목 산책하기

↓ 도보 8분

원 님만과 씽크 파크에서 쇼핑 즐기기
← 차량 8분 ←
왓 쑤언독 거닐기
← 도보 15분 ←
시스케이프 갤러리 감상하기

↓ 도보 1분

님만 힐에서 노을 감상하기
→ 도보 1분 →
청도이 로스트 치킨에서 까이양의 매력에 빠져보기
→ 도보 5분 →
불타는 밤을 위해 웜업으로 고고!

차량 10분 →

꼬프악 꼬담에서
4색 토스트 맛보기

도보 7분 →

왓 우몽에서
명상하기

페이퍼 스푼에서
잠시 휴식 취하기

도보 10분 ↓

도보 1분 ←

랑머 노점에서
다양하게 즐기기

차량 10분 ←

치앙마이 대학교 캠퍼스
산책 즐기기

반캉왓 구경
또 구경하기!

쌘띠땀
Santitham

얼리 오울
Early Owl R

쏨땀 우돈
Somtam Udon R

쌘띠땀 로드
Santitham Rd.

무임 찜쭘
Moo Yim Jim Jum

럭키Lucky's R

카페 마우스필 R
Cafe Mouthfeel

나나 베이커리
Nana Bakery R

플립스&플립스 홈메이드 도넛 R
Flips & Flips Homemade Donuts

카우만까이 쌥 R
Kow Mun Kai Sap

아카 아마 커피 R
Akha Ama Coffee

쌘띠땀 브렉퍼스트 R
Santitham Breakfast

옴브라 카페
Ombra Caffe R

카우쏘이 매싸이 R
Khao Soi Mae Sai

헤이깨우 로드 Huaykaew Rd.

살사 키친
R Salsa Kitchen

훗싸디싸위 Rd.
Hussadhsawee Rd.

☐ SEE

치앙마이 트렌드 선도 주자

님만해민 Nimmanhaemin

올드 시티와 치앙마이 대학교 사이, 님만해민 대로를 따라 이어지는 지역 일대를 님만해민이라고 부른다. 치앙마이 대학교 학생들의 숙소와 식당들이 있던 지역에 젊은 예술가와 바리스타들이 모여들면서 지금의 모습을 형성하게 되었다. 약 600m의 짧은 거리이지만 거미줄처럼 연결된 골목골목마다 눈길과 발길을 사로잡는 가게들이 즐비하다. 감각적인 갤러리와 자카 숍, 서점, 카페들을 구경하며 자신만의 아지트를 찾는 재미가 쏠쏠하다.

어둠과 함께 푸드 트럭과 노점 포장마차들이 거리를 채운다. 현재를 충실하게 살아가고 있는 치앙마이의 젊은 활기가 흐른다. 너무 핫해지면서 빠르게 변화하는 모습이 조금 아쉽다.

Data 지도 179p-A
가는 법 훼이깨우 로드 원 님만과 씽크 파크 사이의 대로 주소 Tambon Su Thep

TIP **님만해민 아트 앤 디자인 산책로**

매년 12월 첫째 주 님만해민 쏘이 1에서 열리는 아트 페어이다. 18년의 역사를 가진 축제로 님만해민 아트 앤 디자인 프롬나드Nimmanhaemin Art&Design Promenade를 줄여서 NAP이라고 부른다. 태국 전역에서 온 아기자기하고 개성 넘치는 수공예품을 만나볼 수 있다. 이 기간 치앙마이를 여행 중이라면 놓치지 말 것!
홈페이지 facebook.com/nimmansoi1

700년이 넘은 동굴 사원

왓 우몽 Wat Umong

사원의 도시 치앙마이에서도 손에 꼽을 만큼 멋진 사원이다. 1294년 멩라이왕이 자신에게 자문하던 승려의 명상을 위해 도이쑤텝 산기슭에 터널을 파 지었다. '우몽'은 동굴이라는 뜻이다. 여러 갈래로 난 동굴의 끝마다 불상이 안치되어 있고, 그 앞에서 경건하게 기도를 드리는 사람들을 볼 수 있다. 붉은 벽돌로 지어진 내부 벽에는 세월에 빛바랜 탱화를 찾아볼 수 있다. 터널 위로 전통 란나 형식의 쩨디가 있다. 안쪽으로 호수와 산책로가 마련되어 있어 사색을 즐기기에 좋다.

매주 일요일 오후 3~6시에는 영어로 진행하는 법회가 열린다. 현재까지도 명상을 하는 많은 사람들이 찾는 곳으로 명상 센터를 같이 운영한다. 부처의 가르침을 되새기고 명상을 배울 수 있다. 영어와 태국어로 진행된다. 반캉왓에서 도보 약 15분 거리로, 함께 둘러보면 좋다.

Data 지도 188p-B
가는 법 치앙마이 대학교 후문가 골목에 위치
주소 Suthep Rd., Soi Wat Umong
전화 093-278-7733
운영 06:00~18:00
요금 무료입장
홈페이지 www.watumong.org

 아름다운 꽃의 사원
왓 쑤언독 Wat Suan Dok

원래는 왕가의 정원으로 쓰이던 곳이었다. 1371년 스리랑카 불교를 전래한 고승 마하테라 쑤마나Mahathera Sumana를 기리기 위해 사원을 지었다. 현재의 법전은 1932년에 재건된 모습이며, 내부에 500년 된 청동불상을 모시고 있다. 불교대학이 함께 있어 수행하는 어린 승려들을 볼 수 있다.

본당 오른쪽으로 부처의 사리를 모시고 있는 종 모양의 황금색 쩨디가 있다. 그 옆으로 있는 수십 개의 하얀 쩨디에는 역대 왕들의 유골을 모시고 있다. 노을이 질 때 찾으면 은은하게 물드는 사원을 볼 수 있다. 야간에는 조명이 들어와 색다른 분위기를 자아낸다.

Data 지도 179p-E
가는 법 쑤언독 게이트에서 서쪽으로 도보 15분
주소 139 Suthep Rd., Tambon Su Thep,
전화 053-278-304
운영 06:00~18:00
요금 무료입장

 사부작 걷고 싶은 사원
왓 쩻욧 Wat Chet Yot

란나 왕국 틸로카랏Tilokarat왕 시절 불교 탄생 2,000년을 앞두고 1455년에 창건되었다. 경내의 중심에는 지붕에 7개의 탑을 올린 '위한 마하포Viharn Maha Pho' 불당이 있다. 아치형 입구로 들어서면 불상이 봉안되어 있고 외벽에는 70인의 천사상이 부조로 조각되어 있다.

인도 보디가야의 '마하보디Mahabodhi 대탑'을 따라 지은 것으로 알려져 있다. 여기에 란나 고유의 예술 기법이 합쳐져 뛰어난 예술작품으로 평가받는다. 마하포 불당 아래 란나 스타일의 법당 앞에는 스리랑카에서 가져온 보리수 씨앗이 아름드리 자라 사원을 지킨다.

Data 지도 179p-B
가는 법 마야 라이프스타일 쇼핑센터에서 11번 도로를 따라 북서쪽으로 약 1.2km 떨어진 곳에 위치
주소 Tambon Chang Phueak
전화 089-553-8491
운영 06:00~18:00
요금 무료입장

외부인은 트램을 타고 돌아볼 수 있다

초록초록한 캠퍼스를 거닐다
치앙마이 대학교 Chiang Mai University

'여행지 소개에 웬 대학교?'하는 의구심은 잠시 넣어두자. 푸른 호수와 산책로를 가진 여유로운 캠퍼스에 반하고 말 테니까. 1964년 태국 북부에 설립된 최초의 종합 대학으로 세계 50위권 안에 드는 명문대이다. 전 총리 탁신Thaksin 역시 치앙마이 대학교 출신이다.

중국 영화 〈로스트 인 타일랜드Lost in Thailand(2012)〉에 등장하면서 중국 관광객들에게 인기 명소로 떠올랐다. 그러나 관광객들의 기물 파손과 강의실 난입이 이어지면서 현재 외부인은 트램을 타고서만 캠퍼스를 돌아볼 수 있다. 정문에 방문자 센터가 위치해 있으며 투어는 30분가량 진행된다. 트램은 앙깨우Angkaew 호수에서 15분간 정차한다.

Data 지도 179p-A 가는 법 마야 라이프스타일 쇼핑센터에서 도이쑤텝 방향으로 약 1.4km 직진
주소 239 Huay Kaew Rd., Amphoe Mueang 전화 053-941-000 운영 방문자 센터 08:00~18:00
요금 트램 투어 60밧 홈페이지 www.cmu.ac.th

아트 러버라면 꼭!
치앙마이 대학교 아트 센터 Chiang Mai University Art Center

예술 분야로 위상이 높은 치앙마이 대학교의 부속 시설이다. 학생들의 전시가 상시 열리고 다양한 아트 페어가 진행된다. 예술에 관심이 많다면 방문해 볼 만하다. 님만해민 끝 쏘이 17에 위치해 있으며, 유기농 식재료로 유명한 라몬 카페가 함께 있다. 아트 센터 앞 공터에서는 종종 음악회와 플리 마켓이 열린다. 페이스북 페이지를 통해 전시 내용과 이벤트를 확인할 수 있다.

Data 지도 179p-E 가는 법 님만해민 대로 끝에 위치. 초입에서 도보로 약 10분 소요
주소 239 Nimmanhaemin Rd., Tambon Su Thep 전화 053-218-280 운영 09:00~17:00 요금 무료입장
홈페이지 cmuacc.finearts.cmu.ac.th

라몬 카페

숲속으로의 초대
나나 정글 Nana Jungle

매주 토요일 숲속에 빵 굽는 장터가 열린다. 이 기막힌 조합을 만들어 낸 것은 나나 베이커리다. 프랑스 파티시에 남편과 태국인 부인이 함께 운영하며, 프랑스 전통 방식으로 만드는 크루아상으로 유명하다. 크루아상과 바게트, 페이스트리 등 갓 구운 빵을 만나기 위해 아침 일찍부터 사람들이 몰린다.

오전 8시에 시작하지만, 1시간 전에 가서 대기표를 받아야 할 정도로 인기가 많다. 오픈하고 얼마 되지 않아 인기 품목들은 완판된다. 빵을 사면 커피를 무료로 제공한다. 사람은 많지만 소란스럽지 않은 치앙마이 특유의 분위기가 인상적이다.

유기농 식품과 수공예품을 파는 작은 마켓도 들어서며 이제는 하나의 문화로 자리 잡았다. 수제 요거트와 잼, 과일을 구입한 후 벤치에 앉아 피크닉을 즐겨보자. 햇살 가득한 싱그러운 숲에서 누리는 아침 식사는 말 그대로 꿀맛이다.

TIP 나나 정글의 정확한 명칭은 뱀부 토요 마켓이다. 구글에 나나 정글로 검색하지 말고 'Bamboo Saturday Market (Nana Jungle)'으로 검색하자. 치앙마이 대학교에서 그랩으로 이동하면 10~15분 정도 걸린다.

Data 지도 179p-A
주소 Chang Phueak, Amphoe Mueang
전화 086-586-5405
운영 토 07:00~11:00
요금 무료입장
홈페이지 www.nana-bakery-chiang-mai.com

❖ 감성 넘치는 예술 공동체 마을 구경 ❖

반캉왓 Baan Kang Wat

자연과 조화를 중시하는 아티스트들이 모여 만든 예술인 공동체 마을. 치앙마이 하면 반캉왓을 가장 먼저 떠올릴 만큼 치앙마이의 로망을 그대로 담고 있는 곳이다. 원형 극장을 중심으로 20여 개의 아기자기한 공방과 숍들이 모여 있는데, 판매 품목이 겹치지 않는 것이 원칙이다. 서로 경쟁하지 않고 예술인들끼리 상생하며 살아가자는 철학이 깃들어 있다.

푸르름 가득한 정원에 늘어선 목조 주택들과 소품들, 이정표 돌멩이까지 어느 것 하나 사랑스럽지 않은 것이 없다. 빈티지한 북 카페, 갤러리를 연상시키는 소품 숍, 감탄사가 절로 나오는 공방 등 돌아볼수록 볼거리가 넘치는 이상한 곳이다.

유기농 카페와 아이스크림 숍, 레스토랑도 운영하고 있다. 천연 염색, 수채화 등 일일 클래스도 상시 오픈하니 관심이 있다면 페이스북 페이지를 체크해보자. 매주 일요일 오전 8시부터 오후 1시까지 플리 마켓이 열린다.

Data 지도 188p-C
가는 법 치앙마이 대학교 후문가 위치. 마야 라이프스타일 쇼핑센터에서 차로 10분
주소 Tambon Su Thep, Amphoe Mueang
전화 093-423-2308
운영 10:00~18:00
홈페이지 facebook.com/Baankangwat

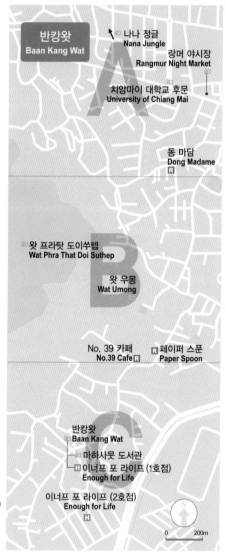

반캉왓
Baan Kang Wat

나나 정글
Nana Jungle

랑머 야시장
Rangmur Night Market

치앙마이 대학교 후문
University of Chiang Mai

동 마담
Dong Madame

왓 프라탓 도이쑤텝
Wat Phra That Doi Suthep

왓 우몽
Wat Umong

No. 39 카페
No.39 Cafe

페이퍼 스푼
Paper Spoon

반캉왓
Baan Kang Wat

마하사뭇 도서관

이너프 포 라이프 (1호점)
Enough for Life

이너프 포 라이프 (2호점)
Enough for Life

0   200m

❖ 페이퍼 스푼 Paper Spoon

카페 겸 수공예품을 판매하는 예술 공동체. 오래된 집의 목재를
그대로 사용해 빈티지한 감성이 가득하다. 아주 오래된 선풍기
가 돌아가는 2층에 앉아 있으면 평온한 마음에 멍을 때리게 되는
신기한 장소다. 패션프루트 잼을 바른 스콘을 한 입 베어 물며
느릿한 순간을 즐겨보자.

Data 지도 188p-B
가는 법 반캉왓에서
왓 우몽 방향으로 도보 10분
전화 089-112-9108
영업 10:30~16:30
휴무 화 · 수요일
가격 커피 55밧부터, 스콘 45밧
홈페이지 www.oasisspa.net

❖ 넘버 39 카페 No. 39 Cafe

나무로 된 이층집, 해먹, 계단 대신 놓인 미끄럼틀 등 어릴 적 로
망을 실현해 놓은 곳이다. 작은 호수를 중심으로 4개의 건물과
야외 테이블이 놓여 있다. 자연에 둘러싸인 분위기는 좋지만 밀
려드는 사람들로 인해 한적하게 휴식을 취하기는 어렵다. 음식
메뉴는 버거와 브런치가 있다.

Data 지도 188p-B
가는 법 반캉왓에서
왓 우몽 방향으로 도보 7분
전화 091-919-3939
영업 09:30~19:00 가격 커피
65밧부터, 치즈버거 180밧
홈페이지 facebook.com/
no39chiangmai

타이 커스터드 딥 세트

Data 지도 179p-A
가는 법 훼이깨우 로드에서
홀리데이 가든 리조트 호텔
골목으로 진입 후 도보 3분
주소 Tambon Chang Phueak
전화 090-891-9622
영업 08:00~15:00
휴무 화요일
가격 타이 커스터드 딥 세트 45밧
홈페이지 facebook.com/
GopuekGodum

〈원나잇 푸드트립〉 프로그램에서도 소개된
꼬프악 꼬담 Gopuek Godam

치앙마이 최애 식당 베스트 3안에 드는 곳이다. 소박하면서도 단
정한 공간이 매력적이다. 시그니처 메뉴는 타이 커스터드 딥 세트Thai
Custard Dip Set. 스팀 혹은 구운 토스트를 4색 커스터드 크림에 찍어 먹는
다. 비트, 타이티, 안탄, 재스민 그린티를 이용해 파스텔 톤을 만드는데 먹기

아까울 만큼 예쁘다. 베트남 스타일 누들은 칼국수처럼 쫄깃한 면과 깔끔한 국물이 조화롭다. 까
만 빵에 갈색 설탕을 뿌려 구운 토스트도 놓치면 아쉽다.
양이 적으니 여러 개 시켜 모두 맛보는 것을 추천한다. 현지 방송에 자주 등장하는 브런치 맛집으
로, 이른 아침부터 긴 줄을 선다. 12시 전 조기 품절되는 경우가 많으니 일찍 가는 것이 좋다.

란나 푸드를 만날 시간
떵뗌또 Tong Tem Toh

현지인과 관광객 모두에게 인기 있는 북부 요리 전문점으로, 항
상 긴 줄이 늘어서 있는 곳이다. 메뉴판이 책 한 권에 가까울 만
큼 두꺼워 메뉴 번호를 외워 가면 편하다.
한국인 특별 조합은 돼지 목살과 곱창 숯불구이(801번, 809번,
콤보 810번), 미얀마식 커리인 깽항레(303번)이다. 생강 맛이
진한 커리가 찰밥과 잘 어울린다. 태국 북부 요리를 한 접시에
담은 어듭므앙(888번)도 추천 메뉴. 점심 때가 덜 붐비며 저녁 6
시 이후는 긴 줄을 서야 한다.

Data 지도 179p-C 가는 법 님만해민 로드 샐러드 콘셉트 골목으로 직진
주소 11 Nimmanhaemin Lane 13, Tambon Su Thep 전화 053-894-701
영업 07:00~21:00 가격 콤보 810번 77밧 홈페이지 facebook.com/TongTemToh

 이 구역 까이양은 나야 나!
청도이 로스트 치킨
Cherng Doi Roast Chicken

 까이양의 양대 산맥
위치안부리 까이양
Wichiang Buri Kaiyang

치킨은 세계인에게 골고루 사랑받는 음식이다. 태국 북부의 서민 음식 중 하나인 까이양은 잘 손질한 닭을 숯불에 구운 요리다. 청도이는 이 까이양을 잘하는 식당이다. 안 가본 여행자는 있어도 한 번만 가는 여행자는 없다고 말할 정도이다.

쏨땀과 카오 니아오(찰밥)를 함께 먹으면 맛이 배가 되는 주문 공식. 쏨땀의 강한 맛이 익숙하지 않다면 옥수수 쏨땀을 추천한다. 여기에 무양(돼지고기 구이)을 추가해 먹기도 한다. 맥주 안주로는 파파야를 튀긴 쏨땀 튀김도 별미. 서비스는 기대하지 않는 편이 좋다.

Data 지도 179p-A
가는 법 님만해민 쏘이 2와 쏘이 4 사이에 있는 쑥까쎔 골목 안에 위치
주소 2/8 Suk Kasame Rd., Tambon Su Thep
전화 081-881-1407
영업 11:00~23:00
휴무 월요일
가격 까이양 80밧, 쏨땀 40밧부터

청도이 치킨과 함께 님만해민의 까이양을 책임지는 곳. 태국어로 된 간판밖에 없지만 가게 앞 숯불 위에서 맛있게 구워지는 닭들이 본능적으로 이곳임을 알려준다. 천막과 나무 울타리로 무심하게 지은 외관에 당황하지 말 것.

다른 곳보다 겉은 바삭, 속은 촉촉한 까이양을 맛볼 수 있다. 곁들여 나오는 매콤한 소스도 엄지 척! 영어가 통하지 않고 영문 메뉴판도 없지만 까이양, 쏨땀, 카오 니아오(찰밥) 세 마디면 주문 끝! 메뉴에는 없지만 반 마리도 주문 가능하다. 술을 판매하지 않는 것이 이 집에서 유일하게 아쉬운 점이다.

Data 지도 179p-D
가는 법 님만해민 래인 11과 시리 망칼라잔 로드 코너에 위치
주소 QXWC+P45, Nimmana Haeminda Rd Lane 11
전화 086-207-2026
영업 09:00~16:00
가격 까이양 1마리 150~160밧, 쏨땀 30밧

님만해민 **191**

30년 내공이 담긴
꾸어이띠여우 땀릉 Kuay Teaw Tamlung

현지 지인의 강력한 추천으로 찾게 된 맛집이다. 블로그 후기도, 영어 간판도, 영어 메뉴도 없는 순도 99% 로컬 식당이다. 영어는 통하지 않지만 면 굵기만 고른 후 '꾸어이띠여우' 한 마디면 주문이 끝난다.

입구 쪽에 있는 오픈 주방에서 요리사 모자를 쓰고 정갈하게 차려입은 할아버지가 국수를 만든다. 30년 넘게 국수를 만들어온 손놀림은 물 흐르듯 군더더기가 없다. 호로록 한 입 뜨는 순간, 엄지 척! 가격이 저렴한 만큼 양이 적으니 피셋(곱빼기)으로 주문할 것! 볶음 국수와 꼬치도 판매한다.

Data 지도 179p-A
가는 법 원 님만 뒤쪽 작은 골목에 위치
주소 Nimmanhaemin Rd. Lane 1, Tambon Su Thep
전화 053-224-4741
영업 08:30~15:00
가격 꾸어이띠여우 40밧부터

치앙마이에서 반드시 먹어야 할 국수
카우쏘이 매싸이 Khao Soi Mae Sai

치앙마이에서 단 하나의 카우쏘이를 고르라면 주저 없이 이 집을 선택하겠다. 카우쏘이는 북부 지역의 대표 음식이다. 커리 국수에 돼지고기, 닭고기, 소고기, 해산물 등의 재료를 선택할 수 있다. 대표 메뉴는 닭다리 하나가 통째로 들어간 카우쏘이 까이Khao Soi Kai. 양파와 채소절임을 넣은 뒤 라임을 짜 맛의 균형을 맞춘다. 땅콩가루와 칠리를 넣거나 주방 앞에 놓인 숙주와 양배추를 넣어 먹기도 한다. 부드러운 닭다리 살과 크리미한 국물, 삶은 면과 튀긴 면의 조화, 아삭한 채소가 어우러져 순식간에 그릇을 비우게 되는 마성의 국수다. 카놈찐 남니여우(선지 국수)Khanom Jeen Mam Ngiew도 많이 찾는다. 양이 적어 곱빼기(피셋)나 두 그릇을 주문해 먹는 여행자도 많다.

Data 지도 181p-B **가는 법** 훼이깨우 로드에서 살사 키친 옆 골목으로 들어와 싼띠땀 초입에 위치
주소 29/1 Ratchaphuek Alley, Tambon Chang Phueak **전화** 053-213-284
영업 08:00~14:00 **휴무** 일요일 **가격** 카우쏘이 까이 40밧

자타공인 해장 국수
씨아 피시 누들 Sia Fish Noodles

17년 넘게 어묵 국수를 만든 장인의 손맛이 여행자들의 마음을 사로잡았다. 탱글탱글 어묵과 시원한 국물은 한 번 맛보면 잊을 수 없다. 특히 술 마신 다음 날이면 찾게 되는 해장 국수이다. 돼지뼈로 육수를 내고 직접 만든 다양한 어묵을 넣어 끓인다. 맑은 국물과 똠얌, 옌타이 수프 중 선택할 수 있다. 면 종류도 6가지나 되어 입맛대로 먹을 수 있다. 한국 사람들 사이에 '갈비탕'이라 불리는 돼지 뼛국 숩가둑Pork Ribs with Soup도 입맛에 잘 맞는다. 다른 현지 식당보다 깔끔하며 에어컨도 있다.

Data 지도 179p-D
가는 법 님만해민 대로에서 래인 11로 들어선 후 도보 5분
주소 17 Nimmana Haeminda Rd. Lane 11, Tambon Su Thep
전화 091-138-7002
영업 10:00~16:30
휴무 일요일
가격 어묵 국수 45밧부터, 숩가둑 40밧

입맛대로 만들어 먹는
크레이지 누들 Crazy Noodles

치앙마이 젊은이들 사이 핫한 퓨전 국숫집이다. 원하는 토핑과 국수, 육수를 골라 자신만의 콤비네이션을 만들 수 있다. 돈가스, 오믈렛 등 다른 곳에서 좀처럼 맛보기 힘든 토핑들이 눈길을 끈다. 사진이 있는 영어 메뉴가 있어 주문이 크게 어렵지 않다. 이것도 저것도 귀찮다면 크레이지 누들을 주문하자. 새우와 오징어 등 거의 모든 토핑이 올라간 푸짐한 한 그릇을 맛볼 수 있다. 넓고 쾌적한 공간에 가격까지 착하다.

Data 지도 179p-F
가는 법 님만해민 대로 끝에 위치. 시리 망칼라잔 로드에서 쏘이 13으로 진입
주소 6 Siri Mangkalajarn Rd. Lane 13, Tambon Su Thep
전화 095-142-2265
영업 10:00~23:00 가격 누들 50밧부터, 크레이지 누들 150밧

예술과 음식이 어우러진
갤러리 시스케이프 앤 SS1254372 카페
Gallery Seescape & SS1254372 Cafe

치앙마이 대학교 출신의 유명 아티스트 똘랍 헌이 설립한 문화예술공
간이다. 동그란 창문이 인상적인 하얀 우주선 내부에는 갤러리와 편집
숍, 카페가 자리 잡고 있다. 뒤뜰에서 작업을 하고 있는 예술가들과 여
기저기 무심하게 펼쳐진 작품들을 만날 수 있는데, 이러한 자유분방함이
갤러리 시스케이프의 매력이라고 할 수 있다.

카페는 호주에서 요리를 공부한 여주인 캐리가 맡고 있다. 카페에서는 신선한 재료를 사용해, 재
료 본연의 맛을 이끌어 내는 자연주의 메뉴가 한가득이다. 갤러리 카페답게 플레이팅도 예술적이어
서 SNS에 올릴 사진을 찍기에 최적이다. 브런치 메뉴는 오후 3시까지만 판매한다.

Data 지도 179p-C 가는 법 님만해민 로드와 시리 망칼라잔 로드 중간에 위치
주소 22/1 Soi 17 Nimmanahaemin Rd., Tambon Su Thep 전화 093-831-9394
영업 08:00~17:00 휴무 월요일 가격 브런치 115~185밧 홈페이지 www.facebook.com/ss1254372cafe

 세계 라테 챔피언을 만날 수 있는
리스트레토 커피 Ristr8to Coffee

태국 라테 아트 챔피언이자 세계 라테 아트 6위를 차지한 세계적인 바리스타 애넌 티띠쁘라서트 Arnon Thitiprasert가 운영하는 리스트레토 커피. 님만해민에만 2개의 지점이 있는데, 2개 지점 모두 그의 커피를 맛보기 위한 사람들로 언제나 문전성시를 이룬다.

리스트레토는 에스프레소를 가장 진한 상태까지만 뽑는 기법이다. 이 집의 커피는 더블 리스트레토를 베이스로 해 무엇과 만나도 진하고 풍부한 커피 본연의 향이 살아 있다. '얼음이 바리스타를 죽인다Ice Kills the Barista'라고 쓰인 유니폼을 입고 일할 만큼 라테 아트에 대한 자부심이 대단하다. 아무리 더운 치앙마이라도 이곳에서 만큼은 아이스 메뉴를 양보할 것. 절대 후회하지 않을 것이다.

Data 지도 179p-A 가는 법 님만해민 쏘이 3을 지나 왼쪽
주소 15/3 Nimmanahaeminda Rd., Tambon Su Thep 전화 053-215-278 영업 07:30~18:30
가격 커피 68밧부터 홈페이지 facebook.com/Ristr8to

 입이 호강하는 맛있는 브런치
더 라더 카페 앤 바 The Larder Cafe & Bar

늘 손님들로 북적이는 핫 플레이스. 서양인들이 많이 찾는 곳으로 일찍 문
을 열고 일찍 문을 닫는다. 재료가 소진되면 영업을 조기마감 하기도 한다.
재료를 아낌없이 사용하는 것이 이 집의 인기 비결.

아보카도나 연어를 듬뿍 올린 오픈 샌드위치가 유명하다. 빵 위에 으깬 아보카도와 토마토 살사,
페타 치즈를 올려 상큼한 풍미가 입 안 가득 퍼진다. 커피는 무난하며 생과일주스와 셰이크 맛도
괜찮은 편이다. 치앙마이 물가에 비해 가격대가 다소 높지만 맛의 호사를 누릴 수 있는 곳이다.

Data 지도 179p-A 가는 법 청도이 로스트 치킨 맞은편 주소 3/9 Suk Kasame Rd., Tambon Su Thep
전화 052-001-594 영업 08:30~15:00 가격 훈제 연어와 크림치즈 샌드위치 210밧

명불허전
그래프 그라운드 GRAPH ground

올드 시티 3평 남짓한 작은 공간에서 시작, 치앙마이 카페 열풍에 한몫 단단히 한 대표 선구자다. 자동차 엔지니어에서 도예가로, 도예가에서 바리스타가 된 오너 띠tee가 단순히 커피가 아닌, 인생을 생각하는 방법을 팔고 싶은 바람을 '그래프'라는 이름에 담았다. 현재 6개의 지점이 있으며, 이 중 3곳이 님만해민에 있다. 언제나 북적이는 그래프 원님만, 커다란 나무가 있는 그래프 쿼터, 공장을 개조해 만든 그래프 그라운드 모두 특징과 매력이 다르니 카페에 관심이 많다면 그래프 도장깨기도 굿! 다른 곳에서 찾아보기 힘든 유니크한 메뉴들이 많다. 석탄 커피라는 별명을 가진 모노크롬, 장미 워터와 꽃잎을 사용한 로스트 가든이 대표적이다. 풍부한 거품이 살아있는 니트로 콜드브루 '그래프 No. 00' 시리즈도 인기다.

Data 지도 179p-D
가는 법 원 님만에서 쏘이 3
출구로 나와 도보 5분
주소 41 Siri Mangkalajarn Rd
Lane 1, Suthep
전화 099-372-3003
영업 09:00~17:00
가격 모노크롬 150밧, 아메리카노
90밧 홈페이지 www.
graphcoffeeco.com

커피 마니아라면 주목!
옴니아 카페 앤 로스터리 Omnia Cafe & Roastery

창푸악 지역에서 가장 힙한 카페. 관광지와 먼데다 간판도 작아서 찾기 쉽지 않지만 커피 마니아들 사이 이미 정평이 난 곳이다. 가게에서 직접 로스팅하는 로스터리 카페로 안쪽에는 로스팅 공간이 따로 있다. 오너가 직접 운영하는 치앙라이 농장에서 생산한 원두를 사용한다. 에어로 프레스와 프렌치 프레스, 핸드 드립, 에스프레소 머신 등으로 추출한 커피를 맛볼 수 있다. 황금 비율을 맞춘 라테 역시 훌륭하다. 분위기도 차분해서 조용한 시간을 즐기기에 좋다.

Data 지도 179p-B 가는 법 왓 쩻욧에서 포따람 로드를 따라 직진한다. 링크 맨션 앞에 위치
주소 Prompt Business Living 181/272 Photharam Rd., Tambon Chang Phueak
전화 089-999-4440 영업 08:00~16:00 가격 커피 65밧부터
홈페이지 facebook.com/OmniaCafeChiangmai

여행자들이 찾기에 좋은
카우쏘이 님만 Khaosoi Nimman

중심가에 위치한 북부 요리 전문점이다. 깔끔하고 저녁까지 오픈해 여행자들이 많이 찾는다. 닭고기, 돼지고기뿐만 아니라 해산물, 오믈렛 등이 올라간 다양한 카우쏘이를 판매한다. 향신료가 세지 않고 코코넛 향이 은은하게 밴 커리 베이스의 국물이 무난하다. 고명으로 올린 튀긴 국수를 국물에 적셔 먹으면 식감이 더해져 더 맛있다. 양이 적어 치킨 샤태, 새우튀김, 스프링롤 등을 함께 주문하면 좋다. 중국 관광객에게 인기 있어서 저녁 시간에 가면 줄을 서야 한다.

Data 지도 179p-D
가는 법 님만해민 로드에서 쏘이 7로 들어선 후 도보 5분
주소 137 Nimmanahaemin Lane 7, Tambon Su Thep
전화 053-894-881
영업 11:00~20:00
가격 카우쏘이 치킨 89밧

도이쑤텝 뷰
포하이드 Fohhide

북적거리는 거리에 조용하게 숨은 루프톱 카페. 최대 3명까지만 탈 수 있는 스릴 넘치는 엘리베이터를 타고 5층으로 올라가면 탁 트인 님만해민과 저 멀리 도이쑤텝이 맞아준다. 커피 바와 창가 쪽 테이블 세 개가 전부인 작은 공간이지만, 커피 맛은 굉장하다. 리치, 복숭아, 오렌지 등 과일과 콜라보 한 특색 있는 시그니처 메뉴들이 있는데, 커피와의 조화가 훌륭하다. 특히 롱간 시럽을 넣은 라라랜드는 꼭 맛볼 것. 'Full Of Happiness'를 줄인 이름처럼 한 모금에 행복을 느낄 수 있을 것이다. 람푼 지역에 포 커피Foh Coffee 본점이 있다.

Data 지도 179p-D 가는 법 로스터리 랩과 매니프레쉬토 사이 건물 주소 14/2 Nimmanhaemin Soi 5
전화 083-236-5442 영업 08:00~18:00 가격 아메리카노 70밧, 라라 랜드 80밧
홈페이지 www.instagram.com/fohhide

 디지털 노마드를 위한 아늑한 공간
반 이터리 앤 디자인 The Barn Eatery And Design

아담한 온실에 자연과 디지털이 조화롭게 구성되어 있는 카페이다. 노트북을 열고 공부를 하거나 작업을 하는 사람이 대부분으로, 차분한 분위기가 흐른다. 점심시간 이후 조금 늦게 가면 실내는 자리가 없을 확률이 높다.

집중에 필요한 것은 커피와 이곳의 명물 코코넛 파이. 달달하고 부드러운 코코넛 크림이 가득한 파이는 뒤돌아서면 생각나는 매력을 가졌다. 맛있는 케이크는 유명한 카페 반 피엠숙Baan Piemsuk에서 가져온다. 식사로는 태국 음식과 파스타 등을 판매한다. 치앙마이에서 드물게 새벽 1시까지 영업한다.

Data 지도 179p-E
가는 법 왓 쑤언독에서 도보 5분
주소 14 Srivichai Soi 5, Tambon Su Thep
전화 065-451-5883
영업 10:00~다음 날 01:00
가격 커피 50밧부터, 코코넛 파이 89밧
홈페이지 facebook.com/thebarnchiangmai

 빈티지한 인테리어의 끝판왕
동 마담 Dong Madame

치앙마이 대학교 후문 쪽 골목에 있다. 테이블 5개가 전부인 작은 공간에 레이스와 도자기 장식품, 보석함 등 로코코 양식의 소품들이 가득하다. 파스타와 스테이크, 각종 디저트를 판매한다. 주문 시 시간이 오래 걸리지만, 정성이 담긴 비주얼에 깜짝 놀라게 된다. 맛도 기대 이상이다.

부겐베리아가 넘실거리는 예쁜 정원 쪽 자리도 있다. 치앙마이 여대생들의 마음을 사로잡은 데다 여행자들까지 더해져 줄이 길다. 음식 나오는 속도와 서비스가 매우 느려 회전율이 좋지 않으니 아예 일찍 가는 것이 좋다.

Data 지도 188p-A
가는 법 쑤텝 로드에서 반 마이 랑머 쏘이 4로 들어온 뒤 도보 7분
주소 226/37 12 Soi Ban Mai Lang Mo 1, Tambon Su Thep
전화 065-937-5451
영업 13:00~16:00, 18:00~22:30
가격 포크 스테이크 139밧, 케이크 49밧부터
홈페이지 facebook.com/DongMadame

맛있게 건강해지자
샐러드 콘셉트 The Salad Concept

자극적인 음식에 지쳤다면 신선한 채소와 과일을 푸짐하게 맛볼 수 있는 샐러드 콘셉트를 찾아가 보자. 포이와 파이라는 자매가 운영하는데, 채소 위주의 식이요법을 통해 대장암에 걸린 아버지가 호전하는 것을 본 후 친자연주의적 음식을 알리기 위해 레스토랑을 오픈했다고 한다.

먼저, 두툼한 메뉴판에 놀라게 된다. 다채로운 샐러드 종류와 토핑, 드레싱, 요리들을 보고 있자면, 사람들이 채소에 맛있게 접근할 수 있도록 고민한 정성이 느껴진다. 재료를 직접 선택할 수도 있고, 메뉴에서 고를 수도 있다. 나오는 양 또한 어마어마하다. 풀로 배를 채운다는 것이 가능함을 깨닫는다. 치앙마이 물가에 비해 가격이 높지만 만족도도 상당히 높다.

Data 지도 179p-C
가는 법 원 님만에서 님만해민 로드를 따라 도보 5분
주소 49/9-10 Nimmanhaemin Rd., Tambon Su Thep
전화 053-894-455
영업 09:00~22:00
가격 레귤러 샐러드 65밧부터, 망고 샐러드 150밧

Data 지도 181p-B
가는 법 마야 라이프스타일 쇼핑센터에서
올드 시티 방향으로 1.1km
주소 26/4 Huaykaew Rd., Tambon
Chang Phueak
전화 062-026-5500
영업 11:00~23:00
가격 케사디아 179밧부터,
나초 189밧부터
홈페이지 facebook.com/salsakitchen

열정 가득 멕시코의 맛
살사 키친 Salsa Kitchen

선인장이 그려진 간판과 빨간색 인테리어로 정열적인 분위기를 한껏
뽐내는 멕시칸 레스토랑. 타코부터 케사디아, 나초, 엔칠라다, 브리
토, 치미창가까지 다채로운 멕시칸 요리를 맛볼 수 있다.
원하는 재료를 넣고 직접 만들어 먹는 타코 세트와 여러 가지를 함께 맛볼 수 있는 콤보 플레터를
추천한다. 마가리타나 상그리아 한 잔 곁들이면 금상첨화. 치앙마이 물가에 비해 비싼 편이지만 한
국과는 비교도 안 되게 저렴한 데다 양도 많고 맛까지 훌륭하다. 깟쑤언깨우 맞은편이 본점이다.
한가로이 즐기고 싶으면 삥강 루암쏙 지역의 2호점을 방문하는 것이 좋다.

양꼬치엔 칭따오!
펑키 그릴 Funky Grill

평범한 오토바이 렌털 숍이 어두워지면 거대한 꼬치구
이 전문점으로 변신한다. 동남아 스타일의 달달한 꼬치
가 아니라 매콤한 중국식 꼬치를 맛볼 수 있다. 흔히 한
국에서 먹는 양꼬치 맛과 비슷하다. 매콤하면서 짭조름
한 쯔란 소스 맛이 맥주를 부른다.
테이블에 놓인 메뉴판에 수량을 체크해서 주문한다. 하
얀색은 음식, 노란색은 음료다. 양고기뿐만 아니라 삼
겹살, 새우, 베이컨 버섯말이, 부추 등 다양하다. 님만해
민 대로에 있는 것은 2호점, 훼이깨우 로드에 있는 본점
이 분위기가 더 에너제틱하다.

Data 지도 179p-A
가는 법 마야 라이프스타일 쇼핑센터에서 낭머 방향으로
도보 3분
주소 199/4 Huaykaew Rd., Tambon Chang Phueak
전화 091-790-1558
영업 18:00~24:00
가격 삼겹살 꼬치 10밧

본토 부럽지 않은 일본 라멘
닌자 라멘 Ninja Ramen

일본인이 많이 거주하는 치앙마이에서는 일식집을 흔하게 볼 수 있다. 그렇지만, 일본 라멘 집은 많아도 맛집은 의외로 찾기 힘든 것도 사실! 이곳에서는 본토의 맛과 가까운 라멘을 취급한다.
생라면 전문점으로 소유(간장), 시오(소금), 미소(된장), 돈코츠(돼지뼈) 베이스가 있다. 소, 중, 대 3가지 사이즈가 있으며 양이 푸짐하다. 이외에 초밥, 규동, 소바, 오코노미야키 등 다양한 일본 음식을 만날 수 있다. 세트로 주문하면 김치가 나온다. 사진이 있는 영문 메뉴판이 있어 편리하다. 브레이크 타임이 있으니 방문 전 체크하고 가야 한다.

Data 지도 179p-B 가는 법 깟쑤언깨우와 유 님만 호텔 중간에 위치
주소 3 Siri Mangkalajarn Rd., Tambon Su Thep 전화 053-215-551 영업 11:00~15:00, 18:00~22:00(주문마감 21:30) 가격 라멘 59밧부터, 규동 99밧 홈페이지 facebook.com/ninjaramencnx

돈가스와 스파게티의 조합이 신기해
무스 가츠 MU's Katsu

일본인이 운영하는 돈가스와 카레 전문점이다. 돈가스는 주문과 동시에 고기를 다듬고 튀김옷을 입혀 기름에 튀겨내 맛이 없을 수 없다. 님만해민에서 돈가스를 먹는다면 '바로 여기'라고 자신 있게 말할 수 있다. 게다가 가격은 얼마나 착한지 한국 돈 3천500원이면 한 끼 식사를 해결할 수 있다. 여기에 1천 원 정도를 추가하면 모차렐라 치즈를 입혀 준다.
스파게티와 돈가스가 함께 나오는 메뉴도 인기 있다. 스파게티는 토마토 소스의 나폴리탄과 크림 소스 알프레도 중 선택 가능. 작은 식당이어서 사람이 몰리는 오후 12시와 6시는 피하는 게 좋다.

Data 지도 179p-E 가는 법 왓 쑤언독에서 도보 7분 주소 15, 1 Thepsatit Road, Suthep
전화 062-471-4224 영업 11:30~19:30 휴무 화요일 가격 가츠 세트 120밧~, 나폴리탄 세트 140밧

스파게티 가츠

 진정한 미슐랭 클래스
진저 팜 키친 Ginger Farm Kitchen

2020년부터 쭉 매년 미슐랭을 받은 태국 가정식 레스토랑. '팜 투 시티'라는 콘셉트로, 님만해민에서 약 15km 떨어진 사라피 지역의 농장에서 재배한 유기농 채소와 허브를 사용한다. 또한 NO MSG를 고집하며 전통 방식으로 만든 건강한 가정식의 정수를 보여준다. 미슐랭을 받은 메뉴는 2가지, 케일 잎에 여러 향신료를 싸서 먹는 DIY 애피타이저와 크리스피 포크 밸리 요리다. 자연 방목한 돼지고기를 겉바속촉으로 튀겨 세 가지 소스를 곁들여 먹는다. 치앙마이 물가에 비해 비싼 편이지만 미슐랭 메뉴를 15,000원에 맛본다고 생각하면 갓성비가 아닐 수 없다. 늘 붐비는 곳으로 웨이팅이 있으니, 홈페이지나 전화를 통해 미리 예약하는 것을 추천한다. 아이와 함께라면 농장 체험을 할 수 있는 본점 방문도 강추!

Data 지도 179p-A 가는 법 원님만 1층에 위치
주소 One Nimman, Nimmanahaeminda Road, Suthep
전화 052-080-928 영업 11:00~22:00
가격 DIY 에피타이저 195밧, 크리스피 포크 밸리 395밧
홈페이지 www.gingerfarmkitchen.com

수타면의 매력
란저우 누들 Lanzhou Noodles

중국 란저우 지방 스타일의 우육면 전문점. 여기까지 와서—심지어 한국에도 지점이 있는— 웬 우육면?!이라고 의아할 수 있겠지만, 태국과는 또 다른 매력의 국수를 맛볼 수 있다. 가장 큰 매력은 수타면. 면 굵기가 5종류나 되며, 수타면 특유의 쫄깃한 식감을 자랑한다. 커다란 창을 통해 면 뽑는 모습을 볼 수 있다. 소고기와 양배추 절임이 올라 간 우육면에 사이드로 오이 샐러드를 곁들이는 조합이 인기다. 24시간 운영해 출출한 밤 야식이나 해장으로도 딱이다. 주류는 판매하지 않으니 참고하자.

Data 지도 179p-C
가는 법 님만해민 메인 도로에 위치
주소 43 Nimmanahaeminda Road, Tambon Su Thep
전화 097-193-0228
영업 24시간 연중무휴
가격 우육면 150밧~, 오이 샐러드 100밧

맛있게 먹으면 0칼로리!
구 퓨전 로띠 앤 티 Guu Fusion Roti & Tea

치앙마이에서 이만한 간식, 이만한 술안주가 또 있을까 싶다. 낮에는 떨어진 당을 채우러, 밤에는 클럽에서 쏟은 에너지를 보충하러 때를 가리지 않고 찾게 되는 식당이다. 이곳에서 다이어트는 사전에 없는 단어나 마찬가지이다.

로띠를 버터에 끓이듯이 익힌 후 치즈나 바나나 등을 올려 다시 바삭하게 튀긴다. 과일뿐만 아니라 소시지와 달걀프라이, 치킨 등 다양한 토핑을 곁들인 수십 가지 로띠를 만날 수 있다. 반반 메뉴도 가능하다. 매장에서 먹으면 따뜻한 차를 무료로 제공한다. 의외로 맥주와도 궁합이 좋다.

Data 지도 179p-A
가는 법 님만해민 로드와 쏘이 3 코너에 위치
주소 15/4 Nimmanahaemin Rd. Lane 3, Tambon Su Thep
전화 082-898-8992
영업 09:30~다음 날 01:30
가격 버터 로띠 45밧, 바나나 로띠 75밧
홈페이지 facebook.com/guufusionrotiandtea

달달하고 고소한 맛에 중독되다
몬놈쏫 Mont Nom Sot

치앙마이 길거리에서 흔하게 먹는 간식으로 로띠, 그리고 몬놈쏫의 달달한 토스트가 있다. 1964년도부터 'MONT'라는 브랜드의 우유와 태국식 토스트 카놈 빵을 함께 팔기 시작했다. 이제는 순위가 뒤바뀌어 우유 회사이지만 토스트가 더 유명하다.

두툼한 식빵을 버터에 구운 후 연유나 설탕, 커스터드 크림을 듬뿍 발라 먹는다. 여기에 고소한 우유를 곁들이면 말 그대로 입안에서 살살 녹는다. 요거트와 푸딩도 판매하는데 그냥 지나치지 말 것! 아니 2개씩 고르라고 귀띔해 주고 싶다.

Data 지도 179p-C
가는 법 님만해민 로드 쏘이 7과 8 사이에 위치
주소 45/21 Nimmanahaemin Rd., Tambon Su Thep
전화 053-214-410
영업 15:00~23:00
휴무 수요일
가격 토스트 20밧부터, 우유 35밧부터
홈페이지 www.mont-nomsod.com

Data 지도 181p-A
가는 법 살사 키친 옆 골목으로
들어선 후 첫 번째 갈림길에서
우회전, 라차푸악 알리로 좌회전
후 스시 지로 옆 골목으로 들어선
후 도보 3분 주소 Santisuk Rd.,
Tambon Chang Phueak
전화 053-418-720
영업 09:00~18:00 휴무 수요일
가격 카우만까이 30밧부터

자꾸만 떠오르는 부드러운 속살
카우만까이 쌥 Khao Man Kai Sap

카우만까이는 태국식 닭고기덮밥이다. 태국어로 '카우'는 밥, '만'은 기름, '까이'는
닭고기란 뜻이다. 닭 육수로 지은 밥 위에 삶거나 튀긴 닭고기를 얹어 먹는다. 태국
사람들의 소울 푸드 격으로 자극적이지 않으면서 계속 생각나는 맛이다.
태국식 된장과 식초, 간장을 섞고 마늘과 생강, 고추를 넣어 만든 특제 소스를 곁들여 먹는다. 이
소스만으로도 밥을 먹을 수 있을 만큼 맛있다. 함께 나오는 닭 수프는 맛이 강한데 생강채를 넣으
면 특유의 향이 중화되고, 파를 곁들이면 담백하다. 매운 닭고기 볶음이나 카레도 인기 메뉴.

강렬한 쏨땀의 향연
쏨땀 우돈 Somtam Udon

싼띠땀 외곽에 위치한 이싼 요리 전문점이다. 넓은 식당 내부를
꽉 채울 만큼 인기 있다. 현지인들이 즐겨 찾는 곳으로 제대로
된 북부식 쏨땀을 맛볼 수 있다. 20여 종류의 쏨땀이 있는데 민
물 게와 젓갈을 가미해 진한 맛이 나는 것이 특징이다. 강렬한
맛과 향에 놀랐다가도 먹다 보면 자꾸만 손이 간다.
테이블에 있는 주문 용지에 체크한 후 카운터에 내면 된다. 요청
시 사진이 있는 영문 메뉴판을 가져다준다. 쏨땀 외에 바비큐와
태국 북부 요리를 취급한다. 채소와 쌈장, 물, 앞 접시, 수저와
포크는 셀프이다.

Data 지도 181p-A
가는 법 11번 도로에서 태완
로드로 진입, 세 번째 갈림길에서
좌회전
주소 3/2 Soi Tantawan,
Tambon Chang Phueak
전화 053-222-865
영업 09:00~21:00
가격 쏨땀 36밧,
돼지구이 모듬 80밧

베스트 오브 베스트 커피
아카 아마 커피 Akha Ama Coffee

올드 시티에 있는 아카 아마 커피의 본점이다. 한적한 주택가에 위치해 있으며, 에어컨이 나오는 실내를 포기할 만큼 초록 그늘이 멋진 테라스가 있다. 멀어도 찾아가는 보람이 있을 만큼 커피 맛이 좋다. 시그니처 커피인 사케라토Shakerato와 마니 마나Manee Mana를 추천한다.
'아카 아마'는 아카족의 어머니라는 뜻이다. 고산에서 사는 아카족이 재배한 원두를 사용하여 자립을 돕는 공정무역 커피이다. 기념으로 원두를 구입해도 좋다. 패키지에 그 원두를 재배한 사람의 얼굴과 이름이 새겨져 있어 더욱 특별한 선물이 될 것이다.

Data 지도 181p-A 가는 법 후싸디싸위 로드에서 후싸디싸위 쏘이 4로 들어선 후 도보 3분
주소 9/1 Hussadhisawee Soi 3, Tambon Chang Phueak 전화 086-915-8600 영업 08:00~18:00
가격 아메리카노 40밧, 핸드 드립 70밧

이토록 먹기 힘든 너란 도넛
플립스 앤 플립스 홈메이드 도넛 Flips & Flips Homemade Donuts

치앙마이에서 삼고초려를 경험하게 해준 곳이다. 주택가 안쪽에 있지만, 점심을 먹고 찾아가니 이미 솔드 아웃. 세 번째는 오픈 시간에 맞춰 갔음에도 대기 줄을 서야 했다. 인생에서 가장 어렵게 얻은 도넛이라 투덜거리며 한 입 베어 무는 순간 내일 또 줄을 설 자신과 마주했다.
수제 도넛답게 폭신한 식감과 갓 구운 빵에서만 느낄 수 있는 담백함을 맛볼 수 있다. 잼과 코코넛 크림 등 달콤한 글레이즈를 올렸으며 시즌별로 특별한 모양의 도넛을 선보인다. 테이블 3개가 놓인 매장 안쪽에서 커피와 함께 즐길 수 있다. 아쉽게도 커피 맛은 보통이다.

Data 지도 181p-A
가는 법 아카 아마 커피에서
도보 1분
주소 14 Hussadhisawee Soi 5,
Tambon Chang Phueak
전화 064-692-2468
영업 11:00~14:00
휴무 목요일
가격 도넛 25밧부터
홈페이지 facebook.com/Flips
andFlipsHomeMadeDonuts

 느릿느릿 한량처럼
얼리 오울 Early Owl

산띠땀 주택가 안쪽에 숨어있는 숲속 오두막 카페. 커다란 나무와 연못이 있는 정원에 앉아 뒹굴뒹굴 신선놀음을 즐기기 좋다. 에어컨이 나오는 실내, 그늘막이 쳐진 야외 테이블, 야외 피크닉 자리 중 고를 수 있다. 가장 인기인 야외 피크닉은 돗자리와 피크닉 테이블, 캠핑 의자를 받아 원하는 곳에 자리를 펴면 된다. 잠시 일상을 떠나 초록초록한 공원으로 소풍 나온 듯한 기분을 느낄 수 있다. 시그니처 크림 커피 오울 시리즈를 포함해 다양한 음료와 디저트, 브런치까지 준비되어 있으니 여유롭게 하루를 보내보자.

Data 지도 181p-A 가는 법 마야 라이프스타일 쇼핑몰에서 차량 10분
주소 13 Muan Dam Pra Kot Rd, Chang Phueak 전화 095-224-6590 영업 09:00~18:30
휴무 수요일 가격 프레쉬 오울 90밧, 요거트 볼 150밧 홈페이지 www.facebook.com/earlyowls

 디지털 노마드들의 숨겨진 아지트
옴브라 카페 Ombra Caffe

막다른 골목 끝에 우거진 나무와 화초에 둘러 싸여 있어 자칫 모르고 지나치기 쉽다. 음악 소리조차 조용한 곳으로 일에 열중하고 있는 사람들이 대부분이다. 가운데 큰 공용 테이블을 중심으로 3개의 공간으로 나눠져 있어 집중하기에 좋다. 콘센트도 많고 와이파이도 빨라 밀린 작업을 하기에 최고의 장소. 곳곳에 오래된 타자기와 전화기 등 빈티지한 소품들이 놓여 있어 멋스럽다. 커피 맛도 훌륭하다. 에어컨이 무척 세니 따듯한 음료를 추천한다. 크루아상과 뮤즐리도 판매한다. 2층은 피우르 호텔에서 운영하는 곳으로 아침에는 조식 장소로 사용된다.

Data 지도 181p-B 가는 법 살사 키친 옆 골목 끝에 위치
주소 21/8 Ratchaphuek Rd., Tambon Chang Phueak 전화 061-186-7444 영업 08:00~18:00 휴무 일요일
가격 커피 40밧부터, 크루아상 45밧 홈페이지 facebook.com/pyur.otel

 건강한 하루의 시작
헬씨 정크 Healthy Junk

어울리지 않는 두 단어가 조합되어 더 눈에 띈다. 평소 쉽게 접하는 음식들을 더욱 건강하고 맛있게 재탄생시키겠다는 포부를 담고 있다. 풀만 있을까 봐, 너무 건강한 맛(?!)일까 봐 하는 걱정은 접어두자! 스테이크와 치킨, 연어 등 단백질도 빵빵하게 준비되어 있다. 다양한 재료를 한 공기에 즐길 수 있는 라이스볼 메뉴가 인기다. 재료 본연의 맛과 조화가 엄지 첵! 콜리플라워 쌀로 만든 김치볶음밥도 반갑다. 입맛대로 골라 먹는 BYO 패키지도 가능하다. 치앙마이 물가에 비해 비싼 편이지만, 만족도 높은 식사를 할 수 있다.

Data 지도 179p-C
가는 법 님만해민 로드에서 소이 5로 들어서서 도보 1분. 망고 탱고 맞은 편
주소 5, 7 Nimmanahaeminda Road, Tambon Su Thep 전화 063-986-1863
영업 08:00~21:30 가격 멕시칸 라이스볼 219밧, 연어 포케 359밧 홈페이지 www.instagram.com/healthyjunk.cnx

 브런치의 정석
매니프레쉬토 Manifreshto

테라스에 앉아 님만해민 특유의 자유분방한 분위기를 느끼기 좋은 브런치 카페. 가볍게 하루를 시작하는 요거트볼부터 샌드위치, 푸짐한 버거, 빅 브렉퍼스트까지 다양한 메뉴가 준비되어 있다. 입맛대로 골라 자신만의 브런치를 커스터마이징할 수 있는 것도 이곳만의 매력. 물가가 비싼 님만해민에서 가격도 비교적 합리적인 편이라 더 반갑다. 설탕이나 얼음을 섞지 않은 진한 스무디도 꼭 맛볼 것! 아쉽게도 커피는 필터로 내린 블랙 한 종류밖에 없지만, 다른 가게에서 사 올 수 있다. 참고로 바로 옆집이 커피 맛집으로 유명한 로스터리 랩이다.

Data 지도 179p-D
가는 법 님만해민 로드에서 소이 5로 들어서서 도보 3분
주소 14, 2 Nimmanahaeminda Road, Sutep 전화 082-691-7725
영업 07:30~24:00
가격 잉글리쉬 블랙퍼스트 235밧, 스무디 85밧
홈페이지 facebook.com/manifreshto

치앙마이 최고의 유기농 맛도리

오카쥬 님 시티 Ohkajhu Nim City

치앙마이 대학교 농업학과 학생 셋이 의기투합해 제대로 사고를 쳤다. 유기농 채소 농장에서 한 단계 더 나아가 팜 투 테이블을 경험할 수 있는 레스토랑을 오픈한 것! 폭발적인 사랑을 받아 10년이 지난 현재 방콕 시암 스퀘어까지 진출했다. 본점은 올드 시티에서 10km 정도 떨어진 산사이에 있지만, 공항 근처 2호점이 접근성이 훨씬 좋다. 자타 공인 꼭 먹어봐야 할 메뉴는 오카쥬 특제 소스를 곁들인 바비큐 포크 립! 크기에 놀라고, 부드러운 육질에 감탄한다. 유기농 맛집답게 샐러드 종류도 다양한데, 대부분의 메인 메뉴에는 풍성한 샐러드가 곁들여 나온다. 치앙마이에선 보기 드물만큼 큰 레스토랑이지만, 늘 붐비고 웨이팅이 있으니 미리 전화로 예약하는 것을 권한다. 서비스는 친절하지만, 체계적인 예약 시스템이 없는 것이 아쉽다. 단, 농장 구경은 산사이 본점에서만 가능하다.

Data 지도 179p-E 가는 법 치앙마이 국제 공항 가기 전 님 시티 몰에 위치
주소 119/9 Mahidol Rd, Mueang Chiang Mai District 전화 098-545-2492 영업 09:00~21:30
가격 바비큐 포크 립 375밧~, 까르보나라 295밧

푸드 트럭에서 탄생한
비스트 버거 Beast Burger

2014년 푸드 트럭으로 시작해 2016년 님만해민에 정식 매장을 오픈했다. 성수동에도 어울릴 법한 힙한 건물로, 2층은 루프톱이다. 베이컨 치즈 버거는 선택이 아닌 필수! 바삭하게 구운 브리오슈 번과 비스트만의 특제 소스가 버거의 맛을 한층 더 살려준다. 패티는 소고기, 돼지고기, 치킨 중 선택 가능하며, 감자튀김이 사이드로 나온다. 50밧 추가하면 테터 토츠(작은 원통 모양의 해시 브라운)나 고구마튀김으로 변경할 수 있다.

Data 지도 179p-C
가는 법 님만해민 로드에서 소이 17로 들어서서 도보 3분
주소 Nimmanhemin Soi 17, Suthep 전화 080-124-1414
영업 11:00~22:00
가격 베이컨 치즈 버거 235밧
홈페이지 www.instagram.com/beast.burger

오리지널 수제 버거 강자
록 미 버거 Rock Me Burger

모두 소리 질러~! 치앙마이 대표 수제 버거 맛집 록 미 버거가 님만해민에 2호점을 열었다. 특유의 록 스피릿 뿜뿜하는 아메리칸 감성은 그대로, 한 뼘이 넘는 웅장한 버거 사이즈도 그대로다. 반숙 계란이 살살 녹는 록킹 온 헤븐, 태국식 매운맛을 느낄 수 있는 록킹 인 헬, 파인애플이 들어간 록 알로하, 트러플 아이올리 소스로 럭셔리하게 즐기는 록스타 버거 등 작명 센스가 돋보인다. 무엇을 선택하든 150g의 두툼한 패티는 기본! 소고기와 돼지고기 중 선택 가능하며, 굽기 정도를 정할 수 있다. 감자튀김과 어니언링이 기본 사이드로 나온다.

Data 지도 179p-C
가는 법 님만해민 로드에서 소이 15 끝 코너
주소 12 14 Nimmana Haeminda Rd Lane 15, Tambon Su Thep
전화 053-218-087 영업 11:00~22:30 가격 록킹 온 헤븐 220밧
홈페이지 www.facebook.com/Rockmeburger

TIP 묵직한 육향을 좋아하면 록 미 버거를, 가볍게 먹기 좋은 수제 버거는 비스트 버거를 추천한다.

향수병을 달래주는 아지트
보탄 Botan

흰쌀밥에 된장국, 고등어구이 등 한 달 살기 때마다 소울 푸드를 채워주는 단골 일식당. 살가운 태국인 가족이 운영하며, 대부분 테이블이 야외에 있는 찐 로컬 감성의 골목식당이다. 현지인 단골이 많은 곳은 다 이유가 있는 법! 착한 가격으로 다양한 일본 음식을 맛볼 수 있다. 심지어 웬만한 요리가 모두 맛까지 평타 이상이라 놀랍다. 밤 10시까지 운영하는 것도 보탄의 강점이다. 회나 초밥, 오코노미야키 등을 안주 삼아 가볍게 한잔하기 좋다.

Data 지도 179p-A
가는 법 펑키그릴 옆 세븐일레븐 오른쪽 골목을 따라 도보 3분
주소 Huay Kaew Soi 2, Tambon Su Thep
전화 061-951-6289
영업 11:00~14:00, 17:00~22:00
가격 고등어구이 80밧, 오코노미야키 70밧

한식은 못 참지!
리틀 서울 Little Seoul

아무리 태국이 미식 천국이라지만, 가끔씩 올라오는 한식에 대한 그리움은 어쩔 수가 없다. 치앙마이 터줏대감 빵집 게스트하우스 사장님이 운영하고 한국어로 반갑게 맞아준다. 떡볶이, 만두, 김밥같이 가볍게 즐기기 좋은 분식부터 순두부찌개, 설렁탕 등 든든한 한 끼까지 선택의 폭이 넓다. 시판이 아닌 가게에서 직접 만드는 수제 만두와 김치, 사골 육수를 사용한다. 또 하나 놓치지 말아야 할 메뉴는 망고 빙수! 부드러운 우유 얼음 위로 망고가 듬뿍 올라간 빙수 라지 사이즈가 5천 원대라니! 한국에 돌아와서도 두고두고 그리울 것이다.

Data 지도 179p-C
가는 법 님만해민 메인 로드 중간
주소 24 9 Nimmanahaeminda Road, Suthep
전화 063-958-3413
영업 18:00~24:00
가격 떡볶이 70밧~, 망고 빙수 79밧~

 오늘 3차는 여기!
비어 랩 Beer Lab

치앙마이에서 가장 팬시한 맥주 전문 펍이라고 해도 과언이 아니다. 200종류가 넘는 세계 맥주를 취급한다. 의외로 생맥주를 보기 힘든 치앙마이에서 15종류나 되는 탭을 갖추고 있어 고르는 재미도 쏠쏠하다. 병맥주와는 또 다른 청량감에 캬~ 소리가 절로 나온다. 맥주만큼이나 세계 각국의 다양한 메뉴가 준비되어 있다. 저녁이면 DJ와 라이브 음악이 울려 퍼지면서 흥이 더 오른다. 단, 주류 가격이 사악한 편이며, 7% 세금이 별도로 붙으니 참고하자.

Data 지도 179p-C 가는 법 님만해민 메인 로드 끝 부분 주소 44/1 Nimmana Haeminda Lane 12, Su Thep 전화 097 997 4566 영업 17:00~24:00 가격 드래프트 비어 195밧~, 피자 350밧~ 홈페이지 www.facebook.com/beerlabchiangmai

먹기가 아까운 디저트 천국
사루다 파이니스트 페이스트리 Saruda Finest Pastry

단정하면서도 고급스러움이 느껴지는 프랑스 디저트 전문점. 사루다는 오너이자 파티시에의 이름으로, 세계적인 페이스트리 명장 세드릭 그롤레에게 사사했다. 마치 예술작품같이 한 땀 한 땀 공들인 디저트를 만날 수 있다. 추천 메뉴는 오렌지 블리스. 실제 오렌지와 거의 흡사한 모양의 무스 케이크다. 가장 안쪽 오렌지 콩포트를 무스로 감싸고, 그 위에 화이트 초콜릿을 틀에 넣고 굳혀 색을 입혔다. 공정이 복잡한 만큼 가격도 높은 편이다. 오렌지의 상큼함이 부드럽게 퍼진다. 디저트 퀄리티에 비해 커피 맛은 아쉬운 편. 트와이닝 차를 취급하니 홍차를 추천한다.

Data 지도 179p-A 가는 법 로스터리 랩 맞은 편에 위치
주소 12 Nimmana Haeminda Rd Lane 3, Tambon Su Thep 전화 066-867-0868 영업 10:00~21:00
가격 오렌지 블리스 200밧 홈페이지 www.instagram.com/saruda.pastry

Buon appetito!
세븐 센스 젤라토 7 Senses Gelato

먹는 데 우리만큼이나 진심인 민족 이탈리안이 운영하는 수제 젤라토 전문점. 아이스크림보다 지방과 공기가 적게 들어가 더욱 쫀쫀한 식감과 진한 풍미가 특징이다. 컵과 콘 중 선택할 수 있고, 1~3개까지 맛을 고를 수 있다. 레몬, 헤이즐넛, 피스타치오 등 때에 따라 조금씩 다르게 10가지가 넘는 맛이 준비되어 있으며, 비건 메뉴도 따로 있다. 모두 이탈리아에서 공수한 재료로 만든다. 맛 선택이 힘들다면 테이스팅도 가능하다. 와플과 티라미수, 젤라토를 이용한 다양한 디저트도 판매한다.

Data 지도 179p-D
가는 법 님만해민 로드에서 소이 11
안쪽으로 도보 5분
주소 41/5 Nimmana Haeminda
Rd Lane 11, Suthep
전화 064-483-1195
영업 12:00~22:00
가격 젤라토 컵 99밧~, 콘 104밧~
홈페이지 www.instagram.com/
7sensesgelato

Data 지도 181p-B
가는 법 후싸디싸위 로드에서 차론숙
로드로 들어선 후 도보 5분
주소 18/2 Santitham Rd, Chang
Phueak
전화 064-423-5199
영업 06:00~16:00
가격 죽 25밧부터, 국수 30밧부터
홈페이지 facebook.com/
santithambreakfast

부드럽게 속을 달래주는
싼띠땀 브렉퍼스트 Santitham Breakfast

이 집은 죽과 만두, 국수를 전문으로 파는 곳. 입구에 한글로 써 놓은 간판 덕에 쉽게 찾을 수 있다. 한국어 메뉴도 있다. 고수와 같은 향신채가 들어가지 않아 우리 입맛에 잘 맞는다. 고명으로 돼지고기, 치킨, 새우 중 고를 수 있다. 반숙 달걀 1개를 추가하면 영양가가 배가 된다. 꽤 많은 양의 생강 채를 얹어 나오므로 원하지 않는다면 주문 시 빼달라고 하자. 20밧에 후식으로 커피도 준비되어 있다. 친절한 주인 부부 덕분에 기분 좋게 아침을 맞이할 수 있어 더욱 마음이 간다.

정글까지 갈 필요가 없다
나나 베이커리 Nana Bakery

나나 정글을 운영하는 나나 베이커리를 싼띠땀에서 만날 수 있다. 토요일이 여행 일정에 없거나 북적임을 피해 빵을 고르고 싶은 사람에게 딱이다. 왼쪽이 베이커리, 오른쪽이 카페다. 나나 베이커리의 명물은 바로 프랑스 전통 방식으로 만든 크루아상. 부드럽게 퍼지는 버터 맛이 일품이다. 쇼콜라와 아몬드 크루아상도 인기 있다. 파이와 바게트까지 고르다 보면 어느새 한가득 빵을 사게 된다. 빵을 산 뒤 옆 카페에서 커피와 함께 먹고 갈 수 있다. 카페에서는 브런치 메뉴도 판매한다. 오픈 시간에 올 경우 전날 남은 빵을 50% 할인된 가격으로 구입할 수도 있다.

Data 지도 181p-A 가는 법 싼띠땀 테스코에서 도보 3분
주소 3 Sodsueksa Rd, Tambon Chang Phueak 전화 064-131-9739 영업 07:00~17:00
가격 크루아상 12밧부터, 바게트 40밧부터 홈페이지 www.nana-bakery-chiang-mai.com

분짜로 시작해 푸딩으로 마무리
럭키 Lucky's

분짜를 전문으로 하는 베트남 음식점. 분짜는 숯불에 구운 돼지고기에 쌀국수와 야채를 곁들여 먹는 음식이다. 느억맘 소스에 담겨 나오는데, 입맛에 따라 고추와 마늘, 식초, 허브로 간을 하면 된다. 단짠한 조화가 떡갈비와 비슷하다. 깔끔한 인테리어가 돋보이며, 영어를 잘하는 베트남 가족이 친절하게 맞아준다. 베트남 식당답게 코코넛 커피와 음료도 판매한다. 분짜와 더불어 꼭 먹어야 할 메뉴는 푸딩! 입에 넣는 순간 달콤 쌉싸름한 맛이 퍼지며 녹아 없어진다고 해도 과언이 아니다. 테이블이 10개가 채 안 되는 작은 가게로 웨이팅이 있으며, 재료 소진 시 영업시간보다 더 일찍 문을 닫으니 참고하자.

Data 지도 181p-A 가는 법 싼띠땀 테스코에서 도보 5분
주소 10 Kradangnga Road, Chang Phuek
전화 062-294-9402 영업 11:00~15:00
가격 분짜 140밧~, 푸딩 40밧
홈페이지 www.facebook.com/luckys.bun.cha

가성비 끝판왕!
무임 찜쭘 Moo Yim Jim Jum

찜쭘은 육수가 담긴 토기를 숯불에 올려두고 고기와 야채를 넣어 먹는 태국식 샤부샤부다. 테이블에 있는 메뉴판에 무엇을 넣어 먹을지 내용물과 수량을 체크해 주면 주문 끝! 다 먹은 후엔 죽이나 면으로 마무리는 필수다. 육류와 해산물, 야채 모든 접시가 19밧(새우만 29밧)이라는 놀라운 가성비로 현지인 핫 플이 따로 없다. 오후 5시에 오픈하는데, 6시도 되기 전에 웨이팅이 생길 정도. 대부분의 식당이 9시면 문을 닫는 치앙마이에서 새벽 3시까지 하는 반가운 곳이기도 하다. 다만, 에어컨이 없어 제대로 된 이열치열을 경험하게 될 것이다. 가게 청결도도 떨어지는 편이니 예민하다면 패스하자. 그랩 푸드 배달을 이용하는 것도 방법이다.

Data 지도 181p-A 가는 법 마야 라이프스타일 쇼핑몰에서 도보 15분
주소 Taewan Rd, Tambon Chang Phueak 전화 081-716-6971
영업 17:00~03:00 가격 한 접시 19밧, 새우 29밧

❖ 대학교에 먹으러 간다! ❖

❖ 치앙마이 대학교 나머 & 랑머 Namor&Rangmor

치앙마이 대학교 정문과 후문 주위로 나머 야시장과 랑머 야시장이 열린다. 나머는 정문, 랑머는 후문을 뜻한다. 나머 야시장에 들어서면 대학생 취향을 저격하는 옷과 액세서리 등을 판매하는 보세 가게들이 즐비하다. 마치 옛 이대 앞 거리가 연상된다.

〈배틀 트립〉에 출연 후 한국 여행자들 사이에서 핫해진 스테이크 바도 여기에 있다. 1만 원 조금 넘는 가격에 비프스테이크를 맛볼 수 있어 화제가 되었다. 파스타와 버거 등 메뉴들이 100밧 이내로 무척 저렴한데 믿을 수 없는 퀄리티를 선보인다. 재료가 빨리 소진되니 일찍 가는 편이 좋다. 한식이 당긴다면 케이팝K-POP 떡볶이 집으로 가보자. 한국인이 운영하며 매콤한 고향의 맛 떡볶이를 만날 수 있다. 철판으로 주문 시 마무리 볶음밥은 필수!

랑머 야시장은 먹거리 노점의 천국이다. 1km 남짓 되는 도로에 태국 음식부터 꼬치구이, 라멘, 스테이크까지 세계 각국의 음식이 펼쳐진다. 학생들을 대상으로 하기에 가성비가 매우 좋다. 오후 6시에 시작해 10시쯤 끝이 난다.

Data 나머 야시장
지도 179p-A
가는 법 치앙마이 대학교 정문 맞은편 골목
주소 99 Huaykaew Rd., Tambon Chang Phueak

Data 랑머 야시장
지도 188p-A
가는 법 치앙마이 대학교 후문 쪽. 마야 라이프스타일 쇼핑센터에서 차로 10분
주소 1/6 Su Thep Rd., Tambon Su Thep

ENJOY

넘버 원 나이트클럽
웜업 카페 Warm Up Cafe

치앙마이 청춘들 사이 가장 핫한 클럽. 드레스코드는 없지만 주말이면 잘 차려입은 현지인들로 가득하다. 라이브 공연이 열리는 라운지와 디제잉이 열리는 댄스 스테이지가 구분되어 있다. 피크 타임은 밤 10시 이후. 화려한 레이저가 오가고 EDM, 힙합이 나오며 본격적인 파티가 시작된다. 클럽 존의 시설은 아쉽지만 신나게 노는 데는 부족함이 없다.

Data 지도 179p-C 가는 법 님만해민 로드 쏘이 12 지나서 오른쪽 주소 40 Nimmanahaemin Rd., Tambon Su Thep 전화 053-400-677 영업 18:00~다음 날 01:00 홈페이지 facebook.com/warmupcafe1999

오감 만족!
자나두 펍 앤 레스토랑 Xanadu Pub & Restaurant

푸라마 호텔 17층에 위치한 루프톱 레스토랑. 파노라마 뷰가 압도적이다. 저 멀리 치앙마이 공항에서 이착륙하는 비행기도 보인다. 외국인들이 많이 찾는 곳이며, 합리적인 가격으로 풍경과 음식을 즐길 수 있다. 태국 요리와 인터내셔널 퀴진, 바비큐까지 메뉴가 폭넓다. 매일 저녁 라이브 공연이 열린다.

Data 지도 179p-B 가는 법 마야 라이프스타일 쇼핑센터에서 11번 도로를 따라가다 란나 빌라 알리로 우회전 주소 54 Huaykaew Rd., Tambon Chang Phueak 전화 053-415-222 영업 18:00~24:00 홈페이지 facebook.com/XanaduChiangmai

님만해민 야경 일번지
님만 힐 Nimman Hill

마야 라이프스타일 쇼핑센터 6층 옥상 광장. 과거 트렌디한 바
와 레스토랑이 모여 있었지만 코로나를 거치면서 '미스트 마야
myst maya' 바 한 곳만 성업 중이다. 주위에 높은 건물이 없어서
탁 트인 하늘과 야경을 만끽할 수 있다. 해 질 무렵 가볍게 맥주
를 홀짝이며 바라보는 치앙마이는 이보다 평화로울 수 없다. 보
랏빛으로 물드는 하늘이 반짝이는 조명과 어우러진다. 꼭 바를
찾지 않아도 도이쑤텝 쪽 전망대 계단에 앉아 한가로이 시간을
보낼 수 있다.

Data 지도 179p-A
가는 법 마야 라이프스타일
쇼핑센터 6층
주소 55 Huaykaew Rd.,
Tambon Chang Phueak
전화 052-081-555
영업 16:00~24:00
홈페이지 www.
mayashoppingcenter.com

분위기에 취하고 싶다면
라이즈 루프톱 바 Rise Rooftop Bar

아키라 매너 8층에 있는 루프톱 바. 크기는 크지 않지만, 방콕의
힙한 분위기를 그대로 옮겨왔다. 한 면을 투명하게 만들어 아쿠
아리움을 연상시키는 인피니티 풀은 저녁 시간 조명이 켜지면 더
욱 이국적인 분위기를 자아낸다. 수준급의 칵테일과 와인 리스
트를 갖추고 있다. 오후 5~6시까지 1+1 해피아워를 진행한다.
1층의 이탈리안 레스토랑 이탈릭Italic과 함께 들르면 좋다.

Data 지도 179p-D
가는 법 님만해민 로드 쏘이 12
지나서 오른쪽
주소 22/2 Nimmanhaemin Rd.
Soi 9, Tambon Su Thep
전화 053-216-219
영업 15:00~다음 날 01:00
홈페이지 www.theakyra.com

한국인 취향 저격
데이 데이 마사지 Day Day Massage

쾌적한 시설과 실력 있는 마사지, 합리적인 가격까지! 한국인 여행자들이 좋아할 삼박자를 갖춘 곳이다. 이미 입소문이 퍼져 하루 이틀 전에 예약해야만 원하는 시간대에 마사지를 받을 수 있다. 시작 전 몸의 상태를 체크하는 설문을 작성하면서 원하는 압의 세기와 집중해서 받고 싶은 부위를 선택할 수 있다. 다른 곳에서는 찾아보기 힘든 타이 스트레칭 마사지로 긴장되고 굳어 있는 몸을 쭉쭉 늘려보자. 기본 발 마사지만 받아도 마무리로 어깨와 목을 풀어주어 온몸이 개운한다. 예약은 라인으로 가능하다.

Data 지도 179p-C
가는 법 님만해민 로드에서 소이 9으로 도보 3분
주소 1,1 Nimman soi 9 Mueang Chiang Mai District
전화 063-776-7807
영업 10:00~22:30
가격 타이 마사지 400밧~, 아로마 마사지 750밧~
홈페이지 www.instagram.com/daydaymassage

내 승모근을 부탁해!
모멘트 마사지 Moment Massage

데이 데이 마사지 주변으로 마사지 숍들이 모여 있는데, 하얀색 세련된 외관으로 눈에 띄는 곳. 비싸 보이는(?!) 분위기와는 달리 가격은 주변 마사지 숍과 비슷하다. 자체 보디 제품 브랜드를 가지고 있으니 천연 오일을 사용한 아로마 마사지를 추천한다. 일곱 가지 오일 시향은 물론, 구입도 가능하다. 평소 컴퓨터 앞에서 보내는 시간이 많다면 오피스 신드롬 마사지에 귀가 솔깃할 것! 뭉친 어깨와 목 등을 위주로 강력하게 풀어주어 화가 난 승모근이 말랑말랑해지는 가벼움을 선사한다. 모든 마사지에 200밧을 더하면 머리 마사지 30분을 추가로 받을 수 있다. 다양한 프로모션도 진행하니 인스타그램을 참고하자. 예약은 라인으로 가능하다.

Data 지도 179p-C
가는 법 데이 데이 마사지에서 동쪽으로 도보 2분
주소 9, 1 Nimmana Haeminda , Soi 9, Suthep
전화 092-470-4462
영업 10:00~23:00
가격 오피스 신드롬 마사지 499밧~, 아로마 마사지 800밧~
홈페이지 www.instagram.com/moment.massage.cm

SHOP

문화의 장을 열다
원 님만 One Nimman

2018년 4월에 오픈한 쇼핑몰. 시계탑이 있는 광장 주위로 아케이드 건물이 둘러싸고 있다. 붉은 벽돌과 아치형 기둥으로 유럽의 소도시를 연상시킨다. 야외 광장에는 여유로운 시간을 즐기는 사람들로 붐빈다. 밤이면 광장 가득 작은 전구에 불이 켜지면서 색다른 분위기를 자아낸다.

1층은 카페와 레스토랑, 2층은 쇼핑 숍 위주로 구성되어 있다. 인기 브랜드들이 대거 입점해 있어, 이곳만 돌아도 유명 카페와 맛집, 쇼핑 리스트를 끝낼 수 있을 정도. 재활용 소재를 활용하는 스위스 브랜드 프라이탁Freitag, 그릇 덕후들을 위한 진저Ginger, 유기농 마사지 오일로 유명한 판퓨리 Pañpuri와 한Han, 외곽에 있어 가기 힘든 몬순 티 하우스Monsoon Tea House, 이제는 널찍하게 즐길 수 있는 그래프 커피까지! 인기 스파 렛츠 릴랙스도 있다.

광장에서 요가, 살사, 스윙댄스 등 다양한 문화 교실이 열린다. 대부분 무료로 진행되니 홈페이지를 체크해보자. 오가닉 마켓과 커피 워크숍 등 아기자기한 행사도 자주 열린다.

Data 지도 179p-A 가는 법 님만해민 로드 초입에 위치
주소 Nimmanhaemin Soi 1, Tambon Su Thep 전화 052-080-900
영업 11:00~23:00 홈페이지 www.onenimman.com

님만해민의 랜드마크
마야 라이프스타일 쇼핑센터 Maya Lifestyle Shopping Center

맞은편에 원 님만이 들어서면서 위상이 약해지기는 했지만 여전히 님만해민 최고의 쇼핑몰이다. 세련된 외관을 자랑하며 7개 층에서 다양한 브랜드를 만날 수 있다. 대형 슈퍼마켓과 푸드 코트, 드러그스토어, 헬스장과 영화관을 갖춘 복합 문화공간이다. ATM과 환전소, 통신사도 있어 편리하다. 5층에 위치한 캠프는 카페 겸 코 워킹 스페이스다. 24시간 운영하며, 빠른 인터넷 속도와 미팅룸도 갖추고 있어 디지털 노마드들의 성지로 꼽힌다.

Data 지도 179p-A
가는 법 훼이깨우 로드와 11번 도로 코너에 위치
주소 55 Huaykaew Rd., Tambon Su Thep
전화 052-081-555
영업 11:00~22:00
홈페이지 www.mayashopping center.com

예쁜 물건의 천국!
씽크 파크 Think Park

캡틴 모자를 쓴 아저씨 조형물이 반겨준다. 이곳을 만든 사업가는 미스터 탄이다. 지역 예술가들의 활동을 도와 소규모 편집숍과 카페, 레스토랑, 펍이 모여 있는 복합 예술 공간을 탄생시켰다. 골목을 따라 올망졸망 모여 있는 가게들에서 세상 하나뿐인 수공예품을 만날 수 있다. 예쁜 벽화는 덤. 아름드리나무 광장에서 종종 전시와 마켓이 열린다. 저녁이면 먹거리 야시장이 들어선다.

Data 지도 179p-A
가는 법 마야 라이프스타일 쇼핑센터 맞은편 주소 165 Huaykaew Rd., Tambon Su Thep 전화 063-179-4001
영업 12:00~22:00
홈페이지 facebook.com/ thinkparkchiangmai

TIP 주목! 이 브랜드!

플레이웍스 Playworks
감각적인 에코백으로 한국인 여행자들의 마음을 사로잡은 브랜드. 파우치, 노트, 엽서 등 완소 소품들을 판매한다. 직접 그린 일러스트를 프린팅하거나 자수를 넣어 만드는데 치앙마이 라이프를 담은 문양을 찾아볼 수 있다. 가격도 착하고 퀄리티도 좋아 선물용으로 안성맞춤! 마야 라이프스타일 쇼핑센터 맞은편에 카페 겸 편집숍을 운영하고 있다.
홈페이지 www.playworksshop.com

Japanese+Lanna+Hand craft
화이트 마켓 White Market

치앙마이에 사는 일본인들이 모여 만든 플리 마켓으로, 특유의 아기자기한 감성이 돋보인다. 여행 사진을 업그레이드해 줄 옷과 신발, 액세서리부터 귀염 뽀짝 도자기, 자수, 뜨개 소품들까지! 지갑이 가벼워지는 것은 순식간이다. 이곳에서 산 수제 샌들은 튼튼하고 편해 여기저기 추천하고 있는 잇템이다. 일본 길거리 간식과 디저트, 군것질거리도 놓치지 말자. 원 님만 옆 골목을 따라 주말에만 열린다.

Data 지도 179p-A 가는 법 원님만 옆 님만해민 소이 1을 따라 이어짐 주소 1/4-1/5,1/7-1 10 Nimmanahaeminda Road 전화 093-095-8787 영업 금~일 15:00~22:00

태국 왕실의 인증을 받은
로열 프로젝트 숍 Royal Project Shop

로열 프로젝트는 태국 왕실에서 운영하는 북부 소수민족의 자립을 돕는 프로그램이다. 과거 척박한 환경에서 아편을 재배하며 살던 고산족에게 유기농 농산물을 재배하도록 돕고, 인증받은 농산물과 생산품은 전국의 로열 프로젝트 숍에서 판매한다. 신선한 식재료는 물론, 왕실 인증을 받은 유기농 차와 꿀, 화장품 등이 가득하다. 숍 한쪽에는 차와 브런치를 판매하는 카페가 있다.

Data 지도 179p-E 가는 법 님만해민 로드 끝에서 쑤텝 로드로 우회전 주소 Chiang Mai Outer Ring Rd., Tambon Su Thep 전화 053-226-872 영업 08:00~18:00

사람 냄새가 물씬
똔파욤 마켓 Ton Payom Market

님만해민 근처에도 재래시장이 있다는 반가운 뉴스! 올드 시티 쑤언독 게이트에서 치앙마이 대학교 후문으로 이어지는 쑤텝 로드에 위치하고 있다. 크기는 작지만 관광객이 거의 없어 현지 사람들의 삶을 엿볼 수 있다. 신선한 꽃과 과일, 채소, 반찬 등을 판매한다. 북부식 소시지와 초록 고추로 만든 남프릭, 돼지껍질 튀김 캡무 등 지역 먹거리를 만날 수 있다.

Data 지도 179p-E 가는 법 님만해민 로드 끝에서 쑤텝 로드로 우회전하자마자 오른쪽 주소 Soi Talat Ton Phayom, Tambon Su Thep 전화 093-153-7241 영업 06:00~19:00

지름신을 부르는 서점
북 스미스 The Booksmith

치앙마이는 서점까지 특별하다. 북 스미스는 태국 사람들은 물론이고 여행자들의 발길까지 끄는 곳이다. 예술과 디자인 책이 주를 이루는 가운데 건축과 여행, 요리 등 실용서도 판매한다. 외서도 많아 영문 소설과 동화책도 찾아볼 수 있다.

서점을 좋아한다면 인디 잡지와 책들을 보는 것만으로도 마음이 들뜰 것이다. 〈킨포크〉 같이 두기만 해도 인테리어 효과를 내는 라이프스타일 잡지도 판매하는데 철 지난 호는 50% 할인된 가격에 살 수 있다. 작은 서점이지만 오래 머물러도 눈치 주는 직원이 없어 더 고맙다.

Data 지도 179p-A
가는 법 님만해민 로드와 쏘이 3 코너에 위치
주소 One Nimman Soi 1, Tambon Su Thep
전화 053-223-292
영업 10:00~22:00
홈페이지 facebook.com/ thebooksmithbookshop

다정다감한 동네 책방
란 라오 Lan Lao

세월의 흔적과 주인의 취향이 묻어 있는 서점. '란 라오'는 우리 말로 '말하다'라는 뜻이다. 주인 아주머니가 영어로 책의 내용을 설명해 주기도 한다. 태국어로 된 책이 대부분이지만 독립출판물이 많아 구경하는 재미가 있다. 일러스트가 가미된 시집과 에세이, 여행기 등 소장 욕구를 불러일으키는 책이 한가득이다. 어느새 서점을 나올 때는 책 몇 권이 손에 들려 있다.

란 라오는 서점이자 문화공간이다. 2층에는 로컬 예술가의 작품이 전시되고, 서점 앞 공간에서는 종종 연주회나 토론회가 열린다. 치앙마이 감성에 딱 맞는 엽서와 노트, 기념품을 판매한다.

Data 지도 179p-A
가는 법 님만해민 로드 쏘이 2 골목 지나자마자 오른쪽
주소 Nimmanhaemin Rd., Tambon Su Thep,
전화 085-034-9555
영업 12:00~23:00

03

나이트 바자 & 뼁강
Night Bazaar & Ping River

타패 게이트를 나와 타패 로드로 쭉 내려오면 탁 트인 뼁강이 나타난다. 강변을 따라 유서 깊은 사원과 레스토랑, 갤러리가 늘어서 있다. 느릿느릿 흐르는 강을 바라보며 아무것도 하지 않을 자유를 누린다. 어스름과 함께 강변에 하나둘 조명이 켜지면 또 다른 세상이 펼쳐진다.

라이브 음악과 맛있는 음식, 알록달록한 기념품, 길거리 마사지 등 태국을 사랑하는 모든 이유가 담긴 매력 종합 선물 세트를 만나볼 수 있다.

1. Head
2. Leg
3. Jacub
4. Leg
5. Belly
6. Collae
7. ear

미리보기

타패 게이트에서 삥강으로 뻗은 타패 로드는 과거 외부와의 교역을 담당하던 중심지였다. 1km 남짓한 대로를 따라 트렌디한 레스토랑과 바, 숙소들이 밀집해 있다. 나이트 바자는 치앙마이에서 가장 붐비는 지역 중 하나이다. 치앙마이의 여유로움을 원하는 여행자라면 삥강 건너로 숙소를 잡는 것이 좋다.

SEE & ENJOY

어둠이 깊어질수록 활기를 띤다. 대로를 따라 북부 최대의 야시장이 들어서고, 삥강 주변의 레스토랑에서는 라이브 음악이 울려 퍼진다. 한쪽에서는 무예타이 경기가 벌어지고 야외 푸드 코트에서는 맥주 파티가 한창이다. 주변으로 늦게까지 여는 식당과 술집도 많아 불야성을 이룬다.

EAT

타패 로드 주위로 몇십 년 동안 사랑받아온 맛집과 새로 떠오르는 모던한 카페가 조화롭게 어우러져 있다. 저녁에는 창푸악 로드 곳곳에서 푸드 코트와 노점이 들어서며 활기를 더한다. 삥강 주위로 강변 뷰를 즐기며 느긋하게 시간을 보내기 좋은 카페들이 모여 있다.

BUY

치앙마이 최대의 재래시장과 야시장을 갖추고 있다. 소수민족 전통 의상과 수공예품, 아기자기한 액세서리와 장식품들이 모여 있어 기념품을 마련하기에 좋다. 오전에는 와로롯 시장을 둘러보며 신기한 식재료들을 구경하고 저녁에는 나이트 바자에서 쇼핑 혼을 불태워보자.

어떻게 갈까?

치앙마이 국제공항에서 자동차로 나이트 바자나 삥강 지역까지는 30~40분 정도 소요된다. 1번 출구에서 미터 택시를 타는 것이 가장 편리하며 요금은 약 200밧 나온다. 공공 썽태우 이용 시 3번 게이트 앞에서 14번을 타면 된다. 요금은 15밧. 그랩을 이용할 수도 있다.

어떻게 다닐까?

나이트 바자에서 삥강 주변까지는 멀지 않지만 날씨가 더우므로 썽태우나 그랩을 이용하는 것이 좋다. 단, 저녁 시간 나이트 바자 주위는 혼잡하므로 도보 이동을 권한다. 삥강을 따라 산책로가 있으며, 강 건너편은 자전거를 타기에도 좋다.

나이트 바자 & 삥강
📍 1일 추천 코스 📍

삥강을 기준으로 전혀 다른 분위기가 연출된다. 낮에는 고즈넉한 강변 카페에서 망중한을, 저녁에는 나이트 바자에서 저 세상 텐션으로 쇼핑과 라이브 공연을 즐겨보자. 전통 시장과 사원, 갤러리, 합리적인 마사지 숍들이 즐비해 지루할 틈을 주지 않는다.

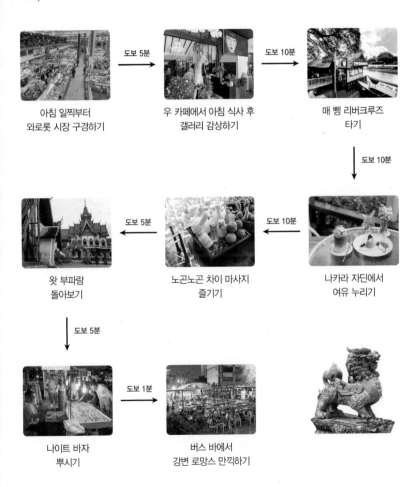

아침 일찍부터
와로롯 시장 구경하기

도보 5분 →

우 카페에서 아침 식사 후
갤러리 감상하기

도보 10분 →

매 삥 리버크루즈
타기

↓ 도보 10분

나카라 자딘에서
여유 누리기

← 도보 10분

노곤노곤 차이 마사지
즐기기

← 도보 5분

왓 부파람
돌아보기

↓ 도보 5분

나이트 바자
뿌시기

도보 1분 →

버스 바에서
강변 로망스 만끽하기

나이트 바자 & 삥강
Night Bazaar & Ping River

230

R 미쩨 미쩨 Mitte Mitte

0 100m
N

↑ **R** 포레스트 베이크 방향 Forest Bake
R 우 카페 Woo Cafe-ArtGallery-Lifestyle Shop
R 비엥 쭘 온 티하우스 Vieng Joom On Teahouse
↑ **R** 반 피엠숙 Baan Piemsuk
R 리버사이드 바 앤 레스토랑 The Riverside Bar & Restaurant

S TCDC 치앙마이
징 자이 미켓 방향
S Jing Jai Market

R 플레이스 포즈 피스 Place Pause Peace

S 짱 모이 라딴 거리
Chang Moi Rattan Street

S 미니스트리 오브 로스터 치앙마이
Ministry of Roasters Chiang Mai

S 레어 파인즈 북스토어 & 카페
Rare Finds Bookstore & Cafe

S 게코 북스 Gekko Books

S 타페 게이트 Thapae Gate

임 호텔 타페 치앙마이
Imm Hotel Thaphae Chiang Mai

왓 체타완 Wat Chetawan

R 이터니티 커피 Eternity Coffee
타페 로드 Thapae Rd.

R 로띠 파 데이 Rotee Pa Day

R 팟타이 5 로드 Pad Thai 5 Rod

R 하이소 랜드 Hide Land

챵 모이 로드 Chang Moi Rd.
와로롯 시장 **S** Warorot Market

R 가셈 비프 누들 숍 Kasem Beef Noodle Shop
R 사무라이 키친 Samurai Kitchen

왓 부파람 Wat Buppharam

빠퉁꼬 꼬넹 Patunggo Koneng

R 라밍 티 하우스 Raming Tea House
R 베어풋 레스토랑 Barefoot Restaurant
E 타페 이스트 Thapae East

스트리트 피자 &와인 하우스 Street Pizza & The Wine House

더 굿 뷰 The Good View

삥강 Ping River
나와랏 다리 Nawarat Bridge

매 삥 리버 크루즈 선착장 ⚓
Boat Trip Mae Ping River Cruise

플론 루디 **R** Ploen Ruedee
나이트 바자 Night Bazaar

두짓 D2 **H** Dusit D2

치앙마이 메리어트 호텔 **H** Chiang Mai Marriott Hotel
르 메르디앙 치앙마이 **H** Le Méridien Chiang Mai

라자다반 인디안 레스토랑 **R** Rajdarbar Indian Restaurant

로이 크로 무에타이 체육관 Loi Kroh Boxing Stadium

할랑 스트리트 힐랄 타운
Halal Street Hilal Town

H 씨리암판 부티크 리조트 앤 스파 Sireeampan Boutique Resort & Spa
E 보이 블루스 바 Boy Blues Bar
버거킹 Burger King

차이 마사지 2 Chai Massage 2

아난타라 치앙마이 리조트 **R** Anantara Chiangmai

파 란나 마사지 Fah Lanna Massage

R 카지 Khagee
R 세프 투게더 바이 어오 & 단 Chef's Together by Aod & Dan
아이언 브리지 Iron Bridge
R 호이 카아 림 핑 누들 Hoi Khaa Rim Ping noodles

헷츠 블레스 스파 **E**

R 크롱 매 카 Khlong Mae Kha
드림 스페이스 갤러리
Dream Space Gallery

록 미 버거 Rock Me Burger
로이 크로 로드 Loi Kroh Rd.

치앙마이의 젖줄
뻥강 Ping River

올드 시티 동쪽으로 치앙마이의 젖줄 뻥강이 흐른다. 짜오프라야강의 지류로, 과거 인근 국가와의 교역로로 사용되었다. 황토색 흙탕물로 감동적인 아름다움은 아니지만, 파란 하늘과 맞닿은 강이 흐르는 풍경이 여유롭다. 북적이는 올드 시티와 나이트 바자 지역과 달리, 고즈넉하게 산책을 즐기기에 좋다. 더운 오후에는 강변에 위치한 카페에서 한량 놀음을 하며 시간을 보내도 좋다.

느리게 흐르는 강을 따라 전망 좋은 카페와 레스토랑이 줄지어 있다. 특별한 추억을 만들고 싶다면 보트를 타고 강을 따라 도시를 돌아보자. 석양과 야경을 동시에 감상할 수 있는 디너 크루즈도 인기가 많다. 왓 차이몽콘 안쪽에 있는 선착장에서 탑승할 수 있다.

Data 지도 230p-C, F 가는 법 타패 게이트에서 타패 로드를 따라 도보 20분

뻥강의 야경 담당
아이언 브리지 Iron Bridge

뻥강은 밤에 더 아름답다. 강변 레스토랑들의 조명이 하나둘씩 불을 밝히고 짙은 남색으로 물든 강 위로 컬러풀한 그림자가 드려진다. 아이언 다리는 뻥강을 잇는 작은 철교로, 해가 지면 색색의 조명이 들어온다. 인기 야경 명소로 꼽히며 다리에 걸터앉아 데이트를 즐기거나 삼삼오오 모여 맥주를 마시는 치앙마이 젊은이들의 모습을 볼 수 있다.

Data 지도 230p-F 가는 법 올드 시티에서 로이끄라 로드를 따라 도보 20분

500년의 역사를 가진
왓 부파람 Wat Buppharam

타패 로드에서 나이트 바자로 가는 길목에 위치한 사원이다. 입구에 있는 라면 먹는 도널드덕 조형물이 있어 도널드 사원이라는 별명을 얻었다. 버마(미얀마)의 지배를 받던 1497년에 지어져 버마와 란나 건축 양식 모두 갖춘 것이 특징이다. 성탑처럼 뾰족한 대웅전의 지붕은 주위 사원의 모습과 확연히 다르다. 2층으로 된 법당 내부는 금색 부조와 스텐실로 정교하게 장식되어 있다. 뒤쪽으로 버마 스타일의 쩨디가 자리해 있다. 쩨디의 귀퉁이를 지키고 있는 고대 동물 싱하에서도 버마의 흔적을 찾아볼 수 있다.

Data 지도 230p-B 가는 법 타패 게이트에서 타패 로드를 따라 도보 7분
주소 143 Thapae Rd., Tambon Chang Moi 운영 06:00~18:00 요금 입장료 20밧

치앙마이 예술의 데이터 베이스
TCDC 치앙마이 TCDC Chiang Mai

TCDC는 'Thailand Creative & Design Center'의 약자로, 방콕과 치앙마이에서 만날 수 있는 디자인 센터. 1층 전시관에서는 다양한 전시가 수시로 열리고, 2층 도서관에는 9,000권이 넘는 디자인 서적과 잡지들을 만나볼 수 있다. 관심 분야의 책장을 넘기다 보면 글을 몰라도 어느새 예술적 영감이 차오를 것이다. 일반인에게도 오픈되어 있어 티켓을 구입하면 누구나 이용할 수 있다. 작업 환경이 좋아 디지털 노마드들에게 각광받고 있다.

Data 지도 230p-B 가는 법 쑤텝 로드에서 반마이 랑머 쏘이 4로 들어선 후 도보 7분
주소 1/1 Muang Samut Rd., Tambon Chang Moi 전화 052-080-500 운영 10:30~18:00
휴무 월요일 요금 1일권 100밧, 연간 회원권 600밧 홈페이지 www.tcdc.or.th/chiangmai

치앙마이 속 작은 일본
크렁 매카 Khlong Mae Kha

운하를 따라 아기자기한 가게들이 모여 있는 수변 마을. 700년 전 란나 왕국의 탄생과 함께 만들어진 인공 운하로, 차차 그 기능을 잃고 지저분한 개천 마을로 전락했다. 재개발 프로젝트를 통해 수로를 따라 꽃을 심고, 2022년 지금의 모습을 갖추게 되었다. 특히 일본 테마로 꾸며진 가게들이 많아 오타루 운하 마을을 연상시킨다. 두 개의 일본식 다리가 있는데, 이국적인 풍광을 담을 수 있는 인스타그램 핫 플이다. 현지 커플들의 성지이기도 하다. 대부분의 가게가 일몰 전후로 문을 연다. 수로 변에 앉아 버스킹 음악을 들으며, 꼬치구이를 즐기는 여유와 낭만도 놓치지 말 것!

Data 지도 230p-D 가는 법 나이트 바자 아누산 마켓에서 도보 15분
주소 9 Sridonchai Rd, Haiya Sub-district 전화 093-790-8058 영업 24시간

스트리트 아트 커뮤니티
드림 스페이스 갤러리 Dream Space Gallery

치앙마이를 여행하다 보면 도시 곳곳에 작품처럼 남겨진 그라피티 벽화들을 만날 수 있다. 과거 의류 공장이었던 건물을 활용해 스트리트 아티스트들의 허브로 재탄생시킨 것이다. 거리에서 만날 수 있었던 벽화들이 실물보다 더 큰 사이즈로 전시되어 있다. 다른 갤러리와는 다르게 입장료도, 큐레이터도, 설명도 없다. 작품 속 메시지를 자신만의 해석으로 풀어가는 특별한 경험을 선물한다. 메인 갤러리 옆 미니 갤러리에서도 지역 예술가들의 다양한 전시가 열리니 꼭 돌아볼 것!

Data 지도 230p-D 가는 법 크렁 매카에서 도보 5분
주소 98, 1 Tambon Hai Ya, Mueang Chiang Mai District 전화 083-623-2057
영업 10:00~18:00 홈페이지 www.instagram.com/dreamspacecnx

⟨🍽️⟩ EAT

분홍분홍한 호사
비엥 줌 온 티하우스 Vieng Joom On Teahouse

입구부터 사랑스럽다. '비엥 줌 온'은 분홍색 도시를 의미한다. 핑크 시티로 유명한 인도 자이푸르에서 영감을 받았다고 한다. 나른한 오후에 생기를 더해줄 차 전문점이다. 50가지가 넘는 프리미엄 차를 갖추고 있다. 3단 트레이에 디저트가 담겨 나오는 애프터눈 티 세트가 인기가 있다. 애프터눈 티 세트는 앙증맞은 타르트와 케이크, 과일들로 채워져 있다. 티폿 세트는 물론, 스푼과 포크를 감싼 주머니까지 탐난다. 또 다른 추천 메뉴는 스콘 세트. 수제 스콘과 버터, 잼이 함께 나오는데 홍차와 환상의 궁합을 이룬다. 그 외 다양한 식사와 디저트를 판매한다. 삥강을 바라보며 차를 즐길 수 있는 테라스와 차 관련 도구들을 판매하는 숍이 함께 있다.

Data 지도 230p-C
가는 법 와로롯 시장에서 다리를 건너 오른쪽 100m지점
주소 53 Charoenrat Rd. Lane 4, Wat Ket, Amphoe Mueang
전화 053-246-392
영업 10:00~17:00
가격 스콘 2인 세트 365밧
홈페이지 www.vjoteahouse.com

국수도 리버 뷰가 진리
호이카 림핑 누들 Hoi Khaa Rim Ping noodles

강변에 위치한 음식점. 점심시간이면 현지인들로 꽉 찬다. 강을 마주 보고 앉을 수 있는 야외 테이블이 하이라이트. 맞은편으로 왓 차이몽콘과 매 삥 크루즈 선착장이 보인다. 살랑살랑 부는 강바람을 맞으며 먹는 국수는 그야말로 꿀맛. 꾸여이띠여우, 카우쏘이, 남니여우 등 다양한 종류의 누들을 취급한다. 국수의 종류와 굵기, 토핑을 선택할 수 있다. 영문 메뉴가 있는 태블릿으로 주문해 편리하다. 북부 요리인 깽항래와 남프릭, 싸이우아 등도 맛볼 수 있다.

Data 지도 230p-F
가는 법 아이언 다리를 건넌 후 오른쪽으로 도보 5분
주소 68/3 Chiang Mai-Lamphun Rd., Tambon Wat Ket
전화 053-244-405
영업 09:00~18:00
가격 쌀국수 40밧부터
홈페이지 facebook.com/RimpingBoatNoodle

 따사로운 오후의 소화행
나카라 자딘 Nakara Jardin Bistro & Salon de Thé Restaurant

운치 있는 정원에서 강을 바라보며 호사를 누릴 수 있는 프렌치 레스토랑이다. 강 옆으로 분수가 있는 넓은 정원과 하얀 저택이 자리하고 있다. 프랑스의 세계적인 요리학교 르 꼬르동 블루 출신의 셰프 폼므가 주방을 맡았으며, 프로방스와 부르고뉴 스타일의 요리를 선보인다. 튀긴 개구리 다리와 푸아그라 등 조금 낯선 요리부터 파스타, 스테이크 등 다채 로운 요리를 맛볼 수 있다. 시그니처 메뉴는 애프터눈 티 세트. 파티시에를 동시 전공한 폼므의 아기자기한 디저트들을 만날 수 있다. 스콘과 케이크 등 단품으로도 주문할 수 있으니 디저트를 꼭 즐겨볼 것!

Data 지도 230p-F 가는 법 아난타라 리조트에서 남쪽으로 350m지점, 뻥 나카라 부티크 호텔 뒤편 주소 A, 11 Soi 9 Charoen Prathet Rd., Tambon Chang Khlan 전화 061-370-6466 영업 11:00~19:00 가격 스콘 175밧, 잉글리시 티 160밧

 오래도록 그 자리에 머물러 주길
카지 Khagee

일본인 아내와 태국인 남편이 운영하는 작은 카페이다. 부부가 함께 빵을 만들고 커피를 내리며 따듯한 공간을 꾸려나간다. '카지'는 태국어로 명쾌하고 생기 있다는 뜻이다. 두 사람이 멜버른에서 자주 가던 카페의 편안하면서도 유쾌한 분위기를 닮고 싶어 지은 이름이라고 한다.

천연발효 빵은 굽기가 무섭게 팔려나간다. 앙증맞은 당근 케이크는 SNS 단골 메뉴. 크림치즈가 어우러진 촉촉, 달달, 고소한 맛은 당근의 호불호 여부와 상관없이 꼭 맛보길 추천한다. 프랑스 전통 디저트 카눌레도 인기 있다. 뻥강을 산책하다 카지를 만난다면 주저 말고 들어갈 것!

Data 지도 230p-F
가는 법 나이트 바자에서 아이언 다리를 건너 오른쪽
주소 29 30 Chiang Mai-Lamphun Soi 1, Amphoe Mueang 전화 082-975-7774 영업 10:00~17:00 휴무 월 · 화요일 가격 아메리카노 70밧, 당근 케이크 80밧 홈페이지 facebook.com/khageecafe

빵이 열리는 숲
포레스트 베이크 Forest Bake

주택가 골목 안쪽에 위치해 찾기 어렵다. 지도를 보면서도 주위를 몇 번이나 헤맸는지 모른다. 함께 운영하는 힌라이 커리하우스Hinlay Curry House 입구로 들어서면 울창한 정원에 둘러싸인 작은 나무집 포레스트 베이크가 보인다. 실내 역시 여기가 꽃집인지 빵집인지 분간이 되지 않을 만큼 식물들로 꾸며져 있다. 진열된 빵들은 혹시 장식품은 아닐까 싶을 만큼 예쁘다.
파이와 페이스트리, 디저트가 대부분이다. 구입 후 정원이나 옆 커리하우스에서 먹으면 된다. 현지 물가에 비해 높은 편이며 가격 대비 맛 평가가 엇갈리는 빵집이기도 하다.

Data 지도 230p-C
가는 법 우 카페 뒷골목에서 플로랄 콘도 가기 전
주소 8/2 Nawatgate Rd. Soi 1
전화 091-928-8436
영업 10:30~17:00
휴무 수·목요일
가격 아메리카노 60밧
홈페이지 www.forestbake.com

오픈런 하게 만드는 코코넛 파이
반 피엠숙 Baan Piemsuk

오픈부터 줄을 서는 케이크 전문점. 모두 코코넛 크림 파이를 먹으러 온 사람들이라고 해도 과언이 아니다. 쿠키 시트에 코코넛 크림이 듬뿍 올라간 파이는 입에 넣는 순간 녹아내리며 진한 코코넛 맛이 머리끝까지 퍼진다. 중간중간 씹히는 과육이 화룡점정! 이렇게 줄을 서면서까지 먹어야 하나 싶다가도 급 수긍하게 되는 맛이랄까. 단, 실내 공간이 협소하고 음료가 별로인 것이 단점. 포장 후 맞은편 카페에서 커피를 구입해 먹는 것도 방법이다. 그랩 푸드로 배달도 가능한데, 20밧 더 비싸다(배달비는 별도). 와로롯 시장과 가까우니 함께 돌아보면 좋다.

Data 지도 230p-C
가는 법 와로롯 시장에서 찬솜 다리를 건너 도보 5분
주소 165-167 Charoen Rajd Rd, Tambon Chang Moi
전화 085-525-0752 영업 09:30~18:30
가격 코코넛 크림 파이 125밧, 아메리카노 50밧~
홈페이지 www.facebook.com/baanpiemsuk

감탄사가 멈추지 않는
우 카페 Woo Cafe-Art Gallery-Lifestyle Shop

식사, 예술 관람, 쇼핑까지 한 번에 해결할 수 있는 복합문화공간인 우 카페. 3채의 전통 가옥에 카페와 갤러리, 라이프스타일 숍이 들어서 있다. 카페에 들어서면 우선 꽃 향기에 취한다. 꽃과 세련미 넘치는 인테리어의 화려함도 잠시, 예쁘게 차려진 음식이 눈과 입을 즐겁게 해준다.

가장 유명한 메뉴는 태국식 비빔밥 카우윰Khao Yum이다. 숍에는 태국 스타일의 인테리어 소품과 생활용품도 판매하는데, 특색 있는 물건들이 많다. 2층 갤러리에서는 치앙마이 예술가들의 작품들을 만나 볼 수 있다. 삥강 주변에서 가장 유명한 곳인 만큼 늘 많은 사람들로 북적인다.

Data 지도 230p-C
가는 법 와로롯 시장에서 다리를 건너 오른쪽
주소 80 Charoen Rat Rd., Tambon Wat Ket
전화 052-003-717
영업 10:00~22:00
가격 토마토 스파게티 160밧, 아이스커피 80밧
홈페이지 facebook.com/Woochiangmai

 이 밤의 끝을 잡고
더 굿 뷰 The Good View

낮에는 평범한 강변 식당이지만 해가 지면 핫 플레이스로 변한다. 더 굿 뷰의 하이라이트는 저녁 7시부터 펼쳐지는 라이브 공연이다. 저녁 10시부터는 나이트클럽으로 변신한다. 인기가 높은 강가의 야외 테이블은 하루 전 미리 예약하는 것이 좋다. 태국과 아시안, 유럽 등 세계 각국의 요리를 선보이며 맛은 대체로 평범하다. 만족도가 높은 음식으로는 새우와 튀긴 족발 등이 있다.

Data 지도 230p-C 가는 법 나와랏 다리를 건넌 후 왼쪽으로 도보 5분
주소 13 Charoenrat Road, Wat Ket Subdistrict, Mueang District, Chiang Mai 전화 099-271-0666
영업 10:00~다음 날 01:00 가격 튀긴 족발 320밧, 새우 140밧 홈페이지 goodview.co.th

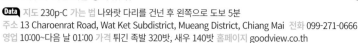

 Since 1984
리버사이드 바 앤 레스토랑
The Riverside Bar & Restaurant

해가 저물고 란나 전통 조명등이 나무 아래서 반짝인다. 이곳 역시 술과 식사를 즐길 수 있는 곳이다. 실내는 흡사 유럽의 오래된 식당처럼 꾸며져 있다. 강변에 정박해 있는 유람선에서도 식사를 할 수 있다. 리버사이드를 특별하게 만드는 두 가지! 치앙마이 크래프트 비어를 마실 수 있다는 것과 쟁쟁한 라이브 뮤직이다. 저녁 7시부터 실력 좋은 밴드들의 록과 팝 공연이 펼쳐진다.

Data 지도 230p-C 가는 법 더 굿 뷰 옆
주소 9-11 Charoenrat Road., Chiangmai
전화 053-243-239 영업 10:00~다음 날 01:00 가격 팟타이 125밧
홈페이지 facebook.com/theriversidechiangmai

1인 1 피자

스트리트 피자 앤 와인 하우스 Street Pizza & The Wine House

개화기의 서양식 중국집을 연상케 하는 100년이 넘은 건물에 자리하고 있다. 2층 레스토랑으로 올라가는 긴 통로에는 스트리트 피자의 역사가 담긴 패널이 줄지어 붙어 있다. 방콕의 작은 노점에서 시작하여 지금에 이르기까지의 과정을 볼 수 있다. 주문과 동시에 즉석에서 만든다. 잘 구운 화덕 피자는 신선한 토핑이 살아 있고 기름기가 빠져 담백하다. 태국 맛집 가이드 애플리케이션 웡나이Wongnai에서도 3년 연속 맛집으로 뽑힐 만큼 맛있다. 10인치와 12인치 2가지 사이즈가 있다. 테라스는 소위 명당으로 항상 사람들로 가득하다. 11월 로이 끄라통 축제 때 퍼레이드를 제대로 감상할 수 있는 포인트이기도 하다.

Data 지도 230p-B
가는 법 타패 게이트에서 삥강 방향으로 도보 10분
주소 7/15 Thapae Rd., Tambon Chang Khlan
전화 085-073-5746
영업 12:00~23:00
가격 피자 209밧부터, 파스타 159밧부터
홈페이지 streetpizza.restaurantwebx.com

트립 어드바이저 넘버 원

라자르바 인디언 레스토랑 Rajdarbar Indian Restaurant

인도 레스토랑을 심심치 않게 찾아볼 수 있는 치앙마이에서 맛있는 인디언 요리를 먹을 수 있는 곳이다. 작은 식당이지만 트립 어드바이저 치앙마이 인디언 레스토랑 부문 1위를 차지하고 있다. 향신료의 향연을 느낄 수 있는 진한 커리와 탄두리 치킨은 언제나 후회가 없다. 상큼한 라이타 혹은 라씨Lassi를 곁들이면 맛은 배가 된다. 베지테리언과 글루틴 프리 메뉴도 판매한다. 영어를 잘하는 인디언 가족이 운영하며 매우 친절하다.

Data 지도 230p-E 가는 법 올드 시티와 삥강 중간에 위치, 두왕타완 호텔 맞은편
주소 99/2 Loi Kroh Rd., Tambon Chang Khlan 전화 082-929-2985
영업 월 17:00~23:00, 화~일 11:00~23:00 가격 치킨 커리 158밧, 탄두리 치킨 179밧

육즙 뚝뚝, 로큰롤 수제 버거

록 미 버거 Rock Me Burger

기름진 것이 당긴다면 록 미 버거로 가보자. 태국 기타리스트가 미국에서 돌아온 후 차린 가게로, 가게 곳곳에서 록 스피릿을 찾아볼 수 있다. 가격대가 높지만 두터운 패티를 생각하면 괜찮은 수준이다. 패티는 굽기 정도를 선택할 수 있다. 사이드로 양파튀김과 감자튀김이 둘 다 나온다. 부드러운 맛을 좋아한다면 반숙 달걀을 넣은 록킹 온 헤븐Rocking on Heaven을, 매콤한 맛을 좋아한다면 태국식 매운 소스를 넣은 록킹 온 헬Rocking on Hell을 추천한다. 그 외 맥앤치즈, 파인애플 등 다양한 속재료를 고를 수 있다. 남성 혼자 겨우 다 먹을 만큼 사이즈가 크다. 많이 먹고 싶다면 패티 3장이 든 록 미 트리플Rock Me Triple에 도전해 보자. 님만해민에도 2호점이 있다.

Data 지도 230p-D 가는 법 타패 게이트에서 삥강 방향으로 도보 5분
주소 7-19 Loi Kroh Rd., Tambon Chang Khlan 전화 063-895-2456 영업 11:00~23:15
가격 록미 오리지널 170밧 홈페이지 facebook.com/Rockmeburger

오랫동안 함께 해줘서 고마워

베어풋 레스토랑 Barefoot Restaurant

과거 펭귄 빌라 안쪽의 작은 피자집을 기억하고 있는 사람도 있을 것이다. 그 후 두 번의 이사를 거쳐 지금의 타패 이스트 옆 마당에 자리를 잡았다. 특유의 사랑스러움을 여전히 간직한 채 피자나 파스타를 시키면 즉석에서 밀가루를 반죽해 도우를 밀어 만들어 준다. 유기농 채소와 자연 방사 계란 등 좋은 재료를 사용, 들어가는 소스도 직접 만든다. 시그니처 메뉴는 카르보나라. 방목 계란 노른자를 올려 비벼 먹는 전통 카르보나라다. 전혀 비리지 않고 고소한 맛이 생면과 무척 잘 어울린다. 쉽게 맛보기 힘든 생면 라자냐도 추천!

Data 지도 230p-B
가는 법 마데 슬로우 피시 레스토랑과 바카녹 잡화점 사잇길로 들어가기
주소 90 Tha Phae Road, Tambon Chang Moi
전화 086-455-0973
영업 12:00~20:00
가격 카르보나라 120밧, 라자냐 250밧
홈페이지 www.facebook.com/barefootcafechiangmai

우아하게 떠나는 시간 여행
라밍 티 하우스 Raming Tea House

타패 로드를 지나가는데 유난히 예쁜 건물 하나가 눈에 들어온다면 라밍 티 하우스일 확률이 매우 높다. 이곳의 외관은 1915년에 지어진 콜로니얼 스타일 저택으로, 태국 왕실 씨린돈Sirindhorn 공주로부터 상을 받았을 만큼 예술적 가치를 인정받았다.

내부는 더욱 으리으리하다. 통유리로 된 천장에서 쏟아지는 햇살이 하얀색 티크 나무와 어우러져 화사하다. 안쪽으로 아담한 정원이 숨어 있다. 치앙다오 매 라밍 지역에서 자란 50여 종의 차와 커피를 갖추고 있다. 모두 유기농으로 미국과 유럽, 캐나다에서 승인을 받았다. 합리적인 가격의 애프터눈 티 세트가 이곳의 인기 비결. 서양식과 동양식 스타일 중 선택할 수 있다. 각종 디저트들이 영롱한 청자에 담겨 나온다. 청자는 씨암 셀라돈의 제품으로 내부에 숍을 함께 운영한다.

Data 지도 230p-B 가는 법 타패 게이트에서 삥강 방향으로 도보 7분
주소 158 Thapae Rd., Tambon Chang Khlan 전화 053-234-518 영업 08:30~18:00
가격 애프터눈 티 세트 1인 190밧, 2인 450밧 홈페이지 www.ramingtea.co.th

리스트레토의 영광을 입은
이터니티 커피 Eternity Coffee

리스트레토 출신 바리스타가 오픈한 도피오 커피가 이터니티 커피로 리브랜딩했다. 여전히 같은 오너가 운영하며, 사탄 라테를 포함한 리스트레토 대표 메뉴를 올드 시티에서도 맛볼 수 있다. 리브랜딩을 하면서 리스트레토와 차별화를 둔 색다른 시도가 눈에 띈다. 오렌지나 리치 등 과일과 커피를 조합하거나 칼루아, 버터 스카치와 같은 술과 매치하는 등 이색적인 메뉴를 잔뜩 선보인 것! 품질 좋은 원두와 실력 있는 바리스타가 내려주는 특별한 커피 한 잔은 여행의 여운을 더하기 충분하다.

Data 지도 230p-A
가는 법 타패 게이트에서
삥강 방향으로 도보 5분
주소 201 Tha Phae Road,
Chang Moi
전화 094-192-6987
영업 07:00~17:00
가격 플랫화이트 70밧,
사탄 라테 95밧
홈페이지 www.facebook.com/
doppior8

유럽 감성 가득
미떼 미떼 Mitte Mitte

아직 한국 여행자들 사이에 많이 알려지지 않은 브런치 카페. 미떼는 오너가 유학 생활을 한 베를린의 미떼 지구에서 따 온 이름. 유학 후 돌아와 어렸을 때 살던 이층집을 개조해 세련되면서도 안락한 공간으로 탄생시켰다. 2층은 한 면이 나무가 보이는 통창으로 되어 있어 자연 속에 있는 기분까지 선사한다. 다양한 브런치 메뉴들이 있으니 입맛대로 골라보자. 페이스트리 셰프가 따로 있을 만큼 베이커리에도 진심인 편! 특별한 메뉴를 원한다면 비프 웰링턴은 어떨까. 수제 페이스트리 안에 호주산 안심과 상피뇽 버섯, 파르마 햄을 넣어 오븐에 구운 요리인데, 하루 전 예약해야만 가능하다.

Data 지도 230p-A
가는 법 타페 게이트에서 나이트 바자 방향으로 도보 7분
주소 64, 1 Sithiwongse Rd, Tambon Chang Moi
전화 065-625-4952
영업 08:00~16:00
가격 에그 베네딕트 195밧, 비프 웰링턴 1,390밧
홈페이지 www.facebook.com/mittemitteth

로컬들의 데이트 핫 플레이스
플레이스 퍼즈 피스 Place Pause Peace

'평화가 머무는 장소'라는 이름이 찰떡인 카페. 삥강변에 앉아 유유히 흐르는 강을 바라보며 신선놀음에 빠져보자. 이따금 보트가 지나갈 때면 살랑이는 강바람은 힐링 그 자체다. 이곳의 하이라이트는 페인팅! 밑그림이 그려진 캔버스와 석고, 물감 팔레트가 든 DIY 키트를 따로 판매한다. 동심으로 돌아가 솜씨 발휘하다 보면 시간을 잊는다. 아이는 물론 친구끼리, 연인끼리 즐기기도 좋다. 여행의 순간을 간직한 기념품도 구입할 수 있으니 일석이조! 음식과 술도 판매하며, 저녁에는 라이브 바로 운영된다. 나이트 바자 쪽에서 조금 떨어져 있지만 충분히 방문할 가치가 있다.

Data 지도 230p-B 가는 법 반 피엠숙에서 삥강을 따라 북쪽으로 4km
주소 120 Pa Tan Alley, Tambon San Phi Suea
전화 085-547-1526 영업 08:00~23:00
가격 아메리카노 55밧, 치킨 오믈렛 덮밥 119밧
홈페이지 www.facebook.com/PlacePausePeace

블루 누들과 막상막하
카셈 비프 누들 숍
Kasem Beef Noodle Shop

올드 시티에 블루 누들이 있다면 나이트 바자에는 카셈 누들이 있다. 여행자보다는 현지인들이 더 많이 찾는 곳으로, 진한 국물에 입에서 살살 녹는 고기가 일품이다. 대다수의 쌀국숫집과 달리 양도 푸짐하다. 도자기 그릇에 담겨 따뜻함이 오래 지속되어 더욱 맛있게 즐길 수 있다. 소고기와 돼지고기 중 선택할 수 있으며, 고기 추가도 가능하다. 곁들여 먹는 튀긴 완탕도 별미다. 고수가 들어있으니 못 먹는다면 미리 요청하도록 하자.

Data 지도 230p-A
가는 법 타패 게이트에서 나이트 바자 쪽으로 직진. 창 모이 로드와 창 모이 카오 로드를 잇는 골목에 위치
주소 Sithiwongse Road, Chang Moi
영업 07:30~16:30 가격 비프 누들 70밧, 완탕 튀김 20밧

천 원으로 맛보는 미슐랭
로띠 파 데 Rotee Pa Day

길거리 음식으로 미슐랭을 받은 노점이 있다?! 그것도 네 번이나?! 오후 6시가 되면 타패 로드 마하완 사원 주위로 로띠를 맛보기 위한 사람들이 모여든다. 주문 방법이 조금 독특한데, 숫자가 적힌 종이에 원하는 메뉴와 수량을 적어 옆 막대에 꽂아두면 된다. 20가지가 넘는 토핑이 있지만, 기본인 버터 로띠를 놓치지 말 것. 미슐랭을 안겨준 메뉴로, 튜닝의 끝은 역시 순정임을 상기시켜준다. 그 외에도 바나나+누텔라, 에그+치즈 조합도 강추!

Data 지도 230p-A 가는 법 타패 게이트에서 나이트 바자 쪽으로 직진. 타패 로드와 소이 4 코너에 위치 주소 Tha Phae Road, Chang Moi
전화 081-021-9496 영업 18:00~24:00 가격 10~50밧, 버터 로띠 25밧

팟타이는 언제나 옳다
팟타이 5 로드 Pad Thai 5 Rod

메뉴판이 책 한 권에 달하는 다른 로컬 음식점들과는 다르게 팟타이 하나만 파는 집! 기본 팟타이와 새우 팟타이, 달걀이 덮인 오믈렛 팟타이 중 골라보자. 특이하게도 사이드 메뉴로 조개전 fried clams을 판매한다. 기본과 새우 팟타이 가격 차이가 3배 나는데 큼직한 타이거 새우를 올려준다. 주문과 동시에 철판에 볶아 나온 팟타이의 맛이란!!! 늦게까지 열어 야식으로도 딱이다. 아쉽게도 맥주는 판매하지 않는다.

Data 지도 230p-A 가는 법 타패 게이트에서 나이트 바자 쪽으로 직진 주소 235 Chiang Mai Soi 3, Tambon Chang Moi 전화 053-234-636 영업 10:30~21:30 가격 팟타이 40밧, 새우 팟타이 120밧

Special

✤ 특별한 간식, 카놈 크록 ✤

느지막한 오후가 되면 팟타이 5로드 옆 코코넛 풀빵 가판이 새워진다. 카놈 크록은 코코넛 반죽에 여러 토핑을 넣어 구운 태국 전통 디저트다. 영어를 잘 하고, 여행을 좋아하는 멋쟁이 아저씨가 다코야키처럼 한 알 한 알 돌려가며 카놈 크록을 구워준다. 한 입 베어 물면 달콤함이 크림처럼 흘러내린다. 5개 30밧, 가격까지 착하니 꼭 먹어볼 것!

Data 영업 월~토 17:00~20:30 전화 095-649-9659

여행의 설렘을 더하는
플론 루디 Ploen Ruedee

나이트 바자 쪽에서 보기 드문 '갬성' 충만한 야외 푸드 코트. 동그란 전구와 색색의 가렌더가 밤하늘을 수놓고, 투박한 박스 테이블과 캠핑 의자가 놓여 있다. 태국식 해산물 볶음과 세계 각국의 음식들을 만날 수 있다. 음식 부스들이 겹치지 않고 개성이 뚜렷해 구경하는 재미도 있다. 일반 푸드 코트보다 훨씬 깔끔하니 쾌적하게 식사를 즐겨보자. 심지어 화장실까지 깨끗하다는 반가운 소식! 중앙 무대에서는 매일 저녁 라이브 공연이 펼쳐진다.

Data 지도 230p-E 가는 법 타패 로드와 로이 끄라 로드 사이에 위치 주소 28/3-4 Changklan Rd, Tambon Chang Khlan 전화 086-448-5882 운영시간 18:00~24:00 휴무 일요일

 아이언 브리지가 보이는 강변 레스토랑

셰프 투게더 바이 아오 & 단 Chef's Together by Aod & Dan

분위기 좋고 고급스러운 장소를 찾는다면 여기가 답이다. 저녁에는 라이브 음악이 있지만, 부지가 넓어 번잡스럽지 않다. 단체가 찾기도 안성맞춤. 태국 음식을 포함한 인터내셔널 쿠진을 선보인다. 추천 메뉴는 소, 양, 치킨, 연어까지 여러 가지 스테이크를 골고루 맛볼 수 있는 믹스 그릴 보드. 화덕 피자와 수제 맥주로 가볍게 즐기기도 좋다. 해 질 무렵이 가장 운치 있으며, 아이언 브리지 조명까지 들어오면 게임 끝! 저녁 시간 야외 강변 좌석은 예약하는 것을 권한다.

Data 지도 230p-F 가는 법 아이언 브릿지를 바라보고 오른쪽에 위치 주소 33 12 Charoen Prathet Rd, Tambon Chang Khlan 전화 082-446-2296 영업 10:30~24:00 가격 화덕 피자 250밧~, 믹스 그릴 스테이크 2,980밧(3~4인용) 홈페이지 www.facebook.com/chefstogehter

 오감 만족 커피를 위한 진심

미니스트리 오브 로스터 치앙마이 Ministry of Roasters Chiang Mai

2024년 시카고 스페셜티 커피 엑스포 '공간' 부문에서 디자인 어워드를 수상, 압구정에 있어도 손색이 없는 모던한 외관으로 남다른 포스를 뽐낸다. 회전문을 통과해 들어서면 랩을 연상시키는 인테리어 또한 인상적이다. 로스팅 룸이 있는 로스터리 카페로, 다양한 향과 맛이 결합된 원두를 만날 수 있다. 비치된 여러 가지 과일과 꽃을 시향 하다 보면 마치 조향사가 된 듯하다. 시그니처 커피 역시 유자, 구아바, 레몬 등 과일과 매치한 콜드브루. 다크, 미디엄, 라이트 로스팅 세 가지 원두 중 선택 가능하며, 당도도 조절할 수 있다. 2층에는 커피와 오감에 대한 간단한 전시가 오픈되어 있다.

Data 지도 230p-A 가는 법 창 모이 라탄 거리에서 도보 5분 주소 199 Amphoe, Chang Moi Sub-district 전화 065-643-0245 영업 07:30~17:30 가격 아메리카노 90밧, 블랙 핑크 130밧 홈페이지 www.instagram.com/ministryofroasters.cmi

일몰 맛집, 분위기 맛집
하이드 랜드 Hide Land

올드 시티 주변을 통틀어 요즘 가장 핫한 루프톱 바가 아닐까 싶다. 5층에 있지만, 주위 높은 건물이 없어 구도심이 시원하게 펼쳐진다. 특히 일몰 맛집으로 입소문을 타면서 해 질 녘부터 북적인다. 난간 쪽에 앉고 싶다면 오픈런은 필수! 라인으로 예약도 가능하다. 전체적으로 일본식 콘셉트로 꾸며져 있으며, 꼬치구이와 퓨전 요리를 판매한다. 3~5가지 요리를 같이 즐기는 세트 구성도 괜찮다. 다른 바에서 찾아보기 힘든 하이볼과 생맥주도 있어 더 반갑다. 밤이 깊어지면 DJ가 등장해 흥과 텐션을 더한다.

Data 지도 230p-A 가는 법 타패 게이트에서 나이트 바자 방향으로 도보 10분
주소 159 199 Chang Moi Rd, Tambon Chang Moi 전화 061-252-4222 영업 17:00~23:30
가격 칵테일 219밧~, 세트 399밧~ 홈페이지 www.instagram.com/hideland.cnx

69밧의 행복
사무라이 키친 Samurai Kitchen

"이랏샤이마세!" 일본식 연등과 빈티지 소품으로 빼곡하게 채워진 이자카야. 스시, 오코노미야키, 라멘 등 없는 음식을 찾는 것이 더 빠를 만큼 다양한 일식 안주를 찾아볼 수 있다. 거의 모든 메뉴가 69밧(=약 2,500원)인 것이 포인트! 단, 저렴한 만큼 맛도 양도 큰 기대는 하지 말자. 식사 후 2차로 이것저것 안주 삼아 맥주 한잔하기 좋다. 맥주 가격도 착한 편! 점심 장사도 하지만, 저녁에 가야 왁자지껄한 선술집 분위기를 제대로 느낄 수 있다.

Data 지도 230p-A
가는 법 타패 게이트에서 나이트 바자 방향으로 도보 10분
주소 147 A, 149 Chang Moi Rd, Tambon Chang Moi
전화 097-970-0104 영업 11:30~14:30, 17:00~22:00
가격 69밧~ 홈페이지 www.samurai-kitchen.com

품격 있는 호사
아난타라 치앙마이 스파 Anantara Chiangmai Spa

5성급 리조트 아난타라 리조트의 부속 스파이다. 수영장이 보이는 휴식 라운지와 10개의 개별 룸, 네일 케어 숍을 갖추고 있다. 최고급 리조트답게 격이 다른 서비스를 체험할 수 있다.

시그니처 마사지는 란나 리추얼Lanna Ritual. 란나 문화와 마사지를 결합한 것으로 꽃이 든 물에 손을 씻으며 부정적인 기운을 날리는 것으로 시작한다. 금박의 하트 모양 보리 잎에 소원을 빈 후 90분간의 오일 마사지가 진행된다. 부드러우면서도 정확한 손놀림으로 몸과 마음의 균형을 찾아준다. 조금 더 호사를 누리고 싶다면 디톡싱 초콜릿 테라피Detoxing Chocolate Therapy에 주목하자. 초콜릿 보디 스크럽과 찜질이 포함된 풀 패키지다. 달콤한 향이 행복 호르몬을 팡팡 채워줄 것이다.

가격은 최소 3천 밧에서 7천 밧, 약 10만 원에서 25만 원 선으로 한국과 비교해도 만만치 않은 가격이지만 귀하디 귀한 자신에게 주는 선물치고는 약소하다. 허브향이 그윽한 공간에 들어서는 순간 당신은 주인공이 될 것이다.

Data 지도 230p-F
가는 법 쑤텝 로드에서 반마이 랑머 쏘이 4로 들어선 후 도보 7분
주소 123/1 Charoen Prathet Rd., Tambon Chang Khlan
전화 053-253-333
영업 10:00~22:00
가격 란나 리추얼 90분 4,500밧
홈페이지 www.anantara.com/chiang-mai

가성비 갑! 만족도 갑!
차이 마사지 2
Chai Massage 2

깔끔한 시설과 실력 있는 테라피스트, 착한 가격 삼박자를 골고루 갖춘 마사지 숍이다. 기본 타이 마사지와 타이거 밤 마사지를 추천한다. 타이거 밤 마사지는 우리에게도 잘 알려진 호랑이 연고를 뭉친 근육에 바른 후 눌러주는데 후끈후끈하면서도 시원하다. 2~3가지 메뉴를 합친 패키지를 잘 이용하면 보다 저렴하게 다양한 서비스를 받을 수 있다.

Data 지도 230p-E
가는 법 나이트 바자를 지나 삥강 방향의 로이끄라 로드에 위치
주소 139/1 Loi Kroh Soi 1, Tambon Chang Khlan
전화 093-250-8068 영업 11:00~23:00
가격 타이 마사지 60분 250밧
홈페이지 facebook.com/chaimassage2

여행의 피로를 날려주는
파 란나 마사지
Fah Lanna Massage

올드 시티에 있는 고급 스파인 파 란나 스파에서 운영하는 곳. 1시간에 250밧, 저렴하면서도 만족도 높은 마사지를 받을 수 있기로 유명하다. 솜씨 좋은 테라피스트들이 뭉친 근육을 풀어준다. 시설이 좁고 개별 룸이 아니라 프라이버시가 지켜지지 않는다는 단점이 있다. 저녁은 대부분 풀 부킹일 만큼 인기가 많으니 홈페이지를 통해 미리 예약하는 것이 좋다.

Data 지도 230p-F
가는 법 나이트 바자를 지나 삥강 방향의 로이끄라 로드에 위치
주소 163 Loi Kroh Soi 1, Tambon Chang Khlan
전화 088-804-9984 영업 10:00~23:00
가격 타이 마사지 60분 250밧
홈페이지 www.fahlanna.com

치앙마이의 밤을 더욱 풍성하게
타패 이스트 Thapae East

훌륭한 라이브 연주가 펼쳐지는 곳이다. 아직 공사 중인 듯한 건물이 투박하면서도 멋스럽다. 붉은색 벽돌로 지은 오래된 건물에서 들려오는 아름다운 선율은 또 다른 감흥을 선사한다.
1층 실내에는 바와 스테이지가 있고, 야외는 맥주를 마시며 소통하는 공간이다. 때론 야외에서 파티가 열리기도 한다. 문화와 예술 위주의 행사로, 음식을 나누고 제법 규모가 있는 공연도 열린다. 다양한 라인업과 이벤트가 꾸준하게 개최되므로 페이스북 페이지를 참조하자. 2층은 카페와 게스트하우스를 운영한다. 로컬 아티스트들이 운영하는 숍들도 옆에 있어 함께 둘러보면 좋다.

Data 지도 230p-B
가는 법 타패 게이트에서 삥강 방향으로 도보 10분
주소 88 Thapae Rd., Tambon Chang Khlan
전화 093-664-4605
영업 18:00~24:00
가격 칵테일 140밧
홈페이지 facebook.com/ThapaeEast

흥이 들어간다! 쭉쭉쭉!
보이 블루스 바 Boy Blues Bar

태국에서 손꼽히는 기타리스트 보이가 2010년에 오픈한 치앙마이 최초의 블루스 라이브 바다. 끈적끈적한 블루스 리듬을 생각했다면 큰 오산이다. 블루스가 이토록 신나는 음악인지 깨닫게 될 것이다. 관객들과 호흡하는 열정적인 음악으로 모두 하나가 된다. 밤 10시 즈음 분위기는 최고에 달아오른다. 매주 월요일에는 스페셜 오픈 마이크가 개최된다. 블루스를 좋아하는 사람이면 누구나 참여해 연주 또는 노래를 할 수 있는 날이다. 사람도 많고 자유분방한 분위기가 흥을 돋운다. 팁 박스에 팁을 넣으면 인디 밴드를 도울 수 있다.

Data 지도 230p-E
가는 법 칼레 나이트 바자 2층
주소 2F Kalare Night Bazaar, 19/1 Changklan Rd. Soi 6, Tambon Chang Khlan
영업 19:00~24:00
휴무 일요일
가격 맥주 70밧부터

🛒 SHOP

길을 잃어도 즐겁다
나이트 바자 Night Bazaar

치앙마이 최대 규모의 야시장이다. 매일 저녁 빨갛고 파란 천막들이 창클란 대로를 가득 메운다.
주위 대규모 상가들과 합쳐져 엄청난 규모를 자랑한다. 고산족이 만든 수공예품과 여행 사진을 완
성시켜 줄 패션 아이템, 완소 기념품들의 유혹이 시작된다. 태국에 오면 입어줘야 하는 코끼리 바
지와 알록달록한 소수민족 원피스, 선물하기에 좋은 자수 파우치, 우아한 한지 조명과 티크 소품까
지! 돌아보다 보면 어느새 양손이 무겁다. 단, 여행자들을 위한 곳이다 보니 흥정은 필수.
쇼핑에 군것질이 빠질 수 없다. 과일주스와 아이스크림, 로띠 등 돌아다니며 먹기 좋은 주전부리를
판매한다. 아누산 나이트 마켓Anusarn Night Market에 있는 푸드 코트에서는 해산물을 저렴하게 먹
을 수 있다. 곳곳에 마련된 푸드 코트에서 꼬치구이와 맥주를 즐기며 야시장의 열기를 더해보자.

Data 지도 230p-E 가는 법 타패 게이트와 삥강 사이 창클란 로드 영업 18:00~24:00

치앙마이에서 가장 큰 재래시장
와로롯 시장 Warorot Market

재래시장 구경은 언제나 즐겁다. 우리나라 남대문 격인 와로롯 시장은 3층 규모의 실내 시장으로 1층에는 식품과 잡화, 2~3층에는 의류를 판매한다. 똔람야이 시장과 나란히 위치해 있다. 빽빽하게 상가가 들어선 좁은 골목들을 구석구석 구경하다 보면 시간 가는 줄 모르고 쇼핑에 집중하게 된다.

태국 특산품과 고산족 아이템을 시중보다 저렴하게 구입할 수 있다. 선물하기에 좋은 말린 과일과 차, 다양한 종류의 법랑 도시락과 라탄 제품이 인기 있다. 이른 오전에 가야 활기찬 시장의 모습을 볼 수 있다. 꽃 시장과 몽족 시장도 근처에 있으니 함께 돌아보면 좋다. 오후 6시가 되면 대부분의 숍이 문을 닫는다. 대신 시장 앞으로 긴 먹거리 노점들이 들어선다.

Data 지도 230p-B
가는 법 올드 시티에서 창 모이 로드를 따라 삥강 방향으로 750m
주소 90 Wichayanon Rd., Tambon Chang Moi
전화 053-232-592
영업 05:00~23:00
홈페이지 www.warorosmarket.com

TIP 와로롯 시장의 명물

빠땡꼬 꼬냉

새벽 6시부터 긴 줄을 서는 곳이 있다면 바로 그 집이 빠땡꼬 꼬냉이다. 빠땡꼬는 연유나 커스터드 크
림에 찍어먹는 찹쌀 도넛으로 태국인들이 즐겨먹는 아침 식사다. 나비넥타이 모양이 일반적인데 이곳
에서는 공룡, 코끼리 등 다양한 동물 모양 빠땡꼬를 만날 수 있다. 주문과 즉시 튀겨주며 인증샷은 필
수다. 따뜻한 두유 비슷한 남또후와 함께 먹는다.

Data 지도 230p-B **가는 법** 와로롯 시장과 똔람야이 시장 사이에 위치 **주소** 90 Wichayanon Rd.,
Tambon Chang Moi **전화** 089-756-6444 **영업** 06:00~11:00 **가격** 공룡 빠땡꼬 30밧

일요일이 기다려지는 이유
징자이 마켓 Jing Jai Market

'징자이'는 태국어로 진심이라는 뜻으로 줄여서 'JJ 마켓'이라 부른다. 골동품과 중고 가구들을 판매하는 상점이 모여 있는 상가 안쪽 공터에 주말이면 특별한 플리 마켓이 들어선다. 토요일은 핸드메이드 제품을 판매하는 하비 마켓Hobby Market이, 일요일에는 파머스 마켓인 러스틱 마켓Rustic Market이 열린다. 일요일이 더 규모가 크고 활기차다.

초록색 그늘이 드리워진 넓은 공터에 농장에서 직접 재배한 유기농 식재료와 아기자기한 수공예품을 파는 노점들이 펼쳐진다. 손맛 가득한 물건과 빈티지한 소품들 사이 무엇을 사야 할지 행복한 고민에 빠진다.

신선한 채소와 과일을 저렴하게 구입할 수 있어 장을 보러 온 현지인들로 북적인다. 갓 구운 빵과 도넛, 건강한 재료로 만든 국수, 그 자리에서 원두를 볶아서 내려주는 커피 등 특색 있는 먹거리들도 판매한다. 버스킹 공연이 더해져 즐거움이 배가 된다. 오전 10시쯤이면 파장하는 분위기이니 일찍 가는 것을 추천한다.

Data 지도 230p-B 가는 법 타패 게이트에서 차로 10분
주소 45 Atsadathon Rd., Pa Tan, Tambon Chang Phueak
전화 053-231-520 영업 07:00~11:00
홈페이지 facebook.com/jjmarketchiangmai

바라만 봐도 좋은 라탄 천국

창 모이 라탄 거리 Chang Moi Rattan Street

타패 게이트에서 창 모이 로드를 따라 조금만 내려가면 라탄 가게 4~5곳이 모여 있다. 이곳을 라탄 거리로 불리게 한 일등 공신은 '리행 퍼니처 싸카펭'이다. 빨간 간판에 주렁주렁 매달린 라탄 제품과 사진을 찍는 사람들이 줄지어 있어 쉽게 찾을 수 있다. 가볍게 걸치기 좋은 라탄 가방부터 모자, 캐리어 등 여유만 있다면 몇 개씩 쟁여 오고 싶은 소반과 커피 바구니, 나무로 된 그릇과 조리기구까지! 여심을 자극하는 아이템들로 가득하다. 같은 제품이라도 가격이 다 다르니 주변 가게들도 돌아보며 흥정하는 것이 좋다. 여러 개를 살수록 할인 폭이 커진다.

Data 지도 230p-A 가는 법 타패 게이트에서 나이트 바자 방향으로 도보 5분
주소 262 Chang Moi Rd, Tambon Si Phum 전화 053-251-408 영업 09:00~17:30

책, 고양이, 커피가 있는 책방
레어 파인즈 북스토어 & 카페 Rare Finds Bookstore & Cafe

여행길에서 마음에 드는 서점을 만나면 괜스레 행복해진다. 조용한 골목에 위치해 있고 입구도 식물로 뒤덮여 있어 자세히 보지 않으면 그냥 지나치기 십상이다. 조심스레 문을 열면 주인장의 취향이 진하게 묻어있는 공간이 나타난다. 큐레이션 역시 대중적인 도서가 아닌 주인의 취향 위주다. 조지 오웰, 오스카 와일드, 에리히 프롬 등 오너가 좋아하는 작가의 작품을 여러 에디션으로 만날 수 있다. 책 외에도 작가와 관련된 물건과 포스터, 빈티지 의류와 소품도 판매한다. 여기저기 무심한 듯 시크하게 흩어져 있어 보물찾기 하듯 찾아야 한다. 2층 다락에 앉아 책과 커피를 즐기고 있자면 사교성 좋은 고양이가 다가와 주니 이보다 더 완벽할 수 있을까. 동물 복지를 위해 커피에 두유나 오트 등 식물성 우유를 지향하면서도 추가 금액 없이 변경 가능한 철학까지 마음에 든다. 중요한 사실 하나! 공간 위주 사진은 가능하나 셀카를 포함 인물 사진을 찍는 것은 제한하고 있으니 주의하자.

Data 지도 230p-A 가는 법 타패 로드와 창 모이 로드를 잇는 첫 번째 골목
주소 18, 2 Chang Moi Kao Rd, Chang Moi Sub-district 전화 083-879-9521
영업 12:00~17:00, 토·일 10:00~17:00 휴무 수요일 홈페이지 www.instagram.com/rarefindscafe

04

치앙마이 외곽
A Suburb of Chiang Mai

치앙마이, 어디까지 가봤니? 도시를 벗어나면 치앙마이의 매력은 더욱 짙어진다. 겹겹의 산에 둘러싸여 울창해지는 숲만큼이나 싱그러운 자연의 치유가 시작된다.

태국에서 가장 높은 산을 걷고, 계곡에서 신나게 다이빙을 즐긴다. 호수에 발을 담그고 마음껏 멍을 때리는 시간까지! 전통을 지키며 살아가는 소수민족이 신비로움을 더한다.

미 리 보 기

올드 시티나 님만해민만 생각하고 치앙마이를 작은 도시라 판단하는 것은 금물! 치앙마이주 크기는 우리나라에서 가장 큰 시도인 경상북도보다 크다. 외곽으로 조금만 나가도 도심과는 전혀 다른 이색 매력이 가득하다. 여행 일정이 짧더라도 하루쯤은 꼭 교외로 나가볼 것!

SEE

도심 외곽으로 볼거리가 넓게 펼쳐져 있다. 서쪽으로 도이쑤텝이 우뚝 솟아있으며, 조금 더 멀리 나가면 북쪽에는 몽족의 터전 먼쨈이, 남서쪽으로는 태국에서 가장 높은 산인 도이인타논이 자리하고 있다. 태국 왕실이 직접 관리하는 궁전과 식물원도 돌아보는 재미가 쏠쏠하다.

EAT

도시의 번잡함을 피해 호젓함을 느낄 수 있는 식당과 카페들이 많다. 자연에 둘러싸인 아름다운 풍경을 자랑한다. 여행자보다 현지인들이 더 많이 찾아 친절한 서비스도 장점이다. 그러나 자동차 없이는 갈 수 없는 곳들이 대부분인 것이 아쉽다.

BUY

올드 시티에서 북동쪽으로 태국 북부에서 가장 큰 쇼핑센터 센트럴 페스티벌 치앙마이가 자리하고 있다. 300여 개의 유명 브랜드와 레스토랑, 슈퍼마켓이 모여 있어 편리하다. 최근 주변에 디콘도 레지던스가 들어서면서 새로운 한 달 살기 스폿으로 떠오르고 있다. 우드 제품이나 수공예품을 좋아한다면 반 타와이 목공예 마을도 놓치지 말자.

어떻게 갈까?

치앙마이는 한국과 같이 대중교통이 발달되지 않았다. 그러므로 치앙마이 외곽으로 나갈 때에는 그랩을 이용하거나, 직접 오토바이나 자동차를 대여해 다녀오는 것이 일반적이다. 썽태우 기사와 협상을 하는 것도 한 가지 방법이 될 수 있지만, 승차감이 좋지 않아 장거리 여행에는 추천하지 않는다. 거리가 있는 먼쨈과 도이인타논 국립공원은 데이 투어를 이용하면 주변 볼거리까지 골고루 돌아볼 수 있다.

어떻게 다닐까?

여행사에서 기사가 포함된 자동차나 미니밴을 쉽게 예약할 수 있다. 가고 싶은 장소들을 직접 선택할 수 있고 시간 제약도 비교적 자유로워 한국인 여행자들이 많이 이용한다. 거리와 장소 수에 따라 차이가 있지만, 금액은 반나절 기준 2천~3천 밧 정도이다. 기름값과 팁은 별도인 것은 참고할 것. 인원이 많을수록 인당 가격이 내려간다. 치앙마이 커뮤니티나 오픈채팅방에서 동행을 구하는 글을 쉽게 찾을 수 있다.

치앙마이 외곽

Best of Best

치앙마이 외곽의 관광 명소들은 따로 떨어져 있는 데다가 거리도 먼 편이다. 무엇을 하고 싶은지와 동선을 잘 고려해 일정을 짜는 것이 핵심이다. 주요 볼거리, 먹을거리, 즐길거리를 콕콕 집어 알찬 시간을 보내보자.

볼거리 BEST 3

치앙마이의 랜드마크,
도이쑤텝

태국 사람들의 휴양지,
먼쨈

신선놀음에 딱!
훼이뜽타우 호수

먹을거리 BEST 3

전통 공연과 함께 즐기는,
쿰 깐똑

천연 꽃으로 물들다,
미나 라이스 베이스드 퀴진

왕족이 보장하는 신선함,
농 호이 로열 프로젝트

즐길거리 BEST 3

태국에서 가장 높은 산,
도이인타논 국립공원

유황 온천에서 여독 풀기,
싼깜팽 온천

치앙마이 물놀이를 책임지는,
그랜드 캐니언

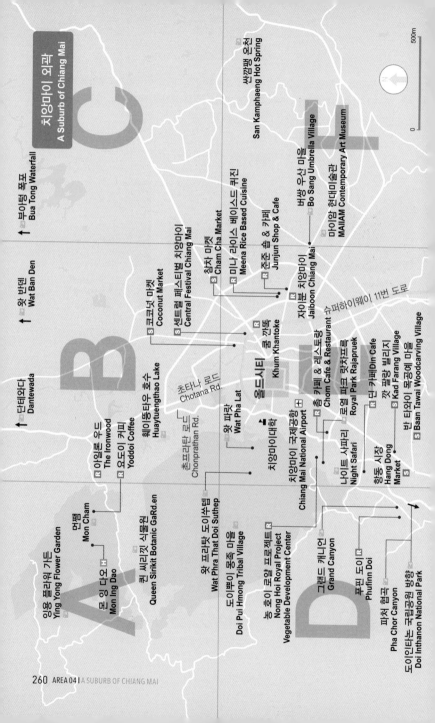

0 500m

↑ 부아텅 폭포
Bua Tong Waterfall

썬캄팽 온천
San Kamphaeng Hot Spring

↑ 왓 반 덴
Wat Ban Den

참차 마켓
Cham Cha Market

미나 라이스 베이스드 쿠진
Meena Rice Based Cuisine

버쌍 우산 마을
Bo Sang Umbrella Village

마이얌 현대미술관
MAIIAM Contemporary Art Museum

↑ 단테와다
Dantewada

코코넛 마켓
Coconut Market

센트럴 페스티벌 치앙마이
Central Festival Chiang Mai

준준 숍 & 카페
Junjun Shop & Cafe

자이분 치앙마이
Jaiboon Chiang Mai

슈퍼하이웨이 11번 도로

이얼룬 우드
The Ironwood

요도이 커피
Yoddoi Coffee

훼이똥타우 호수
Huaytuengthao Lake

쿰 칸똑
Khum Khantoke

올드시티

촘 카페 & 레스토랑
Chom Cafe & Restaurant

로열 파크 랏차프륵
Royal Park Rajapruek

딘 카페|Din Cafe

캇 파랑 빌리지
Kad Farang Village

반 타와이 목공예 마을
Baan Tawai Woodcarving Village

촛타나 로드
Chotana Rd.

왓 파랏
Wat Pha Lat

촌프라탄 로드
Chonprathan Rd.

치앙마이대학

치앙마이 국제공항
Chiang Mai National Airport

나이트 사파리
Night Safari

항동 시장
Hang Dong
Market

몬 참
Mon Cham

응용 플라워 가든
Ying Yong Flower Garden

몬 잉 다오
Mon Ing Dao

퀸 씨리낏 식물원
Queen Sirikit Botanic GaRd.en

왓 프라탓 도이쑤텝
Wat Phra That Doi Suthep

도이뿌이 몽족 마을
Doi Pui Hmong Tribal Village

농 호이 로열 프로젝트
Nong Hoi Royal Project
Vegetable Development Center

그랜드 캐니언
Grand Canyon

푸핀 도이
Phufinn Doi

파처 협곡
Pha Chor Canyon

도이인타논 국립공원 방향
Doi Inthanon National Park

SEE

아기자기 귀여운
도이뿌이 몽족 마을 Doi Pui Hmong Tribal Village

해발 1,676m에 위치한 소수민족 마을이다. 고산족인 몽족이 사는 곳으로 그들의 생활을 엿볼 수 있다. 작은 음식점과 기념품 숍이 모여 있는 입구만 보고 볼거리가 없다고 섣불리 치부하지 말 것! 마을 안쪽 입장료를 내고 들어가면 색색의 꽃들이 흐드러지게 핀 정원이 나타난다. 전통의상을 빌려주는 곳이 있어 특별한 추억과 사진을 남길 수 있다. 꼭대기에 위치한 작은 카페에서 맛보는 커피가 일품이니 꼭 한 잔의 여유를 누리도록 하자. 도이쑤텝과 마을 사이 도이뿌이 전망대가 있다. 비포장도로로 길이 험하니 초보 운전자라면 피하도록 하자.

Data 지도 260p-D
가는 법 왓 프라탓 도이쑤텝에서 차로 20분
주소 Suthep, Mueang Chiang Mai District
운영 08:00~17:00
가격 입장료 10밧, 의상 대여 50밧

고즈넉한 숲속 사원
왓 파랏 Wat Pha Lat

왓 프라탓 도이쑤텝 가는 길목에 있지만, 울창한 숲에 안겨 있어 대부분의 여행자는 그냥 지나친다. 1355년 부처의 사리를 운반하던 하얀색 코끼리가 산을 오르다 죽기 직전에 쉬었다 간 터가 지금의 왓 파랏이다. 시간과 함께 낡아버린 사원을 1934년 미얀마의 부유한 사업가가 복원해 지금의 란나와 버마 양식이 어우러진 독특한 건축물이 탄생했다. 메인 법당인 비한viharn을 지나 안쪽으로 들어가면 도시가 내려다보이는 폭포가 나타난다. 그 옆으로 명상을 하는 기도원이 있다.

Data 지도 260p-E
가는 법 치앙마이 대학교 정문에서 차로 10분
주소 101, Sriwichai Alley, Mueang Chiang Mai District
운영 06:00~18:00
홈페이지 facebook.com/watpalad

TIP 몽크 트레일 Monk's Trail
지금의 도로가 나기 전까지 이곳은 산 정상 왓 프라탓 도이쑤텝으로 향하는 승려들의 휴식처 역할을 했다. 과거 승려들이 오가던 숲길의 일부monk trail가 아직 남아 있다. 왓 우몽에서 왓 파랏까지 이어지며 30~40분 정도 소요된다.

치앙마이 넘버 원 여행지
왓 프라탓 도이쑤텝 Wat Phra That Doi Suthep

도이쑤텝을 빼고 치앙마이를 논할 수 없다. 올드 시티나 님만해민에서 서쪽으로 고개만 돌리면 보이는 높은 산이 바로 도이쑤텝이다. 해발 1,053m 정상에 황금 탑이 반짝이는 왓 프라탓 도이쑤텝 사원이 자리하고 있으며, 치앙마이의 랜드마크 역할을 한다.

전설에 따르면 부처의 사리를 운반하던 하얀색 코끼리가 쑤텝산을 오르다 멈춰 세 번 울고는 숨을 거둔다. 그 자리에 부처의 사리를 모시는 탑을 세운 것이 지금의 왓 프라탓 도이쑤텝이다. 1383년에 세웠으며 사원으로 가는 길은 309개의 계단을 오르거나 케이블카(유료)를 이용할 수 있다.

신발을 벗고 안쪽으로 들어서면 압도적인 황금빛 탑이 맞아준다. 연꽃을 들고 경문을 읽으며 탑을 세 바퀴 돌면 소원이 이루어진다 하여 기도하는 사람들로 북적인다. 탑 주위로 33개의 종이 있는데, 이 종을 모두 치면 복이 온다고 전해진다. 뒤쪽으로 치앙마이 시내가 한눈에 들어오는 전망대가 있다. 저녁에는 아름다운 야경을 볼 수 있는 명소로 낮과는 다른 경건함을 느낄 수 있다.

Data 지도 260p-E 가는 법 치앙마이 대학교 정문에서 차로 20분 주소 Suthep, Mueang Chiang Mai District 운영 06:00~20:00 가격 입장료 30밧, 케이블카 20밧 홈페이지 www.tourismthailand.org

---

TIP 쌩태우 타고 도이쑤텝 가기

치앙마이 대학교 정문 앞에 빨간 쌩태우들이 줄지어 있다. 편도 40밧에 도이쑤텝까지 갈 수 있는 저렴한 교통수단이다. 단, 10명 이상이 되어야 출발하며 사람이 없을 시 가격이 오른다. 도이쑤텝과 도이뿌이, 푸핀 궁전을 묶어 다녀올 수 있다. 왕복 180밧. 약 1시간씩 주어지며 같은 쌩태우를 타고 이동하니 번호표를 잘 기억하자.

시간이 빚은 작품
파처 협곡 Pha Chor Canyon

'여기가 치앙마이라고?'라는 감탄사가 절로 나오는 곳. 실제로 항동 쪽에 있는 그랜드 캐니언이라 불리는 워터파크보다 더 미국의 그랜드 캐니언을 닮았다. 넓이 100m, 높이 30m의 협곡은 크진 않지만 대자연의 경이로움을 느끼기에 충분하다. 무려 500만 년 전 삥강이 흘렀던 곳으로 추정되며, 지구 대륙의 판이 융기하면서 침식과 풍화 작용을 거쳐 지금의 모습이 되었다.

매왕 국립공원 내에 있고 3번 주차장 전망대 카페 옆 계단을 따라 트레킹 코스가 시작된다. 왕복 1시간 정도로 트레킹이라고 하기엔 짧지만, 자갈이 많은 흙길을 걸어야 하니 운동화를 추천한다. 가파른 계단을 오르면 드디어 세로로 주름 접힌 듯한 신비로운 기암절벽이 모습을 드러낸다. 되돌아갈 때는 암석층으로 된 좁은 길을 따라 나오는데, 길이 물길처럼 굽이쳐 모험심과 상상력을 자극한다.

도심에서 차로 약 1시간 정도 소요되는데, 대중교통이 없어 개별적으로 택시나 차를 렌트해야 한다. 드라이버 포함 왕복 1,000밧 정도. 도이인타논 가는 길에 있으니 함께 묶어서 코스를 짜도 좋다.

Data 지도 260p-D
가는 법 마야 라이프스타일 쇼핑센터에서 119번 도로를 따라 남쪽으로 50km 주소 Santi Suk, Doi Lo
전화 053-106-759 운영 08:30~16:30 가격 입장료 100밧, 주차비 30밧
홈페이지 facebook.com/maewang.nationalpark

 스파이더맨이 된 기분!
부아텅 폭포 Bua Tong Waterfall

A.K.A 스티키 폭포sticky waterfall라 불린다. 끈적끈적한 폭포라니? 직접 가보면 왜 이런 이름이 붙었는지 바로 납득이 간다. 세계 3대 석회 폭포로 칼슘이 풍부한 물이 석회암을 타고 흘러내리면서 미끄럽기는커녕 발이 돌에 착착 감기는 듯한 느낌을 준다. 덕분에 폭포 하류부터 물줄기를 따라 거슬러 오르는 이색적인 트레킹을 경험할 수 있다. 울창한 숲과 시원한 물줄기가 치앙마이의 더위를 날려줄 것이다. 중간중간 가파른 곳이 있지만, 어린아이들도 쉽게 오를 난이도다. 수영복이나 래시 가드와 같이 젖어도 되는 옷을 입고 가는 것이 좋다. 대부분 신발을 벗고 맨발로 오르지만, 샌들이나 아쿠아슈즈를 신어도 무방하다. 탈의실과 짐을 보관할 수 있는 로커(30밧)가 있다.

폭포로 내려가는 길 맞은편 계단을 따라가면 쳇시 샘이 나온다. 과거 란나 왕국의 공주가 적들을 피해 이곳으로 피난 온 후 물을 달라고 기도해 생겨났다는 전설이 있다. 신성하게 여겨지는 곳이니 옷차림과 행동을 조심해야 한다. 넓은 잔디밭이 있어 피크닉을 즐기기도 좋다. 물놀이와 선탠을 즐기는 서양 여행자들이 많이 찾던 휴양지였지만, TV 프로그램 〈뭉뜬 리턴즈〉에 소개된 후 한국 여행자들에게도 입소문을 탔다.

Data 지도 260p-C
가는 법 마야 라이프스타일 쇼핑센터에서 101번 도로를 따라 북쪽으로 60km 주소 Mae Ho Phra, Mae Taeng District 전화 093-139-3556 운영 08:00~17:00 가격 입장료 무료

TIP 대중교통은 없지만 여행사 단체 상품을 이용하면 저렴하게 갈 수 있다. 그랩이나 볼트 이용 시 꼭 왕복으로 협상해서 가도록 하자. 돌아오는 편을 찾기 쉽지 않다.

아바타 느낌 낭낭한 천사의 정원
단테와다 Dantewada

촘 카페와 더불어 아바타 카페로 잘 알려진 단테와다. 사실 카페가 아닌 수목원에 더 가깝다. '천사의 정원angel land'이라는 애칭에 걸맞게 인공폭포와 동굴, 열대우림이 어우러져 아름답게 꾸며져 있다. 사진 찍기 좋아한다면 꼭 가봐야 할 곳! 옥색 물빛과 미스트 안개, 햇살이 더해져 영화 〈아바타〉 속 장면과 같은 신비로운 인생 사진을 건질 수 있다. 폭포를 지나 꽃밭까지 돌아보면 꽤 넓은 편이니, 일정을 넉넉하게 잡는 것이 좋다. 한낮의 치앙마이는 무척 뜨거우니, 오전에 방문하는 것을 추천한다. 초입에 식사가 가능한 카페가 있는데, 음식을 법랑 도시락에 담아주는 센스라니!

Data 지도 260p-B 가는 법 부아텅 폭포에서 30km
주소 288, San Mahaphon, Mae Taeng District
전화 081-609-8333 운영 08:00~18:00 가격 입장료 80밧
홈페이지 www.facebook.com/104346961421347

융합의 미를 가진
왓 반덴 Wat Ban Den

들어서는 순간 규모에 놀라고, 강렬한 색감과 화려한 장식에 놀랄 것이다. 대부분 건물은 최근에 지어졌지만, 뿌리는 200년의 역사를 가지고 있다. 태국 불교에서는 12간지 중 자신의 동물이 있는 사원을 순례하는 것이 중요한데, 멀리 있는 올드 시티 사원을 가지 못하는 주민들을 위해 고대 주지 스님 크루바 투앙Kruba Thuang이 12간지 사리탑을 만든 것이 시초다. 파란 3단 지붕이 돋보이는 란나 스타일 법당 뒤로 12개 사리탑을 찾아볼 수 있다. 1980년대 현 주지 스님 트앙 나타실로를 만나 지금의 모습을 갖게 되었다. 더 많은 사람이 찾아오게 해 불교를 전하고 싶다는 그의 취지대로 핫 플(?!)로 등극했다.

Data 지도 260p-B 가는 법 부아텅 폭포에서 북쪽으로 22km
주소 Inthakhin, Mae Taeng District 운영 07:00~18:00
가격 입장료 무료 홈페이지 facebook.com/watbanden

TIP 혼자 여행 중이라면 부아텅-단테와다-왓 반덴을 묶은 데이트립 상품을 이용하면 경제적이다. 사람 수에 따라 조금씩 달라지지만 금액은 인당 $35~45 정도. www.viator.com

 하늘과 맞닿은 천국
먼쨈 Mon Cham

매림 지역에 위치한 고원으로, 구불구불 산길을 올라 마주한 풍경은 가히 절경이다. 녹차밭이 연상되는 계단식 논들이 사방으로 펼쳐지고, 색색의 들꽃들이 맞아준다. 전망대 주변으로 방갈로가 놓여 있는데, 파란 하늘과 몽글몽글한 구름을 감상하며 시간을 보내기에 좋다.

먼쨈은 몽족의 삶이 깃든 곳이다. 과거 아편 농장이었지만, 로열 프로젝트의 일환으로 고랭지 작물을 재배하는 친환경 농장으로 다시 태어났다. 해 질 무렵이면 층층이 진 논과 구름 위로 노란빛이 스미는데 무척 아름답다. 일몰이 유명하지만 이른 아침 물안개가 핀 모습도 장관이다. 태국 사람들의 휴양지에서 이제는 여행자들 사이에서도 꼭 한 번 가봐야 할 핫 플레이스로 떠올랐다.

기사가 딸린 차를 렌트하거나 현지 여행사를 통해 훼이뜽타우 호수를 포함한 데이 투어를 이용하는 것이 일반적이다. 가는 길이 험하니 멀미를 한다면 미리 멀미약을 먹는 것이 좋다.

Data 지도 260p-A 가는 법 치앙마이에서 차로 약 40분. 매림 몽농호이 마을에 위치
전화 081-806-3993 운영 07:00~20:00

✦ 먼쨈 200% 즐기기 ✦

날 잡아 차도 빌리고, 예쁜 옷도 입고 여기까지 왔는데, 한 곳만 보고 가기엔 조금 아쉽다. 근처 사진 찍기 좋은 또 다른 포인트를 소개한다. 일정이 여유롭다면 아예 먼쨈에서의 하룻밤은 어떨까?

요도이 커피 Yoddoi Coffee

먼쨈 반대편 풍경을 볼 수 있는 뷰 맛집. 산이 겹겹이 보이는 전망대에 앉아 즐기는 커피와 와플은 말해 뭐해! 꽃밭에 들어가려면 커피값과 별도로 입장료를 내야 한다. 인스타그램 먼쨈 사진으로 자주 올라오는 그네도 이곳에 있는 건 안 비밀!

 Data 지도 260p-A 가는 법 먼쨈 주차장에서 먼쨈 반대 방향으로 도보 1분
주소 Mae Raem, Mae Rim District 전화 093-257-6063 운영 07:20~17:30 가격 입장료 40밧

잉용 플라워 가든 Ying Yong Flower Garden

산 정상에 펼쳐진 라벤더 꽃밭. 새파란 하늘 아래 보랏빛 물결이 일렁인다. 반대편에는 흔히 '사루비아'라고 부르는 샐비어가 강렬한 붉은 매력을 발산한다. 꽃밭을 따라 스카이 워크를 걸으며 탁 트인 전망을 즐겨보자. 헉 소리 나게 가파른 비포장도로를 올라가야 하니, 운전이 서툴다면 아래에 주차 후 걸어가는 것을 권한다. 셔틀이 있지만 성수기에만 운행한다.

 Data 지도 260p-A 가는 법 먼쨈에서 서쪽으로 4km 주소 Mae Raem, Mae Rim District 전화 061-318-7181 운영 06:00~18:00 가격 입장료 50밧

몬 잉 다오 Mon Ing Dao

계단식 논 뷰가 펼쳐지는 글램핑 숙소. 이글루 모양의 텐트 안에는 침대와 에어컨이 있으며, 개별 욕실이 붙어 있다. 텐트 외에도 빌라와 통나무집 타입도 있다. 하이라이트는 일몰을 보며 먹는 무카타! 체크인 때 예약을 하면 시간에 맞춰 숙소 앞 테라스로 가져다준다. 자체 예약 웹사이트가 있지만, 라인으로 문의 후 GLN으로 선결제하는 것이 더 편하다.

 Data 지도 260p-A 가는 법 먼쨈에서 서쪽으로 1km 주소 Mae Raem, Mae Rim District 전화 086-216-7405 가격 텐트 500밧~, 하우스 1,000밧~ 홈페이지 moningdao.com

호숫가에서 신선놀음
훼이뜽타우 호수 Huaytuengthao Lake

유유자적할 수 있는 곳이다. 총 둘레 3.7km의 넓은 호수 주변으로 오두막이 연상되는 대나무 방갈로들이 놓여 있다. 방갈로는 식당에서 음식을 주문해야만 이용할 수 있는데, 음식 값이 저렴한 편이다. 방갈로에 앉아 발을 담그고 맥주를 마시며 한낮의 더위를 식히기에 최고다.

최근 훼이뜽타우 캠프 그라운드 앞 볏짚으로 만든 커다란 킹콩이 명물로 떠올랐다. 캠프 그라운드는 별을 보고 자연을 경험하기 위한 논밭 위에 지은 자연주의 숙소다. 치앙마이 시내에서도 가까워 한나절 소풍으로 다녀오기에 좋다.

Data 지도 260p-B
가는 법 치앙마이에서 약 15km
주소 Don Kaeo, Mae Rim 전화 053-121-119
운영 08:00~18:00 요금 입장료 50밧

여왕의 정원을 거닐다
퀸 씨리낏 식물원 Queen Sirikit Botanic Garden

태국 정부의 지원을 받아 1993년에 설립된 식물원이다. 세계적 수준의 시설을 자랑하며 크기가 여의도 면적 3배에 이르는 5,600ac에 달한다. 전면이 유리로 된 4개의 전시실과 8개의 온실에는 희귀종을 포함해 다양한 식물들로 채워져 있다.

야외 정원에는 커다란 분수와 산책로가 여러 갈래로 나 있다. 여왕의 정원으로 가는 길에 철재 산책로인 캐노피 워크가 있다. 390m로 태국에서 가장 길다. 20m 발아래로 펼쳐지는 아열대 정글 숲을 내려다보는 기분이 짜릿하다. 중간에 설치되어 있는 유리 발판이 가슴을 졸인다.

Data 지도 260p-A
가는 법 치앙마이에서 차로 약 45분. 도이쑤텝 북쪽 매림 지역에 위치 주소 100 Moo 9, Mae Rim
전화 053-841-234 운영 08:30~17:00
홈페이지 www.qsbg.org

태국에서 온천을?
싼깜팽 온천 San Kamphaeng Hot Spring

녹음이 울창한 숲에서 즐기는 색다른 온천을 경험할 수 있다. 싼 깜팽 온천은 혈액순환과 아토피에 탁월한 유황 온천수를 접할 수 있어, 현지 사람들의 휴양지로도 인기 있다. 공원처럼 조성된 야외에 족욕탕이 강처럼 흐른다. 상류로 갈수록 물이 뜨겁다. 반 신욕으로 여행의 피로를 풀어보자.

온천의 별미 삶은 달걀을 빼놓을 수 없다. 매점에서 바구니에 담긴 달걀을 구입한 후, 바구니를 물에 넣어 삶아 먹는다. 몸을 담그려면 욕탕을 이용해야 한다. 개별 욕실과 그룹 욕실이 있으며 별도의 요금을 받는다. 수건도 대여 가능. 미네랄 수영장과 놀이터 등 부대시설도 잘 갖추고 있다.

Data 지도 260p-F 가는 법 올드 시티에서 약 30km. 와로롯 시장에서 싼깜팽행 미니밴과 썽태우 이용 주소 7 Tambon Ban Sa Ha Khon, Mae On 전화 053-037-101 영업 07:00~18:00 가격 입장료 100밧, 개별 욕탕 60밧 홈페이지 미니밴 예약 facebook.com/Van.Hotsprings

알록달록 수공예 마을
버쌍 우산 마을 Bo Sang Umbrella Village

질 좋은 수공예품으로 알려진 싼깜팽 지역에서도 가장 유명한 마을이다. 200년이 넘는 역사를 가진 곳으로, 대나무와 종이로 전통 우산을 만드는 장인들이 모여 있다.

가장 인기 있는 공예점은 엄브렐러 메이킹 센터Umbrella Making Center. 전시관에서 우산의 역사와 전시품, 고급 우산들을 볼 수 있다. 제작 과정을 볼 수 있으며, 직접 만들어볼 수도 있다. 원하는 디자인이 있을 시 주문 가능한데 며칠이 소요될 수도 있다. 매년 1월 셋째 주 주말에는 버쌍 우산 축제가 열린다. 싼깜팽 온천 가는 길에 있으니 함께 들러도 좋다.

Data 지도 260p-F 가는 법 올드 시티에서 약 17km. 와로롯 시장에서 썽태우 이용 주소 1014, Tambon Ton Pao, San Kamphaeng 홈페이지 www.bosang-umbrella.com

자연이 만든 워터파크
그랜드 캐니언 Grand Canyon

채석장이었던 곳에 물이 고이면서 인공 습곡이 만들어졌는데, 그
모습이 미국의 그랜드 캐니언과 닮아 그대로 부르게 되었다. 서양
여행자들의 휴식처였으나, 입소문을 타면서 관광지가 되었다.
최근 워터파크를 개장하면서 입구가 두 개가 되었다. 놀이기구를
원한다면 워터파크로, 물놀이를 원한다면 그랜드 캐니언으로 입
장하자. 그랜드 캐니언에서는 카약과 스탠딩업 패들 보드 등을
즐길 수 있다. 10m가 넘는 절벽에서 하는 다이빙이 유명한데, 매
년 사고가 발생하니 주의할 것.

TIP 드디어 왕복 셔틀 버
스가 생겼다! 오후 12시 50
분 타패 게이트 출발, 4시
그랜드 캐니언 출발 일정으
로, 하루 한 번 운행한다. 예
약은 필수.

몽키 트래블 www.thai.
monkeytravel.com

Data 지도 260p-D 가는 법 올드 시티에서 서쪽으로 약 17km 주소 202 Moo 3 Phrae Rd., Tambon Nam
Phrae, Hang Dong 전화 063-672-4007 운영 09:00~19:00 가격 입장료 100밧, 워터파크 550밧
홈페이지 워터파크 facebook.com/Grandcanyonwaterpark

예술로 채우는 오후
마이암 현대미술관 MAIIAM Contemporary Art Museum

태국 현대미술을 관람할 수 있는 미술관이다. 마이암이란 단어에서 마이MAI는 도시를 뜻하고 이암
IAM은 라마 5세의 왕후 차오 촘 이암의 이름에서 따왔다. 이암의 조카 에릭 버나그가 버나그 가문
이 30년간 모은 소장품을 공유한 것이 이 미술관의 시작이 되었다.
규모는 크지 않지만 전통과 현대가 조화롭게 어우러진 수준 높은 작품들을 감상할 수 있다. 가장
강렬한 인상을 주는 작품은 치앙마이 출신 나빈 라와차이쿨의 〈슈퍼 아트 방콕 생존자〉이다. 거대
캔버스 3개가 붙은 초대형 작품으로, 11년에 걸쳐 완성했다.

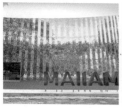

Data 지도 260p-F
가는 법 버쌍 우산 마을에서 차로 5분
주소 122, Moo 7 Tonpao Amphoe
San Kamphaeng, Chang Wat
전화 052-081-737
운영 10:00~18:00 휴무 화요일
가격 입장료 150밧, 12세 이하 무료
홈페이지 www.maiiam.com

아름다운 란나 정원의 정수
로열 파크 랏차프륵 Royal Park Rajapruek

랏차프륵은 태국의 국화이자 고 푸미폰 왕이 태어난 월요일을 상징한다. 2006년 고 푸미폰 왕의 왕위 계승 60주년 및 80세 생일을 기념해 열린 국제 원예 박람회장을 2010년 왕립 공원으로 개방했다. 약 2만 4천 평의 넓은 부지는 9개의 구역으로 나뉘며 50개가 넘는 테마 정원이 있다. 다채로운 식물들이 가득하며, 정원에는 색색의 꽃들이 활짝 피어 있다. 공원 중심에 위치한 로열 파빌리온은 란나 왕국의 아름다움을 뽐낸다. 못을 쓰지 않은 전통 란나 건축 방식으로 지었다. 15분 간격으로 공원을 도는 순환 트램을 운영하며, 자전거나 전기 카트도 대여할 수 있다. 나이트 사파리와 가깝다.

Data 지도 260p-E
가는 법 올드 시티에서 차로 약 30분
주소 Tambon Mae Hia
전화 053-114-110
운영 08:00~18:00
가격 입장료 200밧, 트램 20밧
홈페이지 www.royalpark rajapruek.org

이 밤의 끝을 잡고
나이트 사파리 Night Safari

싱가포르와 중국 광저우에 이어 세계에서 세 번째로 만들어진 나이트 사파리. 3만 2천 평의 대지에서 2천여 마리의 동물을 만날 수 있다. 트램을 타고 동물들이 서식하는 공간을 돌아보는 사파리 투어는 필수! 초식 동물이 있는 사우스 존South Zone과 육식 동물이 있는 노스존North Zone으로 나뉜다. 영어로 진행되는 트램도 있다. 야행성 야생 동물 쇼, 분수 쇼, 태국 전통 공연 등 시간대 별로 공연이 있다. 인기 공연은 백호를 볼 수 있는 타이거 쇼. 인기 쇼이니 미리 입장할 것을 추천한다. 지라프 레스토랑에서는 실제 기린을 보며 식사할 수 있다. 여행사를 통해 입장권을 사는 것이 저렴하다.

Data 지도 260p-E
가는 법 올드 시티에서 차로 약 30분
주소 33 Moo 12, Tambon Nong Khwai, Hang Dong
전화 053-999-000
운영 10:00~22:00
가격 입장료 800밧
홈페이지 www.chiangmai nightsafari.com

태국의 지붕

도이인타논 국립공원 Doi Inthanon National Park

해발 2,565m 태국에서 가장 높은 산이다. 란나 왕국의 마지막 왕 인타위차야논Intawichayanon의 이름을 본떠 지었으며, 정상 부근에 인타위차야논왕의 유골을 묻은 스투파Stupa(유골을 매장하는 인도의 화장묘)가 있다. 1954년 국립공원으로 지정되었다. 362종의 조류와 65종의 포유류가 서식하며, 카렌족과 몽족 등 소수민족의 삶의 터전이다.

3개의 둘레길 중 정상에 닿을 수 있는 앙카 트레일이 가장 인기 있다. 이끼가 뒤덮인 커다란 나무와 고산 식물들이 빼곡하게 우거져 있어 상쾌하다. 정상에는 왕과 왕비의 탑이라고 알려진 트윈 파고다가 있다. 고 푸미폰 전 국왕과 씨리낏 왕비의 60주년 생일을 기념하여 지은 탑으로, 빼어난 조경과 풍광을 자랑한다. 에스컬레이터를 갖추고 있어 힘들지 않게 올라갈 수 있다.

주변 고산족 마을, 폭포 등과 연계한 투어 상품을 이용하는 것이 일반적이다. 고지대이다 보니 비가 자주 오고 기온도 낮은 편이다. 얇은 겉옷을 준비하는 것이 좋다.

Data 지도 260p-D
가는 법 올드 시티에서 차로 약 2시간 30분 주소 Ban Luang, Chom Thong
전화 053-286-729 운영 05:30~18:30 요금 입장료 300밧

🍽️ EAT

전통 공연과 음식을 함께!
쿰 깐똑 Khum Khantoke

'깐'은 그릇, '똑'은 밥상을 말한다. 깐똑은 작은 소반 위에 여러 반찬을 올려두고 먹는 태국 북부의 전통 가정식이다. 찹쌀밥과 찐 채소, 북부 지방의 소스인 남프릭과 남프릭 엉, 돼지껍질을 튀긴 캡무, 미안마식 커리 깽항래 등이 주로 올라간다. 깐똑 한 상이면 란나 음식의 진수를 느낄 수 있다.

쿰 깐똑은 깐똑 쇼와 저녁 식사를 함께 즐길 수 있는 곳이다. 깐똑 쇼는 란나 왕조가 귀족들과 정책을 의논하기 위한 모임에서 공연과 식사를 함께 하는 데서 유래했다. 란나 건축 양식으로 지은 건물 가운데 야외무대가 있고, 주위로 식사를 할 수 있는 테이블이 놓여 있다.

매일 저녁 7시 30분에 쇼가 시작된다. 서정적인 음악에 맞추어 전통 무용을 선보이고 소수민족들의 공연도 볼 수 있다. 관객과 함께 즐길 수 있는 코너도 마련되어 있어 유쾌한 추억을 남길 수 있다. 음식은 무한 리필이 되며 할랄과 베지테리언 옵션도 있다. 여행사를 통해 티켓을 미리 구입하면 왕복 교통이 포함되어 있어 편리하다.

깐똑

Data 지도 260p-E
가는 법 타패 게이트에서 동쪽으로 약 6km
주소 139 Moo 4, Tambon Nong Pa Khrang **전화** 053-244-141
영업 18:00~21:00
가격 깐똑 디너쇼 400밧부터

 하늘 아래 망중한
푸핀 도이 | Phuffinn Doi

치앙마이 라이프의 가장 큰 즐거움은 카페 투어다. 푸핀 도이는
아름다운 전망으로 별 5개가 아깝지 않은 곳. 이 길이 맞나 싶
을 만큼 구불구불한 오르막길을 한참 오르면 나무로 된 건물이
나타난다. 이 외진 곳을 어떻게 알고들 왔는지! 사람이 많아서
더 놀랍다. 여행 TV 프로그램 〈배틀 트립〉에 나오면서 한국인
여행자들 사이에서도 입소문을 탔다. 바깥쪽으로 길게 놓인 바
테이블에 앉으면 뷰 맛집 인정! 푸릇푸릇한 숲과 파란 하늘이 어
우러져 그림 같은 풍경을 자아낸다. 말 그대로 멍 때리기 좋은
명당자리다. 나무로 된 다리를 따라 곳곳에 포토존이 마련되어
있다. 다양한 디저트와 간단한 태국 음식을 판매한다. 수박 반
덩이를 파서 나오는 땡모반 빙수가 핫하다. 서비스 차지 10%
와 VAT 7%가 별도로 붙으니 참고하자. 그랜드 캐니언이 있는
항동 지역에 위치하며, 치앙마이 시내에서 자동차로 30분 정도
소요된다.

Data 지도 260p-D
가는 법 마야 라이프스타일
쇼핑센터에서 동남쪽으로 18km
주소 Nam Phrae, Tambon
Hang Dong
전화 092-959-0399
영업 11:00~21:00
가격 볶음밥 79밧부터,
디저트 95밧부터
홈페이지 facebook.com/
Phufinnterrace

 아바타 실사판
촘 카페 & 레스토랑 Chom Cafe & Restaurant

잉어가 유영하는 숲에 빛 내림이 더해진 몽환적인 분위기로 유명한 카페. '아바타 카페'로 불리는 인스타그램 핫 플로 오픈 30분 전부터 줄을 선다. 사진에서는 숲처럼 보이나 실제론 정원에 가깝다. 깨끗하게 잘 가꿔 신비로운 분위기를 내는 이곳은 인생 사진을 건질 수 있는 곳. 특히 밝은 색상의 하늘하늘한 원피스와 찰떡궁합이다. 카페와 레스토랑 공간이 나눠져 있으며, 입장 시 물어본 후 자리를 지정해 준다. 태국 음식을 포함한 인터내셔널 퀴진을 선보이는데, 플레이팅과 서비스가 훌륭하다. 가격 대비 만족도가 그리 높지 않으니 음료나 디저트만 먹는 것을 추천한다. 치앙마이 국제공항과 가까워 여행 마지막 날 일정으로 잡는 것도 좋다. 입구에서 캐리어를 맡아주어 편리하다.

Data 지도 260p-E 가는 법 부아텅 폭포에서 30km 주소 2/13 Moo 2 Somphot Chiang Mai 700 Pi Rd, 전화 053-271-749 영업 11:00~22:00 가격 음료 70밧~, 촘 시그니처 브레드 150밧, 홈페이지 www.facebook.com/chomcafeandrestaurant

샐러드 가격 실화?!
농 호이 로열 프로젝트
Nong Hoi Royal Project Vegetable Development Center

과거 아편을 재배하던 농 호이 마을. 1984년 고 푸미폰 국왕이 마을을 방문한 후 지속 가능한 농업을 연구하고 교육하기 위해 '로열 프로젝트 농업 개발 센터'가 설립되었다. 센터 앞에 작은 식당이 있는데, 이곳에서 키운 채소로 만든 요리를 맛볼 수 있다. 특히 엄청난 양을 자랑하는 샐러드는 꼭 먹어볼 것! 양에 놀라고, 착한 가격에 놀란다. 볶음 위주의 태국 음식을 먹다 보면 아삭한 채소가 간절해지곤 하는데, 입안을 싱그럽게 채워줄 것이다. 해발 1,460m에 위치해 있어 채소와 허브들이 자라고 있는 계단식 밭이 펼쳐지는 풍경 또한 별미다.

Data 지도 260p-E 가는 법 먼쨈에서 남쪽으로 2km 주소 Mae Raem, Mae Rim District
영업 08:00~17:00 가격 샐러드 S 100밧, 팟타이 50밧

고양이가 있는 오두막
딘 카페 Din Cafe

항동 어느 주택가에 자리한 카페. 모두 아는 핫 플 말고, 동네 숨은 카페를 좋아하는 사람이라면 반하지 않고는 못 배길 것이다. 나무로 된 고택을 리모델링해서 만든 두 개의 건물로 되어 있으며, 한 동은 오픈 공간으로 자연을 오롯이 느낄 수 있다. 시그니처 크림 커피와 홈메이드 케이크 한 조각으로 달달하면서도 평화로운 오후를 누려보자. 운이 좋다면 고양이가 다가와 곁을 내주는 영광을 얻게 될지도 모른다. 브런치와 버거, 파스타 같은 간단한 식사도 판매한다. 유기농 재료로 만든 자극적이지 않은 맛이라 반갑다. 건물 앞 잔디밭에서는 매주 화요일 오전 필라테스 수업이 열리며, SNS로 신청할 수 있다.

Data 지도 260p-E
가는 법 치앙마이 국제공항에서 남쪽으로 10km
주소 252, 1, Nong Kwai, Hang Dong District 전화 083-475-0555 영업 08:00~17:00
가격 아메리카노 70밧, 햄&치즈 샌드위치 170밧 홈페이지 www.instagram.com/dincafe.chiangmai

눈과 입이 즐거운
미나 라이스 베이스드 퀴진 Meena Rice Based Cuisine

가는 길도 예쁘고, 식당도 예쁘고, 음식은 더 예쁜 곳이다. 고풍스러운 전통 가옥 주위로 작은 연못이 감싸고 있고 초록이 우거져 싱그럽다. 이곳이 유명한 이유는 오색 주먹밥! 브라운 라이스와 라이스 베리 흑미, 버터플라이피, 홍화꽃, 재스민 등의 천연 재료로 물들였다. 매콤한 돼지고기 바질 볶음과 함께 나오는데, 보기에도 좋고 맛도 좋다.

이름처럼 모든 메뉴에 쌀이 들어간다. 튀김옷에 쌀을 입혀 튀긴 새우튀김과 구운 찹쌀밥과 함께 나오는 갈릭 포크Garlic Pork를 많이 찾는다. 메뉴 대부분 건강한 맛이다. 메뉴는 사진과 함께 영어로 표기되어 있다. 에어컨이 나오는 실내도 있으며, 작은 기념품 숍도 함께 운영한다.

Data 지도 260p-E **가는 법** 준준 숍 앤 카페 다음 사거리에서 좌회전한 후 왓 시마람 사원에서 좌회전 후 450m **주소** Soi 11, Ban Mon Mu 2, Tambon San Klang **전화** 095-693-9586 **영업** 10:00~17:00 **휴무** 수요일 **가격** 돼지고기 바질 볶음과 오색 주먹밥 119밧 **홈페이지** facebook.com/meena.rice.based

먹지 않고는 못 배길 걸!
준준 숍 앤 카페 Junjun Shop & Cafe

준준이 운영하는 카페 겸 소품 가게이다. 입구로 들어가면 왼쪽은 숍, 오른쪽은 카페가 나온다. 메인 도로에 있지만 안쪽으로 아늑한 공간이 있다. 시그니처 메뉴는 준준표 수제 컵케이크. 색색의 컵케이크 중 무엇을 고를지 행복한 고민에 빠지게 된다. 1개에 20밧으로, 단돈 700원에 달콤한 행복을 만끽할 수 있다. 하루에 약 300개의 컵케이크를 만드는데, 점심시간이 되기도 전에 다 팔릴 만큼 인기 있다.

숍에서는 핸드메이드 모자와 옷, 액세서리 등을 판매한다. 여심을 저격하는 물건이 한가득이므로 지갑을 열지 않고는 못 배길 것이다.

Data 지도 260p-E
가는 법 타패 게이트에서 삥깡 방향으로 7.3km
주소 51 Soi 2, Tambon San Klang **전화** 089-173-1933 **영업** 08:00~17:00 **휴무** 월요일
가격 컵케이크 20밧, 커피 40~50밧 **홈페이지** facebook.com/Junjunshopcafe-1443240995962022

 자비로운 치즈케이크가 있는
자이분 치앙마이 Jaiboon Chiang Mai

자이분은 태국어로 '관대함'을 뜻한다. 쌘깜팽에 위치한 이 집에
서는 마음까지 넉넉해지는 치즈케이크를 만날 수 있다. 뉴욕 치
즈케이크 전문점으로, 입 안에서 살살 녹는 진한 맛의 치즈케이
크를 판매한다. 심지어 사이즈도 크다. 레드 벨벳과 당근 케이
크, 브라우니도 맛볼 수 있다.

케이크에 커피나 차를 마시며 시간을 보내기에 좋다. 녹차 아이스
크림에 마차를 부어먹는 마차 아포가토와 눈꽃 빙수도 인기 메뉴.
목조 건물과 정원이 친자연적이면서도 빈티지한 매력을 풍긴다.

Data 지도 260p-E 가는 법 준준 숍 앤 카페에 못 미처 길 건너편 실크 숍
Piankusol 옆 주소 Soi 1, San Klang, San Kamphaeng District 전화 065-323-9291
영업 09:30~18:00 가격 치즈케이크 1조각 215밧, 러스틱 블루 티 75밧
홈페이지 facebook.com/Jaiboonchiangmai

 비밀 정원으로의 초대
아일론 우드 The Ironwood

님만해민에서 차로 30분이나 걸리는 매림 지역 외곽에 위치해 있
지만 SNS 성지로 떠오른 곳이다. 초록이 울창한 넓은 정원에 앤
티크 가구와 조각상, 분수, 일부만 남은 건물과 문짝 등이 아무
렇지 않게 놓여 있다. 키가 큰 선인장이 줄지어 있으며 나무에는
열대 과일이 주렁주렁 달려 있다. 어떻게 사진을 찍어도 감성이
폭발한다. 현지인들 사이 웨딩 사진 촬영 장소로도 인기 있다.

직접 기른 재료들을 사용하는 슬로 푸드를 지향한다. 식용 꽃이
곁들여진 볶음밥과 파스타가 맛있다. 가격은 많이 비싼 편. 식사
말고 음료만 주문할 수도 있다.

Data 지도 260p-B 가는 법 마야 라이프스타일 쇼핑센터에서 북쪽으로 20km
주소 592/2 Soi Nam Tok, Mae Sa 8, Tambon Mae Raem 전화 081-831-1000 영업 09:00~18:00
가격 프라이드 라이스 170밧부터, 파스타 250밧부터 홈페이지 facebook.com/theironwoodmaerim

SHOP

 Cozy한 취향 저격
참차 마켓 Cham Cha Market

빈티지하면서도 아기자기한 수공예품 천국! 주말 오전 로앙 힘 카오Loang Him Kao 마을 안쪽 아름드리나무 아래 버스 피자 주변으로 플리 마켓이 열린다. 규모는 작지만 징자이나 선데이 마켓보다 덜 붐벼 쾌적하게 돌아볼 수 있다. 천연 염색으로 유명한 마을이라 곳곳에서 인디고로 물든 패브릭 제품을 만날 수 있다. 자신의 커피를 직접 내려 마시는 노상 핸드 드립 카페, 자수나 염색 체험 같은 소소한 즐거움도 놓치지 말자. 산깜팽 지역에 위치, 미슐랭 맛집으로 유명한 미나 라이스 베이스드 퀴진이 마을 입구에 있으니 함께 들르면 좋다. 단, 모든 사람이 같은 생각을 해 레스토랑이 붐빌 확률도 매우 높다.

Data 지도 260p-E 가는 법 타패 게이트에서 삥강 방향으로 8.5km
전화 097-462-4296 영업 토~일 09:00~14:00
홈페이지 www.facebook.com/ChamchaMarket

여긴 가야 해! 인생 사진은 덤!
코코넛 마켓 Coconut Market

코코넛 농장에서 열리는 마켓이라니! 주말에 가야 할 곳이 또 늘었다. 참차 마켓이 수공예품 위주였다면, 코코넛 마켓은 먹거리가 주를 이룬다. 사각형 모양의 농장을 따라 옷과 액세서리, 음식을 파는 노점들이 늘어서 있다. 태국 음식부터 햄버거, 디저트, 과일까지 야무지게 산 다음 대나무로 지은 원두막에서 즐겨 보자. 코코넛 껍질에 담아주는 코코넛 아이스크림도 필수! 토핑을 자유롭게 뿌려 나만의 아이스크림을 만들 수도 있다. 곧게 솟은 야자수들 사이에 놓인 대나무 다리에서 사진을 찍으면 이국적인 풍경의 사진을 담을 수 있다. 오후가 되면 사람도 많아지고 해도 뜨거워지니 오전에 가는 것을 추천한다. 치앙마이에서 가장 큰 쇼핑센터 센트럴 페스티벌이 근처에 있으니 둘러본 후 더위를 피해 쇼핑몰 구경을 가는 것도 추천한다.

Data 지도 260p-E 가는 법 센트럴 페스티벌 치앙마이에서 3km
주소 94 Soi Ban Tong 2 Mu 3, Fa Ham
전화 083-529-3299 영업 토~일 08:00~14:00
홈페이지 www.instagram.com/coconut_market.2020

태국 북부의 최대 쇼핑몰
센트럴 페스티벌 치앙마이
Central Festival Chiang Mai

태국 전역에서 볼 수 있는 쇼핑몰인 센트럴 페스티벌의 치앙마이 지점이다. 태국 북부에서 가장 큰 규모로 로빈슨 백화점이 통째로 입점해 있으며, 300여 개의 국내외 브랜드를 만날 수 있다. 실내 아이스링크와 키즈 카페, 영화관 등을 갖춘 복합문화공간이다. 인기 프랜차이즈 식당들도 많아 무더운 오후에 시원하게 시간을 보내기에 좋다.

중심가에서 약 6km 떨어져 있지만 올드 시티와 님만해민, 나이트 바자, 국제공항까지 셔틀이 다닌다. 1층 인포메이션 센터에서 여권을 보여주면 여행자 카드와 할인 쿠폰을 받을 수 있다.

Data 지도 260p-E 가는 법 타패 게이트에서 차로 15분
주소 99/9 Moo 13, Robwiang, Muang, Chiangrai
전화 053-998-999
영업 월~목 11:00~21:30, 금~일 10:00~22:00
홈페이지 shoppingcenter.centralpattana.co.th/

스타벅스 덕후를 위한
깟 팔랑 빌리지 Kad Farang Village

항동 지역에 위치한 작은 쇼핑몰로, 여행자들이 이곳을 찾는 이유는 99% 스타벅스 때문이다. 카페의 천국 치앙마이에서 잠시 잊어야 할 스타벅스이지만 이곳은 다르다. 란나 스타일 가옥으로 지었으며 입구부터 으리으리하다. 티크 나무와 금박 장식으로 꾸민 내부 역시 감탄을 자아낸다.

고산족 특별 블렌드 원두와 고산족 얼굴이 그려진 컵, 지방색 넘치는 텀블러 등을 판매한다. 주위로 림핑 슈퍼마켓과 다이소, 나나 베이커리 등이 있다. 붙어 있는 프리미엄 아웃렛에는 나이키와 리바이스 등 익숙한 브랜드가 들어서 있다. 30~70% 할인하지만 크게 싸지 않은 것이 함정.

Data 지도 260p-E 가는 법 올드 시티에서 남쪽으로 약 11km 주소 13 Moo 13 Chiangmai-Hod Rd., T.Baan Waen, A.Hang Dong 전화 053-430-552 영업 09:00~21:00 홈페이지 www.kadfarangvillage.com

어머! 이건 사야 해!
반 타와이 목공예 마을 Baan Tawai Woodcarving Village

솜씨 좋은 태국인들이 만든 수공예품이 한자리에 모였다. 약 3km의 거리에 숍들이 모여 있어 구경하다 보면 한나절이 금방 간다. 특히 고급 티크 나무 가구와 정교하게 조각한 우드 카빙 장식품이 유명하다. 그 외 앤티크 소품과 패브릭, 그릇 등 소장가치 100% 물건들이 가득하다.

꽤 넓으니 홈페이지에서 지도를 다운로드해 가자. 부피가 큰 상품은 배나 비행기를 이용한 화물 배송도 가능. 창푸악 버스 터미널과 올드 시티까지 BTTS 셔틀버스가 다닌다. 시간표가 있지만 잘 지켜지지 않으니 전화나 페이스북을 체크하자. 우버나 그랩 이용 시 요금은 약 150~250밧.

Data 지도 260p-E **가는 법** 항동 시장에서 동쪽으로 3.7km **주소** 90 Moo 2, Tambon Hang Dong **전화** 081-882-4882 **영업** 09:00~17:00 **홈페이지** www.ban-tawai.com

영화 〈수영장〉에 등장한
항동 시장 Hang Dong Market

평범한 시장이지만 눈썰미 좋은 사람은 눈치챌 것이다. 치앙마이를 배경으로 한 일본영화 〈수영장〉에서 엄마와 딸이 장을 보던 그 시장이다. 알록달록한 열대 과일과 꽃들, 각종 식재료와 생활용품을 판매한다. 관광객이 많이 찾는 시장보다 저렴하고 친절한 편이다.

두 사람이 같이 국수를 먹은 식당가도 찾아볼 수 있다. 주위로 간이식당들이 모여 있는데, 저렴한 가격으로 맛있는 한 끼를 먹을 수 있다. 역시 영화 〈수영장〉의 배경이 된 호시아나 빌리지에서 투숙객들을 위해 매일 정오 투어를 진행한다.

Data 지도 260p-E **가는 법** 깟 팔랑 빌리지에서 남쪽으로 1.7km
주소 Unnamed Road, Hang Dong, Hang Dong District **전화** 081-891-4455 **영업** 06:00~22:00

01 빠이

Near
Chiang Mai

·····················

치앙마이
근교 지역 가이드

01

빠이
Pai

'슬리피 타운Sleepy Town' 빠이의 또 다른 별명이다. 아무것도 하지 않고 있지만, 더욱 격렬하게 아무것도 하지 않고 싶은 곳이다. 해먹에 누워 책을 읽고, 엽서를 쓰며 시간을 보내다 해가 지면 야시장 마실을 나간다. 자유로움이 넘실거리는 거리에서 지구별 여행자들과 맥주를 곁들인다.

반나절이면 다 돌아보고도 남는 작은 마을에서 하루가 일주일이 되고, 일주일이 한 달이 된다. 빠이의 매력은 이토록 치명적이다.

미리보기

혹자는 말한다. 더 이상 예전의 빠이가 아니라고. 빠이의 매력이 널리 알려지면서 사람들이 모이다 보니 어쩌면 당연한 것일지도 모른다. 더 이상 배낭여행자들의 성지는 아닐지라도, 여행 인프라가 발달하면서 더욱 다채롭게 빠이를 즐길 수 있게 되었다.

SEE

빠이의 매력은 아무것도 하지 않을 자유다. 낮에는 조용하지만, 저녁이면 야시장을 중심으로 활기를 띤다. 중심가에서 조금만 벗어나면 시골 마을이 펼쳐진다. 스쿠터를 빌려 외곽으로 나가면 자연이 숨 쉬고 있다. 마음에 드는 카페를 발견하면 잠시 쉬어갈 것. 이것이 빠이를 즐기는 가장 좋은 방법이다.

EAT

한 집 걸러 한 집이 식당일 만큼 선택지가 많다. 태국 음식은 물론, 버거, 피자 등 친숙한 메뉴들도 쉽게 찾아볼 수 있다. 워킹 스트리트에 있는 식당들은 다른 로컬 음식점에 비해 비싼 편이다. 아침에는 죽과 국수를 파는 노점이 들어선다. 야시장 군것질만으로 충분히 저녁 식사를 해결할 수 있다.

BUY

대형 쇼핑센터는 없지만 결코 쇼핑할 것이 없지 않다. 솜씨 좋은 예술가들의 다양한 수공예품을 만날 수 있으며, 매일 밤 열리는 야시장에서 지갑도 같이 열린다. 장기 여행자들이 직접 만든 작품을 들고 나와 팔기도 해 더욱 흥미롭다. 중심가에서 도보 15분 거리에 현지인들이 찾는 상설 시장이 위치해 있다.

SLEEP

워킹 스트리트와 강변 주위에 숙소들이 모여 있다. 방갈로부터 게스트하우스, 매일 밤 파티가 열리는 호스텔과 럭셔리 리조트까지 입맛대로 골라보자. 중심가일수록 가격에 비해 시설이 낡은 편이니 오토바이를 빌릴 예정이라면 외곽에 묵는 것도 괜찮다. 시설이 좋은 호텔들은 대부분 외곽에 위치해 있지만 픽 · 드롭 서비스를 제공한다.

Best of Best

굽이굽이 762개의 고개를 넘어야만 만날 수 있는 빠이. 산으로 둘러싸인 작은 마을에 발길이 묶인 청춘들이 늘면서 빠이 특유의 분위기와 문화가 형성되었다. 대체 무엇이 이토록 빠이에 열광하게 하는가. 다채로운 매력 베스트를 꼽아본다.

볼거리 BEST 3

운해와 물안개의 만남,
윤라이 전망대

황금빛으로 물드는 협곡,
빠이 캐니언

서정적인 풍경,
뱀부 브리지

먹을거리 BEST 3

길거리 음식의 천국,
워킹 스트리트 야시장

한 번은 먹어봐야 할
쏨땀과 까이양

여행 기분 물씬,
브런치

즐길거리 BEST 3

스쿠터 타고 떠나는
카페 호핑

더운 나라에서 즐기는
온천욕

자연과 문화를 동시에!
매헝썬 데이 트립

치앙마이에서 빠이로 가는 방법

빠이는 치앙마이에서도 더욱 북쪽, 미얀마와 국경을 맞대고 있는 매헝썬으로 가는 길에 위치한 작은 마을이다. 항공과 육로 둘 다 이용할 수 있는데, 치앙마이에서 버스를 타고 이동하는 것이 일반적이다. 오토바이를 타고 오가는 사람도 제법 있다. 아름다운 것일수록 손에 쥐기 힘든 법! 빠이로 가는 여정 역시 녹록지 않다. 762개의 오르락내리락 꼬불꼬불 커브 길을 돌아야만 만날 수 있다.

항공

빠이에는 국제공항이 없다. 터미널을 연상시키는 작은 국내선 전용 공항이 있는데, 하루 1대 치앙마이와 빠이를 오가는 칸 에어라인 항공편만 운항한다. 12인승의 경비행기다. 시기에 따라 주간 운항 횟수가 다르니 홈페이지를 미리 체크하자. 인원이 적을 시 결항되기도 한다. 빠이 공항은 워킹 스트리트에서 약 2km 떨어진 곳에 위치해 있다.

칸 에어라인 www.kanairlines.com

미니밴

빠이 버스터미널

치앙마이에서 빠이까지는 약 136km, 차로 약 3시간 반이 소요된다. 쁘렘쁘라차Prempracha와 아야 서비스Aya Service 두 개 회사의 미니밴이 운영되며, 치앙마이 터미널에 가서 직접 표를 구매하거나 숙소나 여행사를 통해 예약할 수 있다.

쁘렘쁘라차는 아비아 부킹에서 대행을 맡고 있으며 치앙마이 버스터미널 2 외부에 티켓 판매소가 있다. 여행사 대행으로 구입할 경우에는 픽업을 포함하는 것이 훨씬 효율적이다. 빠이 버스터미널은 여행자의 거리인 워킹 스트리트 중심에 위치하고 있다.

회사명	예약 방법	특징	시간	요금
쁘렘쁘라차	치앙마이 버스터미널 2에서 직접 예약	자리 지정 가능	06:30~17:30 (1시간 간격)	150밧
	숙소, 여행사 대행	픽업 서비스 가능		150밧 (픽업 포함 시 200밧)
아야 서비스	숙소, 여행사 대행	픽업 서비스 가능	07:30~17:30 (1시간 간격)	150밧 (픽업 포함 시 200밧)

아비아 부킹 전화 053-231-815 홈페이지 www.aviabooking.net
아야 서비스 전화 086-431-7416 홈페이지 www.ayaservice.com

빠이에서 다니는 방법

빠이 버스터미널이 있는 차이 송크람 로드를 중심으로 숙소와 식당, 편의시설들이 모여 있다. 1km 남짓한 이 거리를 여행자의 거리, 영어로는 워킹 스트리트Walking Street라고 부른다. 동쪽으로 빠이강이 흐르며, 강 건너편으로도 숙소와 식당들이 들어서고 있다. 대부분의 볼거리와 즐길거리는 외곽에 위치하고 있어 오토바이를 빌리거나 투어를 이용해 다녀올 수 있다.

오토바이

거리에서 렌털 숍을 쉽게 볼 수 있다. 기종과 연식에 따라 요금이 다르며, 여행자들이 흔히 타는 125cc의 경우 24시간 기준 200밧이다. 유명한 곳은 중심에 있는 아야 서비스.
오토바이 대여 시 국제면허증과 여권, 보증금이 필요하다. 처음일 경우 약 10분간 서비스 강습도 해준다. 초보 여행자들이 많이 찾는 만큼 오토바이 상태가 좋지 않다. 운전이 익숙한 사람이라면 빠이가 아닌 다른 곳에서 더 나은 오토바이를 빌릴 것을 권한다. 자전거 렌털도 함께 하는 경우가 일반적이다.

투어

거리를 걷다 보면 여행사와 투어 상품 광고물을 흔히 볼 수 있다. 빠이 외곽, 빠이 캐니언, 매헝썬, 튜빙 등 다양하다. 미니밴을 이용한 조인 투어로, 저렴한 가격으로 여러 곳을 다닐 수 있다는 장점이 있다. 예약 시 입장료와 추가 비용 여부를 꼼꼼히 확인하자.

택시

일반 차량을 택시로 운영한다. 여행자의 거리인 워킹 스트리트 곳곳에서 택시 서비스라는 간판을 볼 수 있다. 빠이에서 택시는 이동 수단이라기보단 투어로 많이 이용된다. 조인 투어보다는 비싸지만 일행끼리만 다닐 수 있고, 원하는 대로 코스를 짤 수 있어 편리하다.
원하는 목적지의 수와 거리에 따라 가격이 달라지지만, 근교를 갔다고 가정했을 때 주유비 포함 반나절에 800~1,000밧 정도다. 물론 흥정은 필수! 거리에 있는 택시 기사와 직접 흥정하거나 여행사를 통해 예약할 수 있다. 입장료 등 추가 비용은 모두 개인 부담이다.

> **TIP** 육로 이동 시 이것만은 꼭 알아두자
> ❶ 멀미약은 필수! 급한 커브길을 달리다 보면 속이 울렁거리기도 하거니와 의외로 토하는 사람들이 많아 영향을 받을 수 있다. 멀미약을 먹고 잠드는 것이 최선이다. 태국 멀미약이 한국 제품보다 독한 편이다. 만약을 대비해 휴지와 가글도 챙기면 도움이 된다.
> ❷ 가장 좋은 좌석은 운전석 옆 혹은 바로 뒷줄 양쪽 창가 좌석이다.
> ❸ 빠이에 도착하면 빠이 → 치앙마이 표를 미리 구입해 두는 것이 좋다.

빠이
📍 2일 추천 코스 📍

아무것도 하지 않는 것이 미덕인 곳이지만, 은근 놓치면 아쉬운 볼거리, 즐길거리가 많다. 빠이의 매력을 한층 더 끌어올려 줄 포인트들을 콕콕 집은 핵심 코스를 소개한다.

1 일차

구불구불 762개의
커브 길을 지나 배낭여행자들의
성지인 빠이에 도착

→ 도보 5분

맛과 건강을 동시에 잡은
찰리 앤 렉스에서
팟타이로 점심 먹기

→ 도보 10분

워킹 스트리트의
아야 서비스에서
스쿠터 빌리기

↓ 오토바이 15분

세상 한가로움이 다 모인
뱀부 브리지에서
여유로운 시간 가져보기

← 오토바이 10분

깜짝 놀랄 만큼 차가운
팸복 폭포에서
빠이의 더위 식히기

← 오토바이 20분

풍광이 아름다운
더 컨테이너@빠이에서
커피 한 잔 마시기

↓ 오토바이 25분

타 빠이 메모리얼 다리에서
빈티지한
기념사진 남기기

→ 오토바이 5분

빠이 캐니언에서
노을 지는 협곡을 바라보며
맥주 마시기

→ 오토바이 15분

한국인들에게 사랑받는
나스 키친에서
현지식으로 저녁 먹기

오토바이 5분 →

오토바이 5분 →

윤라이 전망대에서
일출(아침 6시)보기

반 싼띠촌 돌아보며
군것질하기

물의 사원 왓 남후에서
소원 빌기

오토바이 30분 ↓

도보 3분 ←

오토바이 35분 ←

에스프레소 바 바이
프라탐 1에서 쉬어 가기

카페 디티스트에서
든든하게 아침 겸 점심 먹기

싸이 응암 온천에서
여독 풀기

도보 7분 ↓

오토바이 10분 →

오토바이 10분 →

PTTM 마사지에서
마사지 만끽하기

왓 프라탓 매옌에서
노을과 야경 둘 다 잡기

야시장 구경하며
굶주렸던 배 채우기

도보 1분 ↓

지코 바에서 신나는
저녁 시간 보내기

빼이 전도
Pai

N

0 ——— 1km

A

B

C

D

E

F

새이 응암 온천
Sai Ngam Hot Spring

탐핫 동굴 방향
Tham Lod Cave

로맨스 어나더 스토리 인 빼이
R Romance Another Story in Pai

빼이 컨트리사이드 리조트
H Pai Countryside Resort

R 어스톤

카페 치토 R
Cafecito

모빵 폭포
Mo Paeng Waterfall

윤라이 전망대
Yun Lai Viewpoint

반 싼띠촌
Ban Santichon

왓 남후
Wat Nam Hoo

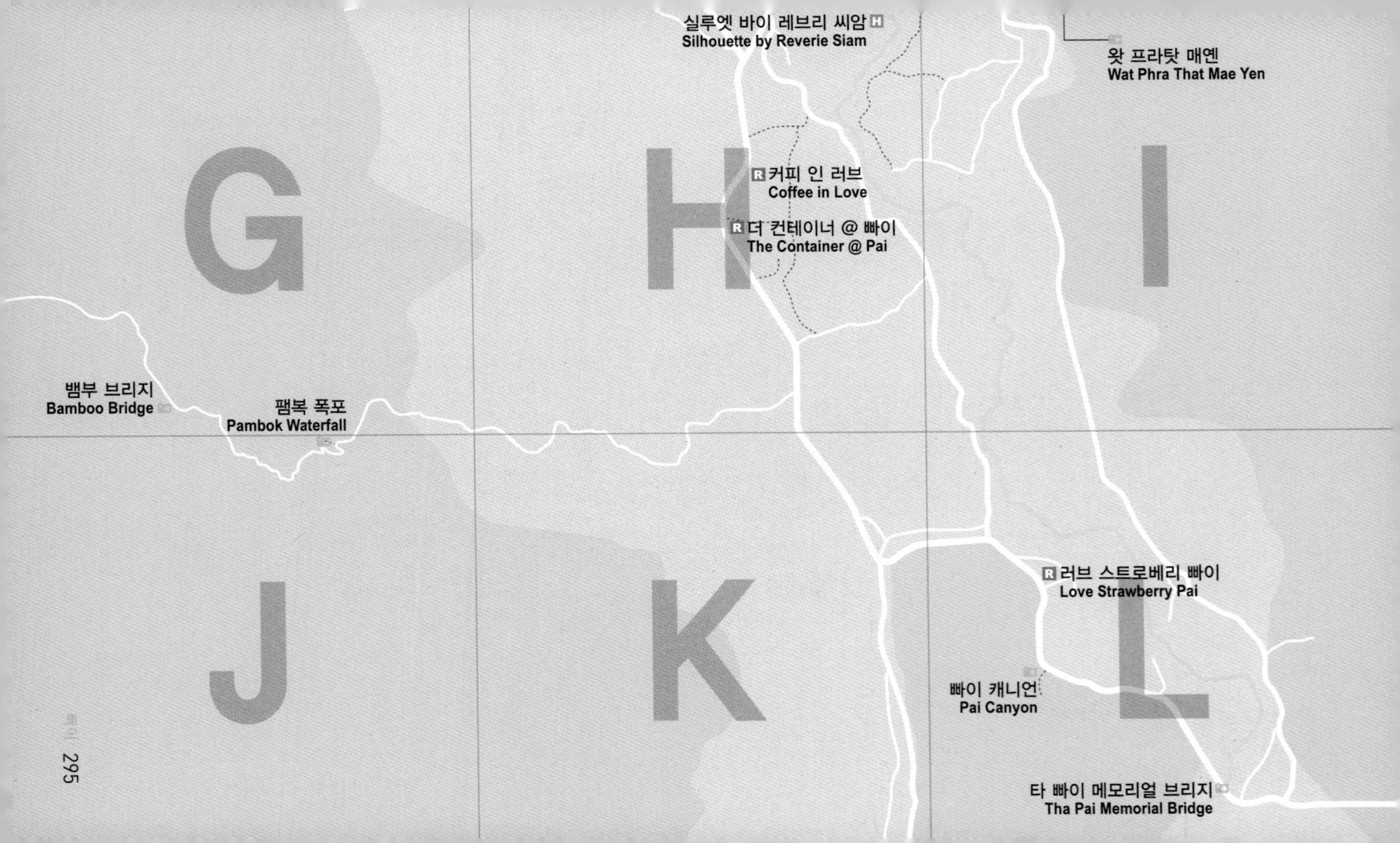

왓 프라탓 매옌
Wat Phra That Mae Yen

러브 스트로베리 빼이
Love Strawberry Pai

빼이 캐니언
Pai Canyon

타 빼이 메모리얼 브리지
Tha Pai Memorial Bridge

실루엣 바이 레브리 씨암
Silhouette by Reverie Siam

커피 인 러브
Coffee in Love

더 컨테이너 @ 빼이
The Container @ Pai

팸복 폭포
Pambok Waterfall

뱀부 브리지
Bamboo Bridge

I

H

K

G

J

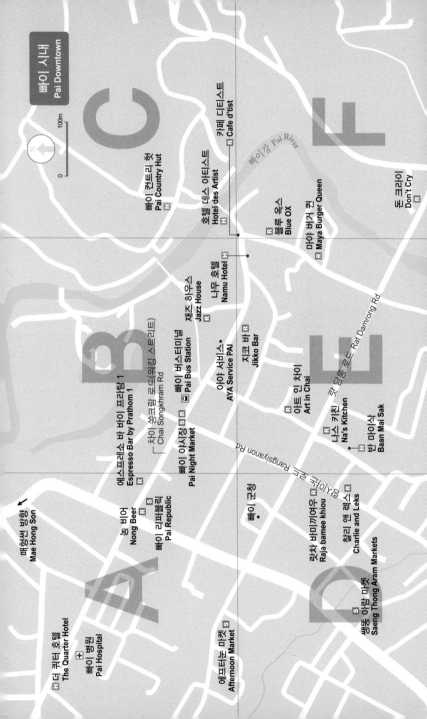

빼이 시내
Pai Downtown

N
0 ——— 100m

빼이 컨트리 헛
Pai Country Hut Ⓗ

호텔 데스 아티스트
Hotel des Artist Ⓗ

빼이강 Pai River

카페 디티스트
Cafe d'tist Ⓡ

블루 옥스
Blue OX Ⓡ

마야 버거 퀸
Maya Burger Queen Ⓡ

돈 크라이
Don't Cry Ⓡ

나무 호텔
Namu Hotel Ⓗ

재즈 하우스
Jazz House Ⓡ

지꼬 바
Jikko Bar

아야 서비스
AYA Service PAI

빼이 버스터미널
Pai Bus Station Ⓢ

차이 쏭크람 로드(워킹 스트리트)
Chai Songkhram Rd

에스프레소 바 바이 프라텀 1
Espresso Bar by Prathom 1 Ⓡ

빼이 야시장 Ⓢ Ⓡ
빼이 나이트 마켓
Pai Night Market

아트 인 차이
Art in Chai Ⓡ

나스 키친
Na's Kitchen Ⓡ

반 마이삭
Baan Mai Sak

랏 담롱 로드 Rat Damrong Rd

랑씨야논 로드 Rangsiyanon Rd

매흥썬 방향
Mae Hong Son

더 쿼터 호텔
The Quarter Hotel Ⓗ

빼이 병원
Pai Hospital ✚

농 비어
Nong Beer Ⓡ Ⓢ

빼이 리퍼블릭
Pai Republic

빼이 군청
•

랏차 바미끼여우
Raja bamee khiou Ⓡ Ⓢ

찰리 앤 렉스
Charlie and Leks Ⓡ

생통 아람 마켓 Ⓢ
Saeng Thong Aram Markets

애프터눈 마켓 Ⓢ
Afternoon Market

A B C

D E F

엄지척 일출 명소
윤라이 전망대 Yun Lai Viewpoint

윤라이Yun Lai는 한자로 운래雲來, 구름이 오는 곳이라는 뜻이다. 해가 뜨기 전 이곳에 오르면 구름 이불을 덮은 빠이의 모습을 볼 수 있다. 해가 뜨면서 물안개가 서서히 사라지는 모습이 아름다워 일출 명소로 꼽힌다. 날이 개면 산으로 둘러싸인 빠이가 한눈에 들어온다. 일출이 가장 유명하지만, 청명한 낮과 황금빛 일몰, 별이 가득한 밤 언제 가도 색다른 매력이 넘친다. 건기에는 운해를 보기 힘드니 참고하자.

중국인 마을인 반 싼띠촌 안쪽에 있으며 입장료에 중국식 차 비용이 포함되어 있다. 전망대 오르는 길은 비포장도로에다가 경사가 매우 심하니 오토바이 운전에 자신이 없는 사람이라면 윤라이 전망대 아래에 오토바이를 세워두고 걸어가는 것을 추천한다.

Data 지도 294p-D
가는 법 빠이 버스터미널에서 서쪽으로 6km
주소 Wiang Tai
전화 081-024-3982
요금 입장료 20밧

빠이의 노을을 책임진다
빠이 캐니언 Pai Canyon

빠이에서 최고의 일몰을 감상할 수 있는 곳이다. 해 질 녘이면 많은 여행자들이 오토바이를 끌고 이곳을 찾는다. '캐니언'이라 이름 붙여졌지만, 웅장함은 기대하지 말 것. 10여 분이면 정상에 닿는데 그때부터 30m 높이의 협곡을 따라 좁은 길이 이어진다. 보기만 해도 아슬아슬한 협곡 끝에서 기념 촬영을 하는 여행자들을 볼 수 있다. 그러나 사고의 위험이 높다. 협곡 끝에서의 기념 촬영은 피하도록 하자.

마음에 드는 풍경을 만나면 걸터앉아 노을을 기다린다. 곧 온 세상이 오렌지빛으로 물들며 말랑말랑한 감동을 선사한다. 맥주나 스낵을 준비해 가면 금상첨화이다.

Data 지도 295p-L
가는 법 빠이 버스터미널에서 1095번 도로를 타고 남쪽으로 8km
주소 Mae Hi, Pai District, Mae Hong Son
전화 086-113-7373

TIP 오토바이를 못 타거나 운전에 자신이 없다면 투어를 이용해 보자. 워킹 스트리트에서 윤라이 전망대나 빠이 캐니언 투어 상품을 쉽게 찾아볼 수 있다.

신비로운 동굴 탐험
탐럿 동굴 Tham Lod Cave

'탐Tham'은 태국어로 '동굴'이라는 뜻이다. 탐럿 동굴은 길이 1.6km, 높이 50m의 석회 동굴로, 역사적으로나 지질학적으로 의미가 큰 동굴이다. 안전상의 문제로 꼭 가이드와 동행해야 입장할 수 있으며, 입구에서 신청할 수 있다. 조명이 전혀 없어 캄캄한 동굴을 손전등을 든 가이드에 의지해 돌아본다.

기괴한 모양의 종유석과 석순이 줄지어 있는데, 높이 20m가 넘는 거대한 석회 기둥도 우뚝 솟아 있다. 박쥐와 칼새 떼의 서식지로, 오후 5시쯤 방문하면 칼새와 박쥐 수천 마리가 떼 지어 동굴을 날아다니는 모습을 볼 수 있다. 내부는 3개 구역으로 나뉘며, 동굴 안으로 강물이 흘러들어와 2구역에서 3구역으로 이동할 때는 대나무로 만든 뗏목을 타고 간다. 3구역에서 1400여 년 전에 만들어진 티크 나무 관 커핀Coffin이 발견되어 커핀 케이브Coffin Cave라 불린다. 우기에는 1구역만 오픈한다.

Data 지도 294p-B
가는 법 빠이 버스터미널에서 1095번 도로를 타고 북쪽으로 50km
주소 Tham Lod, Pang Mapha
요금 가이드 투어 1인 450밧(뗏목 요금 포함)
운영 09:00~18:00

삼림욕과 온천욕을 동시에!
싸이 응암 온천 Sai Ngam Hot Spring

온천은 태국 북부 여행에서 빼놓을 수 없는 백미다. 원래 타 빠이 유황 온천Tha Pai Hot Spring이 가장 유명했으나 외국인 입장료를 300밧으로 올리면서 많은 여행자들이 이곳으로 발길을 돌렸다. 울창한 숲속에서 온천욕을 즐길 수 있는 곳으로, 현지인들에게도 인기가 많다.

수온이 미지근해 아쉬울 수도 있으나 여독을 풀기에는 부족함이 없다. 간이 탈의실과 화장실이 있지만 시설이 열악하고 벌레가 많아 모기 기피제가 필수. 투어 팀이 오기 전인 오전에 가는 것을 권장한다. 마지막 약 2km 넘게 비포장도로가 이어지니 오토바이 운전에 주의하자.

Data 지도 294p-B 가는 법 빠이 버스터미널에서 1095번 도로를 타고 북쪽으로 16km 주소 U-Mong, Mae Na Toeng 전화 081-024-3982 요금 입장료 200밧, 오토바이 1대당 20밧 운영 07:00~18:00

실제로 보면 더 위엄 있는
왓 프라탓 매옌 Wat Phra That Mae Yen

거대한 하얀 대불상이 있어 화이트 부다 템플White Buddha Temple이라고도 불린다. 사원은 특별한 볼거리가 없지만 전망이 유명하다. 빠이 시내에서 가장 높은 곳에 있어, 353개의 계단을 올라야 한다. 푸른 논밭과 옹기종기 집들이 어우러진 풍경이 힘듦을 잊게 해 줄 것이다.

오토바이를 타고 사원 정문까지 올라갈 수 있다. 사원인 만큼 민소매와 짧은 하의는 입장이 제한된다. 아는 사람만 아는 일몰 명당으로, 해질 무렵 가는 것을 추천한다. 밤이 되면 반짝이는 빠이와 하늘을 수놓은 별을 조망할 수 있다. 주위에 카페와 레스토랑 등 숍들이 위치해 있다.

Data 지도 295p-I 가는 법 빠이 버스터미널에서 남동쪽으로 2km 주소 Mae Hi 운영 07:00~18:00

빠이의 차이나타운
반 싼띠촌 Ban Santichon

'반Ban'은 태국어로 마을을 뜻한다. 이곳은 싼띠촌 빌리지Santichon Village 혹은 차이니즈 빌리지 Chinese Village라고 불린다. 과거 중국 국민당을 지지했던 윈난雲南 지역 사람들이 이곳으로 도피해 살기 시작하면서 반 싼띠촌이 형성되었으며, 현재까지도 문화를 잘 간직하고 있다.

중국을 연상케 하는 건축물과 장식들로 테마파크를 꾸몄다. 조랑말 타기, 가마체험, 전통놀이 등을 즐길 수 있다. 중국 의상을 빌려 입고 추억을 남기는 현지인들도 쉽게 볼 수 있다. 한국인들에게는 별로 특이할 것이 없으니 일부러 찾기보다는 윤라이 전망대와 함께 돌아보면 좋다.

Data 지도 294p-D
가는 법 빠이 버스터미널에서 서쪽으로 5km 주소 Wiang Tai 전화 092-530-2512 운영 05:00~18:00

신성한 물의 사원
왓 남후 Wat Nam Hoo

태국 북부의 독립을 이룬 나레수언왕이 죽은 누나 수판카라야Supankalaya 공주를 기리기 위해 지은 사원이다. 500년 전에 만들어진 것으로 추정되는 란나 양식의 청동 불상 프라 운므앙Phra Un Muang을 모시고 있다. 과거 불상의 머리에 물이 고여 있었는데, 태국 사람들은 이를 성수라 여기며 치료 효능이 있다고 믿어 왔다. 왓 남후라는 이름 역시 '물의 사원'이라는 뜻이다.

현재는 물을 만지는 것이 금지되며 성수는 따로 판매한다. 진지하게 기도를 드리는 현지인들의 모습에 절로 엄숙한 마음이 든다. 연못 위에 지어진 것이 특징이며, 고즈넉하게 돌아보기에 좋다.

Data 지도 294p-D
가는 법 빠이 버스터미널에서 서쪽으로 3km 주소 Moo 5 Nam Hu, Wiang Tai 운영 07:00~18:00

저 푸른 초원 위에
뱀부 브리지 Bamboo Bridge

드넓은 논 위에 대나무 다리가 그림처럼 놓여 있다. 현지 이름은 분 코쿠소Boon Kokuso로, '공덕의 다리'라는 뜻이다. 매일 6km 의 길을 걸어서 탁발을 하는 승려들을 위해 주민들이 약 100일 간에 걸쳐 만들었다고 한다. 총길이가 813m로 팸복 마을과 훼이 카이키리Huay Khai Khiri 사원을 잇는다.

얼기설기 대나무를 엮어 만든 다리이지만 이보다 평화로운 길이 어디 있을까 싶다. 한 발 내디딜 때마다 울리는 삐그덕 소리가 정 겹다. 7~11월 우기에는 벼가 자라 초록 세상이 펼쳐지며, 추수 철(대략 11~3월)에는 황금빛 들판을 만날 수 있다. 사원으로 향 하는 길목에 비정기적으로 운영하는 카페도 있다. 그늘이 별로 없으니 오전이나 늦은 오후에 방문하는 것이 좋다.

Data 지도 295p-G
가는 법 팸복 폭포에서
오르막길을 따라 2km
주소 Thung Yao
요금 입장료 30밧(비수기에는
무료)

Data 지도 295p-J
가는 법 빠이 버스터미널에서
남쪽으로 9km. 1095번 도로를
타고 가다가 안내 표지판을 따라
우회전 후 비포장도로로 진입
주소 Thung Yao

TIP 팸복 폭포에서 뱀부
브리지로 가는 길은 매우 좁
고 가팔라서 위험하다. 사고
가 많이 나는 지역이니 오토
바이 운전에 각별한 주의가
필요하다.

빠이의 더위를 식혀주는
팸복 폭포 Pambok Waterfall

바다가 없는 태국 북부에서 계곡은 더위를 식혀주는 반가운 친구다. 팸복 폭포는 서양 여행자들이 수영을 즐기기 위해 많이 찾는 명소 중 하나. 좁은 협곡 사이에 위치해 있어 우기에는 제법 웅장한 폭포를 만날 수 있지만, 건기에는 별로 볼거리가 없다.
주차장에서 폭포까지의 거리는 100m 정도로 매우 가깝지만, 땅이 질어 미끄러우니 조심해야 한다. 팸복 폭포 바로 아래는 물이 깊으니 각별히 주의하도록 하자.

돌 미끄럼틀을 타보자
머빵 폭포 Mo Paeng Waterfall

물놀이를 즐기기에 안성맞춤인 폭포다. 널찍한 바위를 평상 삼아 신선놀음을 만끽할 수 있고, 주변에 햇살이 잘 들어 태닝을 하기에도 좋다. 이곳의 하이라이트는 돌 미끄럼틀 타기. 바위 사이로 흐르는 시원한 폭포수에 몸을 맡기고 천연 미끄럼틀을 타는 용감한 여행자들을 쉽게 볼 수 있다.
주변에 편의 시설이 없으므로 미리 옷 안에 수영복을 입고 가는 것을 추천한다. 건기에는 물이 마르니, 우기에 방문하는 것을 권한다.

Data 지도 294p-D
가는 법 빠이 버스터미널에서
서쪽으로 9km
주소 Mae Na Toeng

아픈 역사를 품고 있는
타 빠이 메모리얼 브리지 Tha Pai Memorial Bridge

빠이강을 잇는 철교로, 빠이로 들어서는 관문 역할을 한다. 1942년 2차 세계대전 당시 일본군이 영국의 식민지였던 버마(현재의 미얀마)를 공격하기 위해 건설했다. 이때 매헝썬 지역의 주민들과 코끼리들까지 강제 동원되었다. 패전 후 후퇴하던 일본군이 다리에 불을 질러 파괴하였고, 이후 목조 다리를 재건했지만 홍수로 또 소실되었다. 지금의 다리는 치앙마이 나와랏 다리Nawarat Bridge 를 보수할 때 사용한 철근을 옮겨와 1975년 재건한 것이다.

빈티지한 기념사진을 찍기 위한 여행자들의 발길이 끊이지 않고 있다. 우기 시즌에는 빠이강에서 뗏목 체험을 할 수 있다. 다리 보존을 위해 차량 통행은 금지되고 있다.

Data 지도 295p-L
가는 법 빠이 버스터미널에서 1095번 도로를 따라 남쪽으로 10km
주소 1095, Mae Hi

❖ 매헝썬으로 떠나는 하루 ❖

빠이에 머문다면 한 번쯤은 하는 고민! 매헝썬 갈까, 말까? 매헝썬은 치앙마이 북서쪽의 미얀마와 이웃하고 있는 주이다. 빠이 역시 매헝썬주에 속하며 빠이에서 약 100km 떨어진 곳에 매헝썬 주도가 자리한다. 매헝썬은 호수를 끼고 있는 작은 도시로 고즈넉한 매력이 흐른다. 주변으로 자연과 문화가 어우러진 볼거리들이 있다. 여정 자체가 워낙 아름다워 꼭 매헝썬까지 다다르지 않더라도 한 번쯤은 떠나볼 것을 권한다. 여행사에서 운영하는 데이 트립을 이용하는 것도 방법이다.

추천! 매헝썬 지역 알짜배기 포인트

❖ 빵웅 호수 Pang Oung Lake

태국 사람들 중에도 아는 사람이 많지 않은 숨은 여행지이다. 원래 대대적인 아편 재배지였지만 고 푸미폰 전 국왕의 로열 프로젝트를 통해 지금의 모습을 갖추게 되었다. 태국의 스위스라는 별명이 붙을 만큼 파란 하늘의 반영을 머금은 호수가 무척 아름답다. 새벽이면 짙은 물안개가 피어나고, 밤이면 하늘에 별들이 가득하다. 캠핑을 좋아한다면 버킷 리스트 1순위에 올려두자. 방갈로나 텐트도 빌릴 수 있다.

Data 가는 법 빠이에서 매헝썬 방향으로 1095번 도로를 따라 117km 주소 Ban Rak Thai, Mok Cham Pae 전화 084-365-0776

✤ 반락타이
Ban Rak Thai

해발 1,800m 호숫가에 위치
한 마을이다. 반 싼띠촌과 마
찬가지로 공산당에 쫓겨 망명
한 원난 지역 사람들이 모여 살기 시작한 곳으로, 중국 색채가 강하다. 반락타이 마을은 차茶로 유
명한데 계단식 차밭과 진흙으로 지은 집들이 어우러져 이국적인 감성을 자아낸다.

Data 가는 법 빵웅 호수에서 북쪽으로 12km 전화 094-242-6263 주소 Mok Cham Pae

✤ 쑤떵빼 다리
Su Tong Pae Bridge

먼 길을 돌아 마을로 탁발을
다니는 승려들을 위해 주민들
이 직접 돈을 모아 만든 다리
이다. 반 궁마이삭 마을과 왓 탐푸사마 사원을 이어주며, 약 500m의 대나무 다리를 따라가면 사
원이 나타난다. 입구에서 컬러풀한 종이우산을 빌려주어 사진 찍기에 좋다.

Data 가는 법 매헝썬에서 빠이 방향으로 1095번 로드를 타고 10km, 표지판을 따라 좌회전 후
2km 직진 주소 Pang Mu

✤ 왓 프라탓 도이껑무 Wat Phra That Doi Kong Mu

매헝썬의 대표 관광지. 매헝썬에서 가장 높은 곳에 위치한 사원으로 시내와 호수가 파노라마로 펼
쳐진다. 2개의 하얀 쩨디에는 산족 출신 고승의 사리가 안치되어 있으며, 쩨디 뒤편에 위치한 법당
은 미얀마 스타일의 건축 양식을 하고 있다. 밤에 조명을 켜면 색다른 분위기를 자아낸다.

Data 가는 법 매헝썬 도이껑무산 정상에 위치 주소 Chong Kham
전화 053-611-221 운영 07:00~18:00

❖ 롱넥 마을 반 훼이수아 타오
Long Neck Village Ban Huay Sua Tao

긴 목으로 유명한 까렌족이 모여 사는 상업 마을이다. 까렌족은
미얀마의 소수민족으로, 내전 때 이곳으로 피난을 왔다. 입장료
를 내고 마을로 들어서면 까렌족과 함께 사진 촬영을 할 수 있
다. 까렌족이 목에 차고 있는 목걸이를 착용해 볼 수 있으며, 직
접 짠 스카프와 패브릭, 미니어처로 만든 목걸이 등 다양한 수공
예품도 판매한다.

Data 가는 법 매헝썬에서
서쪽으로 11km 주소 Pha Bong
운영 08:00~18:00 요금 입장료
250밧

❖ 반 자보 뷰포인트 Ban Jabo Viewpoint

빠이와 매헝썬 사이에 자리 잡고 있는 작은 마을 반 자보. 자욱
하게 운해雲海가 끼는 일출 명소로 입소문을 타면서 유명해졌
다. 전망대 바로 옆 절벽에 걸터앉아 국수를 먹는 것으로 알려진
절벽 국숫집이 있다. 빠이에서 오토바이로 1시간 30분에서 2시
간 정도 걸린다. 커브 길이 이어지니 오토바이 운전 시 주의해야
한다. 주위 캠핑장과 숙소들이 위치해 있다.

Data 가는 법 빠이에서 매헝썬
방향으로 57km
주소 Pang Mapha

길거리 음식의 천국
야시장 Night Market

태국 여행에서 빼놓을 수 없는 야시장! 해가 뉘엿해지면 여행자 거리인 워킹 스트리트와 랑시야논 도로를 중심으로 차량이 통제되고 노점들이 들어선다. 규모가 크지는 않지만, 태국식 볶음국수부 터 타코, 피자, 케밥, 초밥까지 온 세상 먹을거리가 다 모였다. 코코넛 풀빵과 바나나 로띠, 찹쌀떡 구이 등 디저트까지 완벽한 한 끼를 선사한다. 신선한 열대 과일도 먹기 좋게 잘라서 판매한다.
다양한 종류의 음식과 착한 가격, 푸짐한 양까지! 매일 저녁을 이곳에서 해결해도 괜찮을 정도이 다. 밤이면 여행자들 대부분이 이곳으로 모이면서 한적한 낮과는 달리 왁자지껄 인산인해를 이룬 다. 한 손에는 꼬치구이를, 한 손에는 맥주를 들고 한량처럼 빠이의 밤에 물들어보자.

Data 지도 296p-B
가는 법 워킹 스트리트와 랑시야논 로드 영업 18:00~22:00

맛과 건강을 동시에!
찰리 앤 렉스 Charlie and Leks

입구에 쓰인 '건강한 식당'이라는 문구가 눈길을 끈다. 향이 강하지 않고, 깔끔한 맛으로 사랑받는 곳이다. 시그니처는 통째로 튀긴 생선 요리이지만, 한국인들에게는 팟타이가 유명하다. 바나나꽃 샐러드, 태국 북부의 버섯볶음 등 다른 곳에서는 맛보기 어려운 태국 요리에 도전해보아도 좋겠다.

채식주의자를 위한 메뉴도 준비되어 있다. 태국 여행을 하다 보면 의외로 신선한 채소가 그리운데, 50밧을 내면 이용할 수 있는 샐러드 바가 있어 더욱 반갑다. 트립 어드바이저 상위권에 있는 곳인 만큼 늘 서양 여행자들로 붐빈다.

Data 지도 296p-D
가는 법 워킹 스트리트 두앙 레스토랑 옆 골목으로 직진 400m
주소 Thailand, Wiang Tai, Amphoe Pai, Chang Wat Mae Hong Son 58130
전화 081-733-9055
영업 11:00~21:30
휴무 일요일
가격 팟타이 50밧부터, 갈릭 앤 페퍼 피시 220밧

영혼을 채우는 건강함
어스 톤 Earth Tone

단순히 고기를 뺀 음식이 아닌 정성을 담은 채식 메뉴를 선보인다. 유기농 재료를 사용해 재료 본연의 맛이 살아 있다. 태국 전통 목조 가옥을 개조해 만들었으며 신발을 벗고 들어가야 한다. 주문을 받는 서버가 따로 없어 직접 메뉴판을 들고 가야 한다. 음식을 고른 후 테이블에 놓인 종이에 테이블 번호와 메뉴를 적어 카운터에 가져다주면 주문 끝! 라이스 샐러드와 페스토 파스타, 열대과일 와플 등 채식주의자가 아니어도 즐길 수 있는 메뉴도 있다. 음식이 나오는 데까지 시간이 걸리는 편이다. 한쪽에는 친환경 용품과 식품, 화장품 등 다양한 소품들을 판매한다.

Data 지도 294p-F
가는 법 왓 프라탓 매옌 입구 건너편
주소 81, Rural Rd., Mae Hi
전화 093-307-6686
영업 09:30~17:00
휴무 토요일
가격 라이스 샐러드 90밧, 페스토 파스타 90밧
홈페이지 facebook.com/earthtoneinpai

한국인 입맛에 잘 맞는
나스 키친 Na's Kitchen

향신료가 강하지 않아 한국인에게 인기 있는 로컬 식당. 테이블 6개의 작은 식당으로, 서비스가 느린 편이다. 여러 가지 태국 음식 중에서도 갈릭 생선구이, 팟타이, 볶음밥과 카레가 대표적이다. 여기에 스프링롤과 모닝글로리 볶음을 추가해 먹어보자. 일찍 재료가 떨어져 원하는 음식을 주문하지 못하는 경우도 종종 있다.

Data 지도 296p-E
가는 법 워킹 스트리트에서 반 빠이 레스토랑 쪽으로 우회전 후 다음 사거리에서 좌회전 주소 Rat Damrong Rd., Wiang Tai 전화 081-387-0234 영업 17:00~23:00 가격 팟타이 60밧부터, 카레 100밧부터

해장으로 좋은
랏차 바미끼여우 Raja Bamee Khiou

한국인들 사이 랏차 완탕라면 맛집으로 불리는 곳이다. 꼬들꼬들한 달걀면과 깔끔하면서도 살짝 단 국물이 특징이다. 고춧가루와 고추절임, 파를 듬뿍 넣으면 칼칼한 맛이 된다. 과음한 다음 날이면 생각나는 맛이다. 양이 적으니 곱빼기를 시키는 것이 좋다. 유쾌한 주인 아주머니가 만든 김치도 판매한다. 한국 김치를 흉내 낸 2% 부족한 맛이지만 완탕면과 같이 먹기에 괜찮은 맛이다.

Data 지도 296p-D 가는 법 워킹 스트리트에서 두앙 레스토랑 옆 골목으로 300m 직진
주소 4 Moo 4, Wiang Tai 전화 053-699-152 영업 08:30~17:00
가격 완탕면 35밧(곱빼기 40밧), 김치 10밧

만만한 밥집
농 비어 Nong Beer

빠이 워킹 스트리트를 걷다 보면 늘 마주치는 식당이 농 비어다. 이 식당이 괜찮은 이유는 아침 시간에 문을 열고 늦은 저녁까지 운영한다는 점, 태국 북부 요리를 포함한 태국 대부분의 요리를 맛볼 수 있다는 점이다.

이 집의 대표적인 메뉴로는 카우쏘이와 사태, 생선구이, 여기에 맥주를 곁들여 마시는 것도 괜찮다. 음식 맛은 대체로 무난한 편이다. 무료 와이파이도 제공된다.

Data 지도 296p-A
가는 법 빠이 버스터미널에서 서쪽으로 도보 1분
주소 230 Moo 1, Wiang Tai
전화 053-699-103
영업 09:00~22:00
가격 카우쏘이 40밧, 프라이드 스파이시 피시 200밧, 사태 80밧

힙한 멕시칸 레스토랑
카페 치토 Cafe Cito

간판부터 인테리어, 플레이팅까지 감각적이다. 더운 나라와 잘 어울리는 멕시코 음식을 판매하는데, 토르티야부터 직접 반죽해서 만드는 전통 홈메이드 스타일 타코와 케사디야를 만날 수 있다. 입맛을 돋우는 새콤한 수제 소스를 곁들이면 풍미가 더욱 풍부해진다. 멕시칸 오믈렛, 브렉퍼스트 부리토 등 든든한 조식 메뉴 또한 이곳을 찾아야 할 이유 중 하나이다. 모든 메뉴는 채식 옵션이 가능하다.

저녁 식사 시간에는 문을 열지 않는다. 중심가에서 조금 떨어진 곳에 위치해 있지만 가볼 만한 가치가 충분한 음식점이다.

Data 지도 294p-E
가는 법 빠이 버스터미널에서 남쪽으로 1km
주소 258 Moo 8, Wieng Tai
전화 053-699-055
영업 09:00~17:00
가격 타코 140밧, 부리토 150밧
홈페이지 www.cafecitopai.com

버거킹이 부럽지 않은
마야 버거 퀸 Maya Burger Queen

세계에 버거킹Burgerking이 있다면 빠이에는 버거 퀸이 있다. 육즙이 뚝뚝 떨어지는 수제 버거로 세계 각국 여행자들의 마음을 사로잡았다. 패티는 비프와 치킨, 채식 중 고를 수 있으며, 약 20가지 종류의 버거 조합을 갖추고 있다. 언제나 옳은 치즈 베이컨 버거Cheese Bacon Burger, 파인애플이 들어간 하와이안Hawaiian Burger, 할라피뇨가 들어간 스파이스 퀸Spices Queen Burger 등 입맛대로 골라보자. 갈릭 마요에 찍어먹는 감자튀김도 인기 있다.

저녁 늦게까지 문을 열어서 음주 후 배가 출출해진 여행자들의 좋은 친구가 되어 준다. 치앙마이에도 지점이 있다.

Data 지도 296p-E
가는 법 워킹 스트리트 서쪽에 위치한 호텔 데스 아티스트 맞은편 골목으로 직진
주소 61/2 Moo 1, Wiang Tai
전화 093-043-2870
영업 13:00~22:00
가격 클래식 버거 90밧, 감자튀김 40밧
홈페이지 facebook.com/MayaBurgerQueen

알록달록 낭만이 흐르는
카페 디티스트 Cafe d'tist

호텔 데스 아티스트Hotel des Artists에서 운영하는 레스토랑이다. 호텔 데스 아티스트에 머무르면 이곳에서 조식을 먹을 수 있는데, 조식 때문이라도 호텔 데스 아티스트에 머물고 싶을 만큼 음식 맛이 괜찮다. 또한, 메인 거리에 위치해 있지만 번잡하지 않고 빠이의 운치를 고스란히 느낄 수 있다. 야외에만 좌석이 마련되어 있지만, 큰 나무들과 오두막이 설치되어 있어 뜨거운 햇빛을 피할 수 있다. 곳곳에 콘센트가 마련되어 있고, 빵빵한 와이파이를 무료로 이용할 수 있어서 노트북으로 작업하기에 좋다. 단, 모기 기피제는 필수!

Data 지도 296p-F 가는 법 워킹 스트리트의 나무 호텔 맞은편 주소 99 Moo 3, Wieng Tai 전화 053-699-539 영업 07:00~22:00 가격 커피 45밧부터, 프렌치토스트 85밧 홈페이지 facebook.com/hotel.pai

숨겨두고픈 아지트
에스프레소 바 바이 프라탐 1 Espresso Bar by Prathom 1

꼭꼭 숨겨두고 나만 간직하고 싶은 카페이다. 나지막한 건물 앞으로 테이블 3~4개가 놓여 있는데, 이게 전부가 아니다. 안으로 들어서면 제법 널찍한 다락방이 나타난다. 메인 거리 중심에 있다고 믿기 힘들 정도로 정적인 평온함이 흐른다.
각종 수집품으로 꾸며져 있으며 주인의 취향을 한껏 반영한 공간이다. 에어컨이 없어도 시원한 나무 바닥에 누워서 책을 읽거나, 엽서를 쓰며 여행자의 하루를 만끽해 보자. 제법 맛있는 커피는 물론, 오믈렛과 볶음밥 등 간단한 식사도 할 수 있다.

Data 지도 296p-A 가는 법 빠이 버스터미널에서 동쪽으로 도보 3분 주소 230 1095, Wiang Tai, Pai District, Mae Hong Son 전화 081-316-5609 영업 월~목 14:00~21:00, 금~일 14:00~22:00 가격 아메리카노 60밧

분위기 잡고 싶을 때
블루 옥스 Blue OX

오랫동안 여행자들에게 사랑받았던 더 스테이크 하우스The
Steak House가 블루 옥스라는 이름으로 새롭게 문을 열었다. 여
전히 호주산 소고기를 사용하는 스테이크 전문점이라 더욱 반갑
다. 호주산 소고기 스테이크 외에도 로스트 덕, 포크찹, 연어 스
테이크 등 푸짐한 바비큐 요리를 접할 수 있다. 애피타이저 종류
도 다양해 여럿이서 나눠먹기에 좋다.

빠이에서 보기 힘든 고급 레스토랑으로, 실내를 지나면 건물 뒤
쪽으로 초록빛의 야외 좌석이 있다. 오전에는 조식 뷔페로 운영
되며, 저녁에는 감미로운 라이브 공연이 열린다.

Data 지도 296p-F
가는 법 워킹 스트리트 서쪽에
위치한 호텔 데스 아티스트
맞은편 골목으로 직진
주소 88 Moo 3, Wieng Tai
전화 081-827-7047
영업 07:30~10:30, 17:30~22:00
가격 스테이크 380밧부터,
바비큐 세트 500밧
홈페이지
www.theblueoxpai.com

'매우 좋다'라는 뜻의 카오타
카오타 카페 Khao Tha Cafe

진한 에스프레소가 생각난다면 카오타 카페로 향하자. 빠이가 위치해 있는 매형썬 지역에서 생산하는 아라비카 100%를 사용해 직접 원두를 볶는 로스터리 카페다. 카페 내부 한 켠에는 원두가 산처럼 쌓여 있으며, 커피 농장 또는 커피 공장을 개조한 듯한 빈티지한 인테리어가 인상적이다. 또한, 구석구석 귀여운 아이템들로 꾸며져 있어 눈이 즐거운 공간이다.

친구나 회사 사람들에게 선물하기에 좋은 원두도 판매하니 구매해도 좋겠다. 무거운 짐이 신경 쓰이는 장기 여행자라면 핸드 드립 티백으로 카오타 카페의 순간을 간직해 보자.

Data 지도 294p-E 가는 법 빠이 버스터미널에서 남쪽으로 1km
주소 414 Moo 8, Wiang Tai 전화 093-993-5614 영업 07:00~17:00 가격 에스프레소 40밧부터

히피스러움이 가득!
아트 인 차이 Art in Chai

빠이에서 만나는 작은 인도. 자유분방함이 느껴지는 공간에 여행자들이 남기고 간 손때 묻은 책들이 놓여 있고 천장에는 힌두 경전이 쓰여 있는 색색의 타르초가 걸려 있다.

이곳에서는 인도식 차이Chai와 각종 허브 차를 맛볼 수 있다. 차이 티에 들어가는 우유의 종류를 고를 수 있는데, 고소한 풍미를 느낄 수 있는 코코넛 밀크를 추천한다. 채식주의 카페로 홈메이드 빵과 디저트를 판매한다. 요일별로 라이브 음악과 시 낭송회를 진행한다. 저녁 8시부터 여행자들의 공연이 펼쳐지며 색다른 분위기로 변한다.

Data 지도 296p-E
가는 법 빠이 버스터미널에서 남쪽으로 도보 2분
주소 Rat Damrong Rd., Wiang Tai
전화 087-178-7742
영업 09:00~23:00
휴무 화요일
가격 차이 티 60밧부터, 채식 버거 120밧

멍 때리기 넘버 원
더 컨테이너 @ 빠이 The Container @ Pai

유유자적 여유로운 시간을 보내기에 좋은 곳이다. 1층에서 주문을 하고 2층으로 올라가면 새장처럼 생긴 해먹이 주렁주렁 매달려 있는데, 해먹에 몸을 맡기면 이보다 편할 수 없다. 한두 시간쯤은 순식간에 흐르는 타임 워프를 주의할 것!

커피 인 러브에 뒤지지 않는 풍광을 자랑하면서도 훨씬 여유로운 분위기이다. 커피와 맥주, 간단한 식사를 즐길 수 있다. 주인 부부가 무척 친절해 느린 서비스도 용서가 되는 곳이다.

Data 지도 295p-H 가는 법 커피 인 러브를 지나 남쪽으로 500m
주소 Thung Yao, Chianf Mai-Pai Rd. 전화 093-302-3975 영업 09:00~17:00
가격 커피 50밧부터, 볶음밥 60밧부터 홈페이지 facebook.com/iloveupaicafe

포토존 카페의 원조 격
커피 인 러브 Coffee in Love

빠이 인증샷 배경으로 가장 많이 등장하는 'I am Pai' 표지판이 있는 카페. 여행자의 거리에서 오토바이를 타고 10분 정도만 달리면 만날 수 있다. 카페에 들어서는 순간 탁 트인 전망에 마음을 뺏기고 말 것이다. 지평선을 따라 펼쳐진 파란 하늘과 산들이 기분까지 청량하게 해준다.

카페 내부에는 창문이 없어 바람을 그대로 느낄 수 있는 공간이다. 몇 안 되는 창가 쪽 좌석은 여행자들 사이에서 인기 있는 포토존으로 경쟁이 매우 치열하다. 커피 맛이 풍경을 따라오지 못하는 점이 이 집의 유일한 단점이다.

Data 지도 295p-H 가는 법 아야 서비스에서 남쪽으로 3km 주소 92 Moo 3, Chianf mai-pai Rd.
전화 053-698-251 영업 07:00~18:30 가격 커피 50밧부터 홈페이지 buly.kr/FsGeTZh

새콤달콤 과즙미가 팡팡!
러브 스트로베리 빠이 Love Strawberry Pai

딸기를 테마로 한 야외 카페. 딸기는 동남아에서 귀한 과일로, 다른 곳보다 기온이 낮은 태국 북쪽 지방 특산품이다. 딸기 스무디와 셰이크 등의 음료와 디저트를 맛볼 수 있으며 잼과 기념품 등을 판매한다. 건물 뒤로는 딸기밭이 펼쳐져 있다. 알록달록한 우산과 딸기 조형물들로 꾸며져 있어 사진 촬영을 하기에 안성맞춤이다. 특히, 아이들과 함께 하면 더욱 좋다. 중국인 여행자들 사이에 인기가 많은 곳으로, 시간대를 잘못 맞추면 단체 관광객과 마주할 수 있으니 참고하자.

Data 지도 295p-L 가는 법 커피 인 러브에서 남쪽으로 5km 주소 80 Moo 10, Wiang Tai 전화 081-765-3629 영업 07:00~18:00 가격 딸기 셰이크 80밧 홈페이지 facebook.com/Lovestrawberrypai

동물들이 뛰어노는
로맨스 어나더 스토리 인 빠이 Romance Another Story in Pai

숙소와 농장을 함께 운영하는 리조트. 현지인들은 줄여서 로맨스 팜이라고 부른다. 넓은 초원에 북유럽 스타일의 농장이 그림처럼 어우러져 있다. 현지인들의 웨딩 사진 촬영 장소로도 많이 이용될 만큼 풍경이 아름답다. 입구 왼쪽에는 카페, 오른쪽에는 농장이 자리 잡고 있다.
가까이에서 말과 양들을 구경하고, 직접 먹이를 줄 수 있는 체험도 할 수 있다. 입장권은 카페에서 아이스크림이나 음료로 교환할 수 있다. 메뉴는 유기농 우유와 아이스크림, 검은색의 차콜 브레드 Chacol Bread가 인기 있다.

Data 지도 294p-C 가는 법 아야 서비스에서 북쪽으로 4km 주소 9CJX+MWV, Unnamed Road Wiang Nuea, Pai District, Mae Hong Son 전화 080-031-3535 영업 07:00~18:00 가격 입장료 50밧, 차콜 브레드 105밧 홈페이지 buly.kr/2fbouMc

(구) 에더블 재즈 바
재즈 하우스 Jazz House

치앙마이에 노스게이트가 있다면 빠이에는 재즈 하우스가
있다. 과거 '에더블 재즈 바'가 주인이 바뀌며 재단장해 문을
연 곳으로 힙한 분위기가 남아 있어 여전히 핫하다. 태국식
목조 건물과 넓은 정원을 개조한 오픈 공간에서 매일 밤 7시
30분부터 9시 45분까지 라이브 공연이 펼쳐진다. 평상과
해먹에서 뒹굴거리며 재즈의 선율을 감상해 보자.
매주 일요일에는 누구나 참여할 수 있는 오픈 마이크가 열려
더 시끌벅적하다. 피자와 맥주를 곁들이면 행복이 배가 된
다. 호스텔도 함께 운영하며, 낮에는 카페로 운영된다.

Data 지도 296p-B
가는 법 아야 서비스 서쪽 골목으로 들어선 후 도보 2분
주소 24/1 moo3 viengtai Pai District, Mae Hong Son
전화 061-923-6689 **영업** 19:00~23:00 **가격** 피자 200밧부터
홈페이지 facebook.com/JazzHousePai

TIP 7월에 빠이를 가게 된다면 빠이 재즈 페스티벌Pai Jazz Festival을 꼭 체크해보자. 방콕과 치앙
마이에서 활동하는 뮤지션들과 어울려 어쿠스틱, 블루스, 소울 등 다채로운 음악으로 귀호강을 할 수
있다. **홈페이지** www.paijazzandbluesfest.com

함께 마시면 더 즐거운
지코 바 Jikko Bar

빠이의 인싸 지코가 운영하는 바. 세련된 인테리어에 놀라고, 빠이에서 보기 힘든 생맥주와 다양한 수제 맥주에 한 번더 놀라게 된다. 라오스, 독일, 호주 맥주까지 폭넓은 세계맥주를 만날 수 있는 곳이다.
'좋은 맥주는 친구와 함께Good Beer with Friends'라는 슬로건을 내건 만큼 친절한 바텐더와 화기애애한 분위기가 돋보인다. 버거와 샌드위치, 간단한 스낵들도 판매한다.

Data 지도 296p-E
가는 법 빠이 버스터미널에서 동쪽으로 도보 3분
주소 65/3, Chai Songkhram Rd
전화 089-112-5473
영업 17:00~24:00
가격 맥주 70밧~, 감자튀김 65밧

빠이의 애프터 클럽
돈 크라이 Don't Cry

빠이 대부분의 술집들은 자정이 다가오면 문을 닫는다. 자정이 넘어서도 뜨거운 흥을 이어가고 싶다면 돈 크라이로 가보자. 중심가에서 15분 정도 걸어야 하지만, 대부분 청춘의 발걸음이 그곳으로 향하고 있어 쉽게 동행자를 찾을 수 있다. 야외 공간으로 신나는 클럽 음악이 쉴 새 없이 흘러나온다. 술이 비싼 편이며 양동이에 담긴 칵테일을 나눠먹는 모습을 흔히 볼 수 있다. 버킷으로 구입하면 돈 크라이 티셔츠를 받을 수 있어 더욱 인기 있다. 분위기에 따라 새벽 2~4시까지 오픈한다.

Data 지도 296p-F 가는 법 호텔 드 아티스트 맞은편 골목으로 들어선 후 사거리에서 좌회전
주소 Mae Hi, Pai District, Mae Hong Son
전화 088-830-5953 영업 12:00~03:00 가격 보드카 버킷 460밧
홈페이지 facebook.com/dontcrybarpaithailand1

 즐거운 시장 구경
쌩똥 아람 마켓 Saeng Thong Aram Markets

이른 아침부터 늦은 오후까지 운영하는 빠이의 상설 시장이다. 야시장이 여행자들을 위한 곳이라면, 이곳은 현지인들을 위한 장소. 꽤 넓은 부지에서 채소와 과일, 각종 반찬과 식료품, 생활용품 등을 판매한다.

현지인의 일상을 엿보고 싶다면 이른 아침 시장 구경을 나서보자. 주위로 노점상들이 들어서고 죽과 도넛 등으로 아침을 시작하는 현지 사람들을 볼 수 있다. 빠이 사람들의 하루 중 가장 활기찬 시간을 엿볼 수 있는 곳이다.

Data 지도 296p-D 가는 법 빠이 버스터미널에서 남쪽으로 도보 10분
주소 Saeng Thong Rd., Wiang Tai 영업 06:00~18:00

◇◇◇ **Plus Info** ◇◇◇

애프터눈 마켓 Afternoon Market

쌩똥 아람 마켓까지 갈 여건이 되지 않는다면 이곳으로 향하자. 빠이 군청이 위치해 있는 랏 담농 로드Rat Danong Road에서 평일 오후 3시부터 5시 정도까지 작은 시장이 열린다. 퇴근길 반찬거리를 사러 들린 사람들과 방과 후 부모님 손을 잡고 장을 보러 온 아이들을 볼 수 있다. 여행자의 거리인 워킹 스트리트보다 훨씬 저렴하게 열대 과일을 살 수 있다.

 엽서는 사랑을 싣고
빠이 리퍼블릭 Pai Republic

빠이에서만큼은 엽서를 써보자. 빨간 우체통이 놓인 입구로 들어서면 개성 넘치는 엽서들이 맞아준다. 손글씨에 자신이 없어도 괜찮다. 함께 준비되어 있는 스티커와 스탬프를 곁들이면 멋스러움이 추가된다. SNS에서 인기인 벽화 'Pai is Falling in Love' 앞으로 엽서를 쓸 수 있는 공간도 있다.

Data 지도 296p-A
가는 법 빠이 버스터미널에서 서쪽으로 도보 3분 주소 101 Chai Songkhram Rd., Wiang Tai
전화 081-613-7446 영업 10:00~22:00 홈페이지 facebook.com/pairepublic

베스트 오브 베스트

실루엣 바이 레브리 씨암 Silhouette by Reverie Siam

'20세기 초 동서양의 문화의 만남'이라는 독특한 콘셉트를 가진 리조트로, 시간 여행을 온 듯한 기분을 선사한다. 넓은 정원에 20개의 객실이 띄엄띄엄 떨어져 있어 프라이빗하면서도 한적하게 즐기기 좋은 숙소이다. 로맨스, 탐험, 우아함을 테마로 객실별 실내 인테리어가 조금씩 다른 것이 특징인데, 앤티크 가구들로 빈티지한 멋스러움이 가득하다. 커다란 욕조가 있는 욕실 역시 감탄이 절로 나온다. 두 개의 수영장과 강변을 따라 유유자적하기에 좋은 데크가 마련되어 있다.

레스토랑 역시 일부러 찾아올 만큼 수준급의 파인 다이닝을 선보인다. 메인과 디저트를 하나씩 고를 수 있는 호사스러운 조식도 유명하다. 매일 저녁 7시 30분부터 라이브 공연이 열린다. 워킹 스트리트에서 조금 멀지만, 30분 간격으로 셔틀이 다닌다. 클래식 카가 연상되는 셔틀 역시 특별함을 주기에 충분하다.

Data 지도 295p-H
가는 법 빠이 버스터미널에서 남쪽으로 1.4km
주소 476 Moo 8, Wiang Tai
전화 053-699-870
요금 가든 뷰 4,400밧부터, 빌라 6,525밧부터
홈페이지 www.reveriesiam.com

 현대적인 시설이 그립다면
더 쿼터 호텔 The Quarter Hotel

외곽에 위치한 중고급 숙소 요마 호텔 주인이 운영하는 곳으로, 요마 호텔보다 접근성이 좋고 모던한 시설을 갖추고 있다. 최고의 장점은 잘 관리된 수영장이다. 수영장 주위로 2층짜리 빌라들이 둘러싸고 있다. 빌라 1개 동에 4개의 객실이 있으며, 총 41개의 객실을 보유하고 있다. 수페리얼과 디럭스, 그랜드 디럭스(3인실), 패밀리(4인실)룸으로 구성되어 있다.

Data 지도 296p-A 가는 법 워킹 스트리트 서쪽 빠이 병원을 지나 위치
주소 245 Moo 1, Wiang Tai 전화 053-699-423 요금 수페리얼룸 3,200밧부터, 패밀리룸 7,800밧부터
홈페이지 www.thequarterhotel.com

© The Quarter Hotel

감각적인 부티크 호텔
호텔 데스 아티스트 Hotel des Artist

워킹 스트리트 끝 강변 쪽에 위치해 한적한 분위기와 편의성 둘 다 잡았다. 2층짜리 태국 전통 목조 건물에 14개의 객실이 있다. 모두 발코니가 있는 디럭스룸으로, 빠이강이 보이는 리버뷰룸이 인기다. 건물은 오래되었지만 2015년에 리노베이션해서 깔끔하다. 호텔 레스토랑인 카페 디티스트가 유명한데, 호텔 부럽지 않은 조식을 맛볼 수 있다. 단, 시설 대비 가격은 비싼 편이다.

Data 지도 296p-C 가는 법 빠이 버스터미널에서 동쪽으로 도보 5분 주소 Pai Maehongson Mae Hong Son 전화 085-215-0777 요금 디럭스룸 2,700밧부터 홈페이지 www.hoteldesartists.com/

방갈로의 로망을 채워줄
빠이 컨트리 헛 Pai Country Hut

빠이강변에 위치한 방갈로. 대나무로 지은 방갈로로 열대 지방의 낭만을 오롯이 느낄 수 있다. 푸른 정원에 독채형 방갈로들이 놓여 있으며, 각 동마다 해먹이 걸려 있다. 시설이 좋은 편은 아니지만 깨끗하며, 개별 욕실과 공용 욕실 중 선택할 수 있다. 에어컨이 없으니 참조하자. 빵과 열대 과일, 커피로 구성된 간단한 조식도 제공한다. 성수기에는 금방 만실이 된다.

Data 지도 296p-C
가는 법 워킹 스트리트 동쪽 끝
대나무 다리를 건넌 후 도보 1분
주소 240 Moo 1, Mae Hee
전화 087-779-6541
요금 방갈로 400밧부터

가성비 갑!
나무 호텔 Namu Hotel

태국인 가족이 운영하는 호텔로, 영어를 잘 못하는 구성원이 있지만 친절하다. 12개의 객실이 있으며, 2인실과 3인실, 패밀리룸이 있다. 객실마다 큰 창문이 있어 쾌적하며, 침구류와 화장실이 깨끗하다. 워킹 스트리트가 보이는 공용 발코니가 있어 야시장 뷰를 보며 맥주를 마실 수 있는 것이 가장 큰 매력이다. 조식은 기대하지 말 것. 예약 시 호텔 예약사이트가 저렴하니 참고할 것!

Data 지도 296p-E 가는 법 호텔 데스 아티스트 맞은편
주소 85 Pai, Pai District, Mae Hong Son 전화 096-951-4143 요금 디럭스 더블룸 1,000밧부터

지낼수록 기분 좋은
반 마이삭 Baan Mai Sak

살뜰한 태국 화교 가족이 운영하는 호스텔. 위치와 시설, 가격 모두 만족스러운 곳이라 장기 여행자들에게 인기가 높다. 혼성과 여성 전용 도미토리룸이 있으며, 욕실과 화장실은 공용이다. 공용 주방이 있어 간단한 조리가 가능하다. 주택을 개조해서 만들었는데 휴식을 취하기에 좋은 널찍한 툇마루가 매력이다. 친근한 분위기는 좋지만 파티는 부담스러운 사람에게 추천한다.

Data 지도 296p-E 가는 법 빠이 버스터미널에서 남쪽으로 도보 350m
주소 61 Moo 4, Wiang Tai 전화 094-828-7764 요금 도미토리룸 220밧

시골에서 보내는 아늑한 하룻밤
빠이 컨트리사이드 리조트
Pai Countryside Resort

드넓게 펼쳐진 논밭에 위치한 리조트. 연못을 중심으로 동글동글 귀여운 코티지들이 모여 있다. 수페리얼과 디럭스룸으로 나뉘며 선풍기와 에어컨 중 선택할 수 있다. 방 크기가 무척 작은 편. 그나마 넓은 디럭스룸을 추천한다. 이곳의 하이라이트는 코티지 지붕이다. 계단을 따라 지붕으로 올라가면 개별 루프톱 발코니가 있다. 노을과 별을 보며 맥주 마시기에 좋다. 작은 수영장도 있다.

Data 지도 294p-F 가는 법 워킹 스트리트 동쪽 끝 대나무 다리를 건넌 후 도보 7분
주소 90/2 Moo 1, Mae Hee 전화 087-172-6632 요금 수페리어룸 500밧부터
홈페이지 facebook.com/thecountrysidepai

02

치앙라이
Chiang Rai

치앙라이는 컬러풀하다. 황금색 시계탑이 도시 중심에 우뚝 서 있고, 눈꽃처럼 하얀 순백의 사원이 빛나며, 외곽으로 나가면 초록빛 차밭이 드넓게 펼쳐진다.

한때 세계 최대의 아편 생산지였지만, 태국 왕실의 애민정신과 노력으로 태국 최대의 차와 커피 생산지로 거듭났다. 콕강이 잔잔하게 흐르는 평화로운 도시에서 아픈 과거를 딛고 미래를 향해 나아가는 발걸음을 느껴보자.

미리보기

치앙라이는 란나 왕국의 첫 수도이다. 에메랄드 부다가 처음 발견된 왓 프라깨우와 같은 유서 깊은 명소부터 현존하는 예술가들의 혼이 담긴 사원 등 신구 조합이 완벽한 여행지. 또한, 평균 해발 580m의 고산지대로 고즈넉한 분위기가 매력적이다. 태국 3대 커피 브랜드의 원산지에서 즐기는 커피와 자신의 뿌리를 지키며 살아가는 소수민족들의 수줍은 눈맞춤은 치앙라이 여행을 더욱 특별하게 만들어준다.

SEE

치앙마이에서 일일 투어로 다녀오기도 하지만 그렇게 보내기에는 치앙라이의 매력이 너무나 크다. 도심보다는 외곽에 볼거리가 많은데, 아름다운 왕비의 정원 도이뚱, 세 나라의 국경이 만나는 골든 트라이앵글 등이 대표적이다. 대중교통 이용이 어려우므로 여행사 투어나 자동차 또는 오토바이를 빌려서 다녀오는 것이 일반적이다.

EAT

치앙라이에서는 진짜배기 로컬 식당들을 찾는 재미가 쏠쏠하다. 오래된 국숫집부터 길거리 꼬치구이, 이싼 음식 전문점 등 입맛대로 골라보자. 다양한 음식을 접할 수 있는 나이트 바자 내 푸드 코트는 항상 많은 사람들로 붐빈다. 현지 젊은이들에게는 콕강 주변의 유럽 스타일 레스토랑들이 인기 있다. 또한, 태국의 유명 커피 브랜드의 고향인 만큼 수준 높은 커피를 판매하는 세련된 카페가 늘고 있다.

BUY

매일 저녁 나이트 바자를 중심으로 야시장이 열린다. 고산족이 만든 수공예품과 기념품 위주로 기타 의류와 생활용품 등을 판매한다. 토요일은 타날라이 로드 Thanalai Road 주위로 야시장이, 일요일에는 산콩로이 로드Sankhongnoi Road 에서 야시장이 열린다. 일요일 야시장은 현지인들 위주로, 여행자들은 주로 가까운 토요일 야시장을 많이 찾는다.

SLEEP

치앙라이의 숙소들은 황금 시계탑이 있는 도심과 콕강 주변을 중심으로 모여 있다. 르 메르디앙과 더 레전드 치앙라이 등 고급 리조트 대부분은 콕강 주변에 위치해 있으며, 도심에는 배낭 여행자들을 위한 저렴한 게스트하우스와 호스텔이 자리하고 있다. 치앙마이나 빠이에 비해 숙박비가 저렴한 편이라서 가성비 좋은 숙소를 구할 수 있다.

치앙라이
Best of Best

치앙라이는 치앙마이와 빠이의 중간쯤이라 할 수 있다. 도심의 편의성을 갖추고 있으면서, 대도시의 북적임은 없고 시골스러운 매력을 간직하고 있다. 태국의 역사와 삶에 관심이 많다면 보람찬 시간을 보낼 수 있을 것이다.

볼거리 BEST 3

눈처럼 빛나는 백색 사원
왓 렁쿤

온화한 왕비의 사랑을 닮은
도이뚱 로열 빌라 & 매파루앙 가든

란나 건축 양식이 살아 있는
왓 프라싱

먹을거리 BEST 3

40년 세월을 담은
추위퐁 차밭의 디저트

본 고장에서 맛보는
도이창 커피

태국 북부식 샤부샤부
찜쭘

즐길거리 BEST 3

세 나라의 국경,
골든 트라이앵글

농장 체험부터 집라인까지!
싱하 파크

부처의 눈으로 바라보는
치앙라이, **왓 훼이쁠라깡**

치앙라이는 치앙마이에서 북동쪽으로 약 200km 떨어진 곳에 위치한다. 미얀마, 라오스와 국경을 맞닿고 있는 태국의 최북단 치앙라이주의 메인 도시이다. 항공과 육로 둘 다 이용할 수 있는데, 방콕에서 비행기를 타거나 치앙마이에서 버스를 타고 이동하는 것이 일반적이다.

치앙마이와 치앙라이를 잇는 그린버스

항공

시내에서 약 8km 떨어진 곳에 치앙라이 국제공항이 위치해 있다. 한국에서 직항은 없으며, 방콕에서 환승해야 한다. 타이항공, 에어아시아, 녹에어, 방콕 에어웨이와 같은 항공사들이 매일 운행하며, 약 1시간 소요된다. 베트남 항공사인 비엣젯과 중국의 동방항공, 인도네시아항공도 방콕을 경유하는 치앙라이 항공편을 운항하고 있다.

버스

치앙마이 버스터미널 3에서 그린버스Green Bus를 이용해 치앙라이로 갈 수 있다. 등급에 따라 특실인 V클래스, 1등석 X클래스, 2등석 A클래스로 나뉜다. V클래스 버스는 한국의 우등 버스처럼 3열로 좌석 간의 간격이 넓다. 운행 편수가 많지만, 원하는 좌석과 시간대를 위해서는 미리 예약하는 게 좋다. 예약은 그린버스 홈페이지에서 할 수 있다. 1일 1대 치앙라이를 거쳐 골든 트라이앵글까지 가는 버스도 운행하고 있다.

치앙라이에는 두 개의 버스터미널이 있으니 하차 장소를 잘 체크해야 한다. 나이트 바자 옆 오래된 버스터미널 1과 시내에서 7km 떨어진 곳에 새로 생긴 버스터미널 2가 있다. 중심가에 위치한 버스터미널 1이 편리하다. 일반적으로 버스터미널 2를 들렀다 버스터미널 1로 향한다. 방콕과 치앙라이를 이어주는 야간 슬리핑 버스는 버스터미널 2에서 출발하며, 12시간 정도 소요된다.

그린 버스 www.greenbusthailand.com

치앙라이에서 다니는 방법

치앙라이 시내는 도보로 다닐 수 있지만, 외곽으로 나갈 때에는 대중교통이 마땅치 않아 뚝뚝을 이용해야 한다. 단, 부르는 게 값이니 흥정은 필수이다. 최근에는 그랩이 들어와 흥정할 필요 없이 편리해졌다. 그러나 운전자 수가 적어 오래 대기해야 할 수도 있다. 황금 시계탑이나 나이트 바자 주변에 숙소를 잡고 돌아보는 것이 좋다.

시티 투어 트램

시티 투어 트램

오전 9시 30분과 오후 1시 30분 하루 2번 무료 시티 투어 트램이 운행된다. 멩라이왕 기념 동상 뒤에 있는 치앙라이 관광 안내소에서 탑승 신청을 할 수 있으며, 출발 30분 전에는 가서 대기하는 것이 좋다.

왓 프라싱을 포함해 치앙라이 시내의 주요 볼거리를 돌아보는 데 약 두 시간 걸린다. 영어를 할 수 있는 가이드가 있으며, 영어와 태국어 방송이 함께 나온다. 신청자가 6명 미만일 경우에는 취소된다.

여행사 투어

여행자들이 가장 많이 이용하는 방법으로, 짧은 시간 내 여러 장소를 효율적이게 돌아볼 수 있다. 나이트 바자 주변으로 여행사들이 모여 있으며, 골든 트라이앵글 투어를 비롯해 도이뚱, 도이 매쌀롱 등 다양한 투어를 찾을 수 있다. 예약 시 입장료와 추가 비용 여부를 꼼꼼히 확인하도록 하자.

렌터카

원하는 곳만 골라 조금 더 여유롭게 돌아보고 싶다면 렌터카를 추천한다. 운전에 자신이 없다면 여행사마다 드라이브가 포함된 렌트 서비스를 이용해도 좋다.

렌트 서비스는 가고 싶은 장소와 거리에 따라 요금이 달라지지만 8시간에 1,500~2,000밧 정도이다. 관광지 입장료와 식사는 포함되지 않으며, 주유비 포함 여부는 협상에 따라 달라진다.

골든 트라이앵글은 여행사의 데이 투어로 돌아보는 것이 일반적이다.

치앙라이
📍 3일 추천 코스 📍

자연과 역사가 어우러진 치앙라이. 도시 내 명소는 하루면 충분하지만 외곽을 둘러보려면 2~3일은 필요하다. 치앙라이 핵심 포인트들을 효과적으로 돌아보는 2박 3일 코스를 소개한다. 하루는 여행사의 골든 트라이앵글 데이 투어를 이용하고, 하루는 렌터카로 나만의 데이 트립을 구성하는 코스이다.

1 일차

오후 12시
치앙라이 도착!

도보 7분 →

퍼짜이 국수로 든든하게
여행 시작하기

도보 2분 →

랜드마크인 황금 시계탑에서
인증샷 찍기

도보 7분 ↓

나이트 바자에서
찜쭘 먹기

← 도보 8분

고산족 박물관에서
소수민족과 친해지기

← 도보 15분

왓 프라싱부터 왓 프라깨우까지
사원 산책하기

2 일차

백색 사원,
왓 렁쿤 관광하기

→ 차량 25분

블루 템플, 왓 렁쓰아뗀
둘러보기

→ 차량 20분

예술가의 까만 집,
반담 돌아보기

↓ 차량 40분

립스 앤 코에서 육즙 가득한
포크립으로 저녁 먹기

← 차량 75분

메콩강을 사이에 둔
골든 트라이앵글 돌아보기

← 차량 50분

초록초록한 세상,
추위퐁 차밭 구경하기

3 일차

강변에 위치한
치윗 탐마다에서 아침 먹기

→ 차량 60분

왕비가 머물던 도이뚱
로열 빌라와 매파루앙 돌아보기

→ 차량 60분

거대한 관음상이 있는
왓 훼이쁠라깡 둘러보기

↓ 차량 25분

맥주 회사에서 만든 테마 공원인
싱하 파크 구경하기

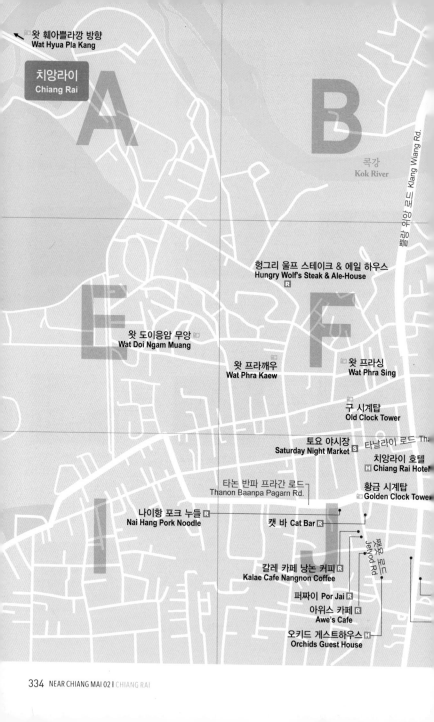

왓 훼아쁠라깡 방향
Wat Hyua Pla Kang

치앙라이
Chiang Rai

A

B

콕강
Kok River

Klang Wiang Rd.

E

F

헝그리 울프 스테이크 & 에일 하우스
Hungry Wolf's Steak & Ale-House ℝ

왓 도이응암 무앙
Wat Doi Ngam Muang

왓 프라깨우
Wat Phra Kaew

왓 프라싱
Wat Phra Sing

구 시계탑
Old Clock Tower

토요 야시장
Saturday Night Market ⑤

타날라이 로드 Tha

치앙라이 호텔
ℍ **Chiang Rai Hotel**

황금 시계탑
Golden Clock Tower

타논 반파 프라간 로드
Thanon Baanpa Pagarn Rd.

나이항 포크 누들 ℝ
Nai Hang Pork Noodle

캣 바 **Cat Bar** ℝ

Jeyod Rd.

칼레 카페 낭논 커피 ℝ
Kalae Cafe Nangnon Coffee

퍼짜이 **Por Jai** ℝ

아위스 카페 ℝ
Awe's Cafe

오키드 게스트하우스 ℍ
Orchids Guest House

반담Baan Dam

왓 렁쓰아뗀Wat Rong Suer Ten

도이뚱 로열 빌라 & 매파루앙 가든
Doi Tung Royal Villa & Mae Fah Luang Garden

추위 퐁 티 플랜테이션
Choui Fong Tea Plantation

도이 매쌀룽Doi Mae Salong

골든 트라이앵글 방향
Golden Triangle

치윗 탐마다 커피 하우스
Chivit Thamma Da Coffee House R

R 마노롬 커피
Manorom Coffee

르 메르디앙 치앙라이 리조트 방향
Le Meridian Chiang Rai Resort H

R 멜트 인 유어 마우스
Melt in your Mouth

타논 파호뇨씬 로드 Thanon Phahonyothin Rd.

낙 나카라 호텔
Nak Nakara Hotel
H

멩라이왕 기념비
King Mengrai Monumant

고산족 박물관
Hilltribe Museum

Rd.

립스 & 코
Ribs & Co.
R

타논 파호뇨씬 로드
Thanon Phahonyothin Rd.

S 치앙라이 나이트 바자
Chiang Rai Night Bazaar

치앙라이
버스터미널 1

R 캣 앤 어 컵 카페
Cat 'n' A Cup Cafe

H 쑥 카페 & 호스텔
Sook Cafe & Hostel

S 센트럴 플라자 치앙라이

왓 렁쿤 Wat Rong Khun

싱하 파크 Singha Park

도이창 커피 공장
Doi Chaang Coffee Estate

치앙라이 버스터미널 2 방향

왕비의 사랑을 느낄 수 있는
도이뚱 로열 빌라&매파루앙 가든
Doi Tung Royal Villa&Mae Fah Luang Garden

고 푸미폰 전 국왕의 어머니인 스리나가린드라Srinagarindra 왕비의 별장이다. 왕비는 과거 아편 재배지였던 태국 북부 지역을 지금의 모습으로 바꾼 인물이다. 1969년 도이뚱 재단을 설립해 아편 재배를 금지하고 생업을 잃은 국민들에게 도자기, 직물, 차, 커피 등을 생산하며 살 수 있게 도와주었다.

로열 빌라는 생전 왕비가 여름에 사용하던 별장으로, 현재는 그녀의 삶을 조명하는 박물관으로 사용 중이다. 스위스에서 오래 지낸 왕비의 경험을 살린 샬레식 별장과 정원이 돋보인다. 입장 시 복장이 제한되며 맨발로 입장한다. 실내 촬영은 금지된다.

매파루앙 가든은 왕비의 주도로 파괴된 숲을 수목원으로 복원한 곳이다. '매'는 엄마, '파'는 하늘, '루앙'은 로열이란 뜻으로 '어머니의 하늘 정원'이란 의미다. 연못을 중심으로 숲과 꽃밭이 있으며, 수백 종의 꽃이 심겨 있다. 산책로가 잘 조성되어 있다. 30m 높이에 설치된 길이 300m 하늘 다리는 나무 위를 걷는 기분을 선사한다. 이곳에서 마시는 도이뚱 커피 맛이 기가 막힌다.

Data 지도 335p-D 방향
가는 법 황금 시계탑에서 북쪽으로 약 51km. 렌터카 혹은 데이 투어 이용
주소 Doi Tung Villa, Mae Fa Luang
전화 053-767-015
운영 로열 빌라 07:00~18:00 / 매파루앙 가든 06:30~18:00
요금 통합 입장료 220밧
홈페이지 www.maefahluang.org

 눈부시게 빛나는 눈꽃 사원

왓 렁쿤 Wat Rong Khun

이곳을 위해 치앙라이를 방문한다 해도 과언이 아닌 치앙라이의 대표 사원이다. '눈꽃 사원'이라는 뜻으로 온통 하얀색의 사원이 이국적인 분위기를 자아낸다. 특이하게도 종교 단체가 아닌 치앙마이의 건축가이자 화가 찰름차이 코싯피팟Chalermchai Kositpipat이 개인적으로 만든 사원이다. 문제아였던 자신의 죄를 참회하며 1997년부터 짓기 시작했는데, 현재도 건축이 진행 중이다.

흰색은 부처의 지혜와 순수 그리고 열반을 상징한다. 사원은 불교의 삼계인 지옥과 현세, 극락으로 나뉜다. 먼저 사원으로 들어가려면 지옥의 다리를 지나야 한다. 다리 주위로 수백 개의 손이 있는데, 마치 살려달라며 손을 뻗은 것 같다. 사원은 현실 세계를 나타낸다. 지붕 위 코끼리, 뱀, 백조, 사자의 조각상은 각각 지구, 물, 바람, 불을 상징한다. 내부에는 현세의 유혹을 이기고 천국으로 가는 벽화가 있다. 사원을 나가면 천계로 연결된다. 지옥에서 벗어나 극락으로 온 길을 되돌아가지 말라는 의미로 일방통행으로 설계되었다. 온통 금색으로 뒤덮힌 황금 화장실도 꼭 가볼 것!

Data 지도 335p-K 방향 가는 법 황금 시계탑에서 남쪽으로 약 13km
주소 1208 Pa O Don Chai 전화 053-673-579 운영 06:30~18:00 요금 입장료 50밧

황금 화장실

미니 오설록
추위퐁 차밭 Choui Fong Tea Plantation

최상의 차 재배지로 손꼽히는 치앙라이에서 40년 넘게 차를 재배해 온 농장이다. 해발 1,200m가 넘는 지대에서 아쌈, 녹차, 우롱차, 홍차 등 다양한 품종을 생산한다. 2004년 세계 차 축제에서 우롱차로 베스트 퀄리티상을, 2009년 세계 차 콘테스트에서 금상을, 2011년 아세안 커피&차 전시회에서 상을 수상할 정도로 이곳에서 생산하는 차는 뛰어난 품질을 자랑한다.

차밭이 펼쳐진 언덕 위에 풍경과 차를 즐길 수 있는 티 하우스가 있다. 진한 맛의 녹차라테나 아이스크림을 먹으며 쉬어가기에 좋다. 시음도 가능하며, 패키지가 다양해 선물용으로도 좋다.

Data 지도 335p-D 방향 가는 법 치앙라이 시내에서 남쪽으로 약 41km
주소 97 Moo 8 Pasang, Mae Chan, Mae Chan District 전화 053-771-563 운영 08:30~17:30
요금 녹차 아이스크림 50밧, 녹차 롤케이크 110밧 홈페이지 www.chouifongtea.com

힐링 테마 파크
싱하 파크 Singha Park

태국의 맥주 회사 싱하에서 만든 테마 공원. 해발 450m, 380만 평의 대지가 호수와 정원, 차밭으로 꾸며져 있다. 입구의 금색 사자 동상과 인증 사진은 필수! 농장 체험과 동물원, 짚라인 등 액티비티를 즐길 수 있다. 야외 카페와 스낵바, 레스토랑도 있다. 아쉽게도 맥주 브루어리는 없다.

자전거를 빌리거나 순환 트램(15분 간격)을 타고 돌아보자. 초원 위에 놓인 헛간, 나무들이 도열한 오솔길 등 그림 같은 풍경이 이어진다. 워낙 넓어 반나절은 잡아야 하며, 오후보다는 오전이나 늦은 오후에 방문하는 것이 좋다. 벌룬 페스티벌, 팜 페스티벌 등 다양한 축제도 열린다.

Data 지도 335p-K 방향 가는 법 황금 시계탑에서 남쪽으로 약 12km. 올드 시계탑에서 공용 썽태우 이용
주소 99 Moo 1, Mae Kon 전화 091-576-0374 운영 08:00~18:00 요금 입장료 100밧(트램 포함), 자전거 대여 1시간 150밧 홈페이지 facebook.com/SinghaparkChiangrai

태국 최고의 차 생산지
도이 매쌀롱 Doi Mae Salong

태국 최대의 차 생산지로 해발 1,800m의 고원에 위치한다. 그림 같은 풍경 뒤에는 아픈 역사가 숨어 있다. 90년 대 중반 중국 공산당에 밀린 국민당 지지자들과 군인들이 이곳에 정착했다. 돈이 필요했던 그들은 아편을 재배하기 시작했다. 악명 높은 마약왕 쿤사Khun Sa도 이곳에서 탄생했다.

왕실의 지대한 노력으로 현재의 모습을 갖추게 되었다. 도이 매쌀롱 꼭대기에 스리나가린드라 왕비를 기리는 사원이 있다. 101 티 플랜테이션과 매쌀롱 플라워 힐 리조트는 잘 가꿔진 차밭과 정원이 있어 포토 스폿으로 유명하다. 현재도 중국 문화가 깊게 남아 있는 마을들을 볼 수 있다.

Data 지도 335p-D 방향 가는 법 황금 시계탑에서 북서쪽으로 약 65km. 렌터카 혹은 데이 투어 이용 주소 Mae Salong Nok, Mae Fa Luang

과거 마약의 메카
골든 트라이앵글 Golden Triangle

메콩강 사이에 태국과 미얀마, 라오스 3개국의 국경이 맞물리는 지역인 골든 트라이앵글. 1980년대까지는 세계 최대 아편 생산지였다. 주변에 있는 아편 박물관에서 마약왕 쿤사와의 전쟁, 아편 재배 등에 관해 자세히 살펴볼 수 있다.

메콩강과 3개국을 볼 수 있는 전망대가 있으며, 작은 보트를 타고 강을 따라 돌아보는 보트 투어가 인기 있다. 보트 투어는 일반적으로 강 건너편 라오스의 돈싸오Done Sao섬 구경을 포함한다. 면세 지역으로 가방과 담배, 술 등이 저렴한데 대부분 가품이다. 라오스 입장 시 여권은 필수. 치앙라이에서 출발하는 데이 투어를 이용하는 것이 일반적이다.

Data 지도 335p-D 방향 가는 법 황금 시계탑에서 북쪽으로 약 70km. 버스터미널 1에서 매시 정각에 있는 골든 트라이앵글행 혹은 정기적으로 있는 치앙쌘행 버스 탑승 주소 933J+FVR, Wiang, Chiang Saen District, Chiang Rai 운영 24시간 요금 보트 투어 500밧부터, 아편 박물관 50밧, 라오스 국경세 30밧 홈페이지 www.tourismthailand.org

거대한 불상이 맞아주는
왓 훼이쁠라깡 Wat Hyua Pla Kang

중국계 불교 사원 왓 훼이쁠라깡. 거대한 백색 관음상과 9층으로 된 쩨디가 유명하다. 관음상은 건물 25층 높이로, 실제로 보면 압도적인 규모를 자랑한다. 내부 엘리베이터를 통해 전망대로 올라갈 수 있는데, 관음상의 눈을 통해 치앙라이의 풍경을 감상할 수 있다. 9층 높이의 쩨디도 내부 입장이 가능하다. 층마다 다양한 불상들이 놓여 있으며, 향나무를 통째로 깎은 관음보살상이 가장 유명하다.

관음상과 쩨디 사이에 있는 식당에서는 사찰 음식을 무료로 제공한다. 무료이지만 조금이라도 기부금을 내는 것이 일반적이다. 7,000평이 넘는 크기로, 주차장에서 관음상까지 무료 셔틀이 다닌다.

Data 지도 334p-A 방향 가는 법 황금 시계탑에서 북쪽으로 약 7km 주소 553 Moo 3, Tambon Rim Kok 전화 053-150-274 운영 07:00~20:00 요금 입장료 무료, 관음상 전망대 40밧

독특하면서도 기이한
반담 Baan Dam

일명 '블랙 하우스'라고도 불린다. 태국의 예술가 타완 두차니 Thawan Duchanee의 작업실로, 검은색 티크 나무로 지은 40여 채의 집들이 모여 있다. 내부에는 약 30년간 만든 그의 작품과 수집품이 전시되어 있다. 죽음을 주제로 한 것이 특징으로, 동물 뼈와 가죽으로 만든 기이한 설치 작품이 많다.

Data 지도 335p-D 방향 가는 법 황금 시계탑에서 북쪽으로 약 11km 주소 333 Moo 13, Tambon Nang Lae 전화 053-776-333 운영 09:00~17:00 요금 입장료 80밧 홈페이지 buly.kr/1RCW2mF

이토록 개성 넘치는 사원이라니!
왓 렁쓰아뗀 Wat Rong Suer Ten

이번에는 블루 템플이다. 2016년에 완공, 역사는 짧지만 눈을 압도하는 푸른색으로 단번에 유명해졌다. 푸른색 외에 황금, 주황, 초록 등의 색을 사용해 화려함이 남다르다. 법당 내부 역시 푸른색 벽화로 신비롭다. 왓 렁쿤을 설계한 차럼차이의 제자 푸타 칸케우가 디자인했다. 큰 볼거리는 없다.

Data 지도 335p-D 방향 가는 법 황금 시계탑에서 북쪽으로 약 3km 주소 306 Moo 2, Tambon Rim Kok 전화 064-347-3636 운영 07:00~20:00 요금 무료입장

에메랄드 부다의 탄생
왓 프라깨우 Wat Phra Kaew

프라깨우는 에메랄드 불상을 말한다. 이 불상이 발견되기 전까지 이 사원의 이름은 '대나무 숲 사원'이란 뜻의 왓 빠이아 Wat Pa Yia였다. 1434년 사원의 쩨디가 번개에 맞아 부서지면서 옥으로 된 불상이 발견되었다. 신성한 불상 프라깨우는 치앙마이, 라오스의 루앙프라방과 비엔티안을 거쳐 현재는 방콕의 왕실 사원에 모셔져 있다. 대신 300kg의 옥으로 만든 복제 불상이 이곳에 남아 있다. 사원 안쪽 성보 박물관도 꼭 둘러볼 것. 란나 불교예술의 아름다움을 느낄 수 있다.

Data 지도 334p-F 가는 법 황금 시계탑에서 북서쪽으로 도보 12분 주소 19 Moo 1, Tambol Wiang 전화 053-711-385 운영 07:00~18:00 요금 무료입장 홈페이지 buly.kr/5q5SZCW

치앙라이의 랜드마크
황금 시계탑 Golden Clock Tower

치앙라이 시내 중심에 위치한 랜드마크. 왓 렁쿤을 지은 차럼차이의 작품으로, 고 푸미폰 전 국왕의 즉위 60주년을 기념해 만들었다. 화려한 장식과 세심한 세공 디테일이 돋보인다. 교통의 요지에 위치해 오다가 마주칠 수밖에 없는 곳이다. 매일 저녁 7, 8, 9시 정각에 빛과 소리를 주제로 10분간 공연이 열린다. 음악과 함께 시계탑의 조명이 색색으로 바뀌며 밤의 낭만을 더한다.

Data 지도 334p-J
가는 법 반파프라칸 로드와 쨋욧 로드가 만나는 로터리 주소 Tambon Wiang

멩라이왕의 사원
왓 도이응암 무앙 Wat Doi Ngam Muang

멩라이왕을 기리는 사원이다. 한때 버마(현재의 미얀마)의 침략으로 파손된 것을 1952년 재건했다. 사원으로 들어서는 문을 눈여겨보자. 문 전체에 정교하게 조각된 모습이 하나의 예술 작품이다. 특이하게도 사원 주위로 나무 기둥이 줄지어 있는데, 극락과 현세, 지옥이 조각되어 있다. 왕의 유골을 모셨던 쩨디 앞에는 멩라이왕의 동상이 늠름하게 자리하고 있다.

Data 지도 334p-E
가는 법 왓 프라깨우에서 돌담을 따라 서쪽으로 도보 6분 주소 Tambol Wiang 운영 07:00~18:00

치앙라이에서 가장 오래된 사원
왓 프라싱 Wat Phra Sing

14세기 마하프롬왕 때 건립된 유서 깊은 사원. 현대식 건물 사이로 문이 있어 이색적인데, 들어서는 순간 눈이 휘둥그레질 만큼 화려하다. 우아한 곡선미가 살아 있는 겹겹의 지붕 등 전형적인 란나 건축 양식을 찾아볼 수 있다. '신성한 사자의 사원'이라는 뜻으로, 현재 치앙마이 왓 프라싱에 있는 프라싱 동상을 모셨던 사원이다. 현재는 모조품이 안치되어 있다.

Data 지도 334p-F 가는 법 황금 시계탑에서 북쪽으로 550m
주소 Singhaclai Rd., Tambon Wiang 전화 053-711-735 요금 무료입장 운영 09:00~18:00

란나 왕국을 세운
멩라이왕 기념비 King Mengrai Monumant

란나 왕국의 역사에서 멩라이왕을 빼놓을 수 없다. 고대 치앙쌘의 통치자였던 멩라이왕은 1262년 치앙라이를 수도로 란나 왕국을 건설하였다. 훗날 북쪽 버마(현재의 미얀마)의 침입으로 수도를 치앙마이로 옮겼지만, 치앙라이 사람들의 멩라이왕 사랑은 특별할 수밖에 없다. 태평성대를 이룬 성군으로 지금도 존경받으며, 도시 중심에 그의 기념비가 있다.

Data 지도 335p-G 가는 법 황금 시계탑에서 파혼요틴 로드를 따라 동쪽으로 약 1km 직진 후 좌회전
주소 785/1 Phaholyothin Rd., Tambon Wiang

그들이 알고 싶다!
고산족 박물관 Hilltribe Museum

태국 북부를 여행하다 보면 여러 고산족을 만나게 된다. 롱넥으로 유명한 까렌족부터 몽족, 아카족, 야오족 등 비슷해 보이지만 각자 다른 삶의 방식과 문화를 간직하고 있다. 고산족 박물관은 태국 북부 고산족의 자료를 모아놓은 곳으로, 민족별 전통의상과 생활 도구, 변화 모습이 담긴 사진 등을 전시해 놓았다. 크지는 않지만 한 번쯤은 가볼 만하다. NGO기관인 PDA가 운영하며 여러 부족들이 만든 수공예품도 구입할 수 있다. 수익금은 고산족의 교육 및 운영 자원에 사용된다.

Data 지도 335p-G 가는 법 황금 시계탑에서 북쪽으로 걷다가 첫 번째 사거리에서 우회전
주소 620/25 Thanalai Road, Tambon Wiang 전화 053-740-088 운영 08:30~17:00 요금 입장료 50밧
홈페이지 www.pdacr.org

치앙라이 최고의 핫플레이스

치윗 탐마다 커피 하우스 Chivit Thamma Da Coffee House

자타공인 치앙라이 최고의 카페 겸 레스토랑. 치윗 탐마다는 태국어로 '단순한 삶'을 뜻하며, 슬로 라이프를 지향하는 태국인 아내와 스웨덴인 남편이 운영한다. 지역에서 자란 유기농 재료를 고집하며, 홈메이드 빵과 디저트를 선보인다.

콕강을 낀 아름다운 정원에 앉아 애프터눈 티를 즐기다 보면 시간을 잊는다. 유러피안과 아시안을 아우르는 퓨전 메뉴를 판매하는데 기대 이상이다. 스파와 잡화 숍도 함께 운영하며, 콜로니얼 스타일로 지은 이국적인 공간에는 앤티크 소품들로 가득하다.

Data 지도 335p-D
가는 법 황금 시계탑에서 북쪽으로 약 3.5km, 콕강 건너편
주소 2 179 Bannrongseartean Soi 3
전화 081-984-2925
영업 09:00~22:00
가격 에그 베네딕트 250밧, 아메리카노 80밧
홈페이지 www.chivitthammada.com

 강변의 낭만을 담은
마노롬 커피
Manorom Coffee

치윗 탐마다와 멜트 인 유어 마우스에 도전장을 내미는 강변 레스토랑인 마노롬 커피. 유럽풍으로 꾸며진 넓은 정원은 콕강을 호젓하게 느낄 수 있어 더욱 낭만적이다. 아시안 디시부터 유러피안 퀴진까지 폭넓은 메뉴를 선보인다. 달콤한 디저트 셀렉션도 다양하니 눈여겨볼 것! 주변의 레스토랑보다 북적이지 않아 평화로운 분위기를 만끽할 수 있다. 분위기만큼이나 가격은 높은 편이지만, 수준 높은 플레이팅과 서비스를 만날 수 있다. 메뉴 가격에서 7% 세금이 붙으니 참고하자. 왓 렁쓰아뗀과 연계해 다녀오면 좋다.

Data 지도 335p-D
가는 법 황금 시계탑에서 북쪽으로 약 3.5km
주소 499/2 SanpanaRd. Soi 2/2, Tambon Rim Kok 전화 092-373-7666 영업 11:00~20:00
가격 왕새우 팟타이 296밧, 까르보나라 186밧
홈페이지 facebook.com/manoromcoffee

 두고두고 떠오르는 맛
립스 앤 코
Ribs & Co.

이름처럼 고급스러운 바비큐 포크립 전문점이다. 큼직한 립의 사이즈에 놀라고, 맛에 두 번 놀라게 된다. 과하게 달지 않은 달짝지근한 소스가 촉촉한 육즙과 어우러져 한 입 베어 무는 순간 '정말 맛있다!'를 외치게 될 것이다. 사이드 메뉴로는 감자튀김과 샐러드, 볶음밥, 치킨 너겟 중 두 가지를 선택할 수 있다. 스파게티와 피시앤칩스도 판매한다. 모던한 인테리어와 직원들의 친절한 서비스로 한층 기분 좋은 시간을 보낼 수 있는 레스토랑이다.

Data 지도 335p-K
가는 법 황금 시계탑에서 동쪽으로 도보 5분
주소 590/2 Phaholyothin Rd., Tambon Wiang
전화 052-059-956
영업 11:00~22:00
가격 하프 립 219밧, 풀 립 339밧
홈페이지 facebook.com/ribsandco.chiangrai

말 그대로 입에서 살살 녹는
멜트 인 유어 마우스 Melt in Your Mouth

콕강 주변에 자리한 유럽식 카페 겸 레스토랑으로, 자연과 어우러져 여유로운 시간을 보내기에 좋다. 강을 마주하는 테라스가 있으며, 내부는 높은 천장과 화이트 톤 인테리어, 커다란 유리창으로 자연 채광을 극대화했다.

란나 전통 음식을 조금씩 모아둔 란나 플래터부터 피자, 스테이크 등 다양한 메뉴를 갖추고 있다. 이 집의 하이라이트는 디저트! 홈메이드 케이크와 아이스크림은 꼭 먹어야 한다. 추천 메뉴로는 초콜릿 퍼지를 가르면 뜨거운 초콜릿이 용암처럼 흘러나오는 초콜릿 라바 케이크가 있다.

Data 지도 335p-C 가는 법 황금 시계탑에서 북쪽으로 약 1.6km, 콕강 건너기 전
주소 268 Moo 21 Kho Loi, Robvieng 전화 052-020-549 영업 09:00~20:00 가격 멜트 란나 플래터 390밧,
초콜릿 라바 케이크 185밧 홈페이지 facebook.com/meltinyourmouthchiangrai

미국 음식이 그리울 땐
헝그리 울프 스테이크 앤 에일 하우스
Hungry Wolf's Steak & Ale-House

2014년 문을 연 정통 미국식 다이너. 미국의 시골 식당 같은 분위기로 스테이크와 에일 맥주를 전문으로 한다. 큼직한 피자와 버거도 인기 있으며, 치앙라이 물가에 비해 가격대가 높은 편이다. 스테이크가 부담스럽다면 그레이비 소스와 다진 소고기가 잘 어우러진 셰퍼드 파이를 추천한다. 부드러우면서도 홉의 강한 여운이 느껴지는 에일 생맥주와 찰떡궁합이다.

Data 지도 334p-F
가는 법 왓 프라깨우에서 북쪽으로
350m
주소 113/1 Kraisorasit Rd.,
Tambon Wiang
전화 053-711-091
영업 11:30~21:30
가격 캔자스 시티 티본 스테이크 895밧,
햄버거 235밧부터
홈페이지 www.
hungrywolfschiangrai.com

다양한 먹거리가 가득!
치앙라이 나이트 바자 Chiang Rai Night Bazaar

야시장 구경도 식후경! 치앙라이 나이트 바자 안쪽에 위치한 광장을 중심으로 커다란 푸드 코트가 형성되어 있다. 광장을 둘러싸고 음식점들이 줄지어 있으며, 가운데 테이블이 놓여 있다. 각종 꼬치구이와 튀김, 해산물 요리 등 다국적 음식들을 만날 수 있다. 이곳에서 꼭 먹어봐야 할 음식은 찜쭘! 육수가 담긴 토기를 숯불에 올려두고 고기와 채소를 익혀 먹는 태국식 샤부샤부이다. 저녁이면 제법 쌀쌀한 치앙라이에서 이만한 음식이 없다. 고기를 다 먹은 후에는 입가심으로 국수와 달걀죽을 만들어 먹는다. 가게마다 구성이 조금씩 다르니 꼼꼼히 돌아볼 것!

Data 지도 335p-K
가는 법 파혼요틴 로드에서 나이트 바자 골목으로 직진
주소 Phaholyothin Rd., Tambon Wiang
영업 18:00~23:00
가격 찜쭘(S) 70밧, 꼬치구이 15밧부터

찜쭘

정겨운 동네 밥집
아위스 카페 Awe's Cafe

골목 코너에 위치한 작은 식당이다. 편안한 분위기와 친절한 서비스로 동네 사랑방 역할을 하고 있다. 거기에 음식 맛까지 괜찮다. 다양한 태국 음식 메뉴와 브런치 세트, 샌드위치 등을 맛볼 수 있다. 서양 여행자들 사이에서는 닭고기나 돼지고기를 치즈에 싸서 튀긴 프랑스 음식 꼬르동 블루Cordon Bleu가 인기가 있다. 저녁에는 피자와 맥주를 마시는 사람들로 북적인다.

Data 지도 334p-J
가는 법 황금 시계탑에서 남쪽으로 200m
주소 1021 Jetyod Rd. 4, Tambon Wiang
전화 081-023-4164
영업 08:30~22:00
휴무 일요일
가격 카우쏘이 60밧부터, 꼬르동 블루 140밧

항 아저씨의 국숫집
나이항 포크 누들 Nai Hang Pork Noodle

영어 간판도 없는 로컬 국숫집이다. 주 메뉴는 시원한 어묵 국수. 돼지고기와 어묵을 함께 넣은 믹스 누들이 가장 유명한 메뉴이다. 맑고 깔끔한 국물 맛이 한국인의 입맛에도 잘 맞는다. 국물이 있는 쌀국수와 비빔 국수 중 선택할 수 있다. 가게 앞에서 판매하는 치킨 사테를 함께 주문해 먹을 수도 있다.

Data 지도 334p-J 가는 법 요도이 커피 앤 티에서 서쪽으로 1분
주소 Thanon Baanpa Pragarn Rd., Tambon Wiang
전화 053-712-536 영업 10:30~21:00 가격 포크 앤 피시 믹스 누들 40밧부터

아침 식사로 딱!
퍼짜이 Por Jai

북부 지방 대표 국수인 카우쏘이 맛집이다. 10년이 넘은 현지 식당으로 크리미한 커리 국물이 입에 착착 감긴다. 토핑은 치킨과 새우, 생선 중 선택할 수 있으며, 치킨이 든 카우쏘이 까이가 가장 인기 있다. 이 외에도 깔끔한 쌀국수와 육개장과 비슷한 남니여우, 돼지고기와 선지를 넣은 카오라오도 맛볼 수 있다. 찹쌀밥과 북부식 소시지 구이, 쏨땀 등을 추가해서 먹으면 든든하다.

Data 지도 334p-J 가는 법 황금 시계탑에서 남쪽으로 150m
주소 1023/3 Jetyod Rd., Tambon Wiang 전화 053-712-935
영업 07:00~15:30 가격 카우쏘이 40밧(곱빼기 50밧)

단골이 되고 싶은
칼레 카페 낭논 커피 Kalae Cafe Nangnon Coffee

소박하고 정겨운 동네 카페이다. 대규모 프랜차이즈에서는 느낄 수 없는 편안함을 자아내며, 책을 읽거나 엽서를 쓰며 시간을 보내기에 좋다. 매싸이 지역에 커피 농장을 가지고 있으며 100% 아라비카만을 사용한다. 크루아상 샌드위치와 오믈렛 등 간단한 브런치 메뉴를 판매한다. 추천 메뉴는 홈메이드 요거트와 신선한 열대 과일을 올린 뮤즐리가 있다.

Data 지도 334p-J
가는 법 황금 시계탑에서 남쪽으로 120m 주소 1025/6 Jetyod Rd., Tambon Wiang
전화 087-789-4066
영업 월·목·토·일 08:00~17:00, 화 08:30~17:00, 금 09:00~17:00 휴무 수요일 가격 아메리카노 40밧, 뮤즐리 89밧 홈페이지 facebook.com/nangnoncoffee

 커피 마니아라면 주목!
도이창 커피 공장 Doi Chaang Coffee Estate

치앙라이는 태국 3대 커피 브랜드 중 하나인 도이창 커피의 본고장이다. 태국 북부 산악 지역에 사는 고산족인 아카족이 태국 왕실의 로열 프로젝트를 통해 커피를 재배하면서 탄생했다. 시내에서 약 65km 떨어진 도이창 산자락에 커피 공장이 있으며 카페도 운영한다. 대중교통이 없어 차나 오토바이를 렌털해 가야 한다. 구불구불한 산길이 한참 이어지는데 풍광이 무척 아름답다.

치앙라이 시내에서도 도이창 커피를 만날 수 있으니 굳이 먼 길을 갈 필요는 없다. 그러나 이곳에서는 시기에 따라 커피콩을 말리거나 아카데미가 진행되는 모습을 볼 수도 있다. 커피에 관심이 많은 사람이라면 한 번쯤은 가볼 만하다.

Data 지도 335p-K 방향
가는 법 황금 시계탑에서 치앙마이 방향으로 약 65km
주소 787 Tambon Wa Wi 전화 090-319-8357
영업 08:00~18:00 가격 커피 60밧부터, 케이크 70밧부터
홈페이지 www.doichaangcoffee.co.th/

TIP 도이창 커피 Doi Channg Coffee vs. 도이창 커피 Doi Chang Coffee

도이창 커피 공장에서 약 400m 떨어진 곳에 또 하나의 도이창 커피가 있다. 로고도 다르고 영문 철자 'n'이 하나 빠져 있다. 우리가 흔히 아는 터번 쓴 아저씨가 그려진 도이창 커피의 공동 창업자 가족이 따로 운영하는 곳이다. 커피에 대한 애정이 느껴지는 공간에서 아름다운 풍광과 함께 커피를 즐길 수 있다. 영어를 잘하는 손녀의 설명이 곁들여져 커피의 가치가 다르게 느껴진다. 숙박 및 체험 연수도 가능하다. 한국 바리스타들과 활발한 프로젝트를 진행하고 있으며 한국의 수원에도 지점이 있다.

 도이창 커피 Doi Chang Coffee
홈페이지 www.facebook.com/DOICHANGCOFFEEFARM

심쿵 주의!
캣 앤 어 컵 카페 Cat 'n' A Cup Cafe

고양이를 좋아하는 사람이라면 쉽게 지나치지 못할 곳이다. 제법 깔끔하게 관리되고 있는 고양이 카페로 귀여운 고양이 10여 마리에 둘러싸여 커피를 마실 수 있다. 먼저 카운터에서 주문을 한 뒤 신발을 벗고 입장한다. 커피와 셰이크, 간단한 디저트를 취급한다. 좌식 테이블에 앉아 있으면 고양이들이 조금씩 다가온다. 현지인들 사이에서도 인기 있는 곳으로 늘 북적인다.

 **Data** 지도 334p-J 가는 법 치앙라이 버스터미널에서 도보 2분
주소 596/7 Phaholyothin Rd., Tambon Wiang 전화 096-292-8299 영업 11:00~20:30
가격 커피 60밧부터, 케이크 90밧부터 홈페이지 facebook.com/catnacup

유쾌한 한 잔!
캣 바 Cat Bar

유쾌한 라이브 공연으로 유명한 바. 주인장 샘이 직접 기타를 연주하며, 누구에게나 오픈된 무대로 손님들까지 합세해 즉석 공연을 펼치는 즐거운 시간을 경험할 수 있다. 저녁 10시 30분에 시작, 새벽 1시쯤 끝이 난다. 무료로 즐길 수 있는 당구대가 있으며, 혼자 가도 외롭지 않은 친근한 분위기가 강점이다. 쨋욧 로드에서 최근 반빠 쁘라간 로드로 이사했다.

Data 지도 334p-J 가는 법 치앙라이 버스터미널에서 도보 2분
주소 528/24 Banphaprakarn Rd., Tambon Wiang 전화 086-115-3980 영업 17:00~01:00
가격 맥주 85밧부터 홈페이지 facebook.com/catbarchiangrai

SHOP

토요일에 치앙라이를 가야 하는 이유!
토요 야시장 Saturday Night Market

매주 토요일 저녁이면 타날라이 로드를 따라 야시장이 들어선다. 약 1km 구간에 상점과 먹거리가 길게 이어진다. 군것질거리를 두 손 가득 들고 구경하는 재미가 쏠쏠하다. 치앙마이 야시장보다 덜 상업적인 분위기를 느낄 수 있어 정겹다.

고산족이 만든 기념품은 물론, 현지인들을 위한 의류와 식재료까지 다양한 상품들을 판매한다. 여행 일정에 토요일이 끼어 있다면 꼭 방문해 보자. 저녁 8시가 되면 무앙 치앙라이 공원에서 공연도 펼쳐져 구경하는 재미가 더해진다.

Data 지도 334p-J 가는 법 황금 시계탑에서 쑥싸팃 로드를 따라 직진한다.
올드 시계탑 근처 주소 Thanalai Rd., Tambon Wiang 영업 17:00~23:00

치앙라이 최대 규모
센트럴 플라자 치앙라이 Central Plaza Chiang Rai

치앙라이의 유일한 대규모 쇼핑몰이다. 중심가에서 약 3km 떨어져 있으며, 현지에서는 '센탄'이라고 부른다. 푸드 코트와 영화관, 로빈슨 백화점을 포함해 200여 개의 브랜드가 입점해 있다.

톱스 슈퍼마켓을 비롯해 란나 음식을 전문으로 하는 푸드 코트, 로열 프로젝트 숍 등이 자리해 유용하다. 스타벅스, MK 레스토랑과 같은 익숙한 프랜차이즈도 찾아볼 수 있다. 르 메르디앙 호텔과 두짓 아일랜드, 더 레전드, 왕컴 호텔을 도는 셔틀버스를 운행하니 참조하자.

Data 지도 335p-K 방향 가는 법 황금 시계탑에서 타논 파홀요씬을 따라 남쪽으로 약 3km. 뚝뚝 이용
주소 1399/9 Phaholyothin Rd., Tambon Wiang 전화 052-020-999
영업 10:30~21:00(토·일요일 10:00~21:00) 홈페이지 www.centralpattana.co.th/

자연에 둘러싸인 고품격 리조트

르 메르디앙 치앙라이 리조트 Le Meridian Chiang Rai Resort

아름다운 풍광을 자랑하는 콕강 주변에 위치한 최고급 리조트. 란나 스타일의 건축 양식을 살린 스타일리시한 외관이 돋보인다. 세계적인 호텔 체인인 만큼 고품격 시설과 서비스를 제공한다. 159개의 객실을 갖춘 대형 리조트이지만, 북적임을 느낄 수 없어 여유롭게 휴식을 취할 수 있다.

가장 기본형인 디럭스 객실의 크기가 55m²나 될 만큼 넓은 공간과 쾌적함을 자랑한다. 모든 방에 야외 테라스가 있어 자연과 한결 더 가까이 지낼 수 있다. 콕강과 맞닿은 수영장과 스파는 놓치지 말아야 할 호사. 살랑살랑 강바람 아래 즐기는 마사지는 최고의 힐링을 선사할 것이다.

Data 지도 335p-D 방향

가는 법 황금 시계탑에서 약 4km. 차로 약 10분 주소 221 / 2 Moo 20 Kwaewai Rd., Tambon Robwieng
전화 053-603-330 요금 디럭스룸 4,700밧부터 홈페이지 facebook.com/LeMeridienChiangRaiResort/

란나의 매력이 가득
낙 나카라 호텔 Nak Nakara Hotel

도심의 편의성과 휴양, 두 가지 모두 만족시키는 4성급 리조트이다. 야외 수영장과 스파에서 유유자적 휴양을 만끽할 수 있으며, 휴양을 즐기는 서양 여행자들이 많이 찾는 숙소로 조용하다. 중심가에서 조금 떨어져 있지만 나이트 바자까지 도보로 약 15분이면 닿을 수 있다. 란나 스타일의 건물과 인테리어로 북부의 정취를 잘 느낄 수 있다.

총 70개의 객실이 있으며, 3인실 트리플룸과 성인 2명과 아동 2명이 머물 수 있는 디럭스룸을 갖추고 있다. 2011년에 문을 열어 시설은 낡은 감은 있지만 깔끔하게 관리되고 있으며, 친절한 서비스가 돋보인다. 치앙라이 공항까지 무료 샌딩 서비스를 실시하고 있다.

Data 지도 335p-G 가는 법 황금 시계탑에서 약 1.5km 주소 661 Uttarakit Rd., Tambon Wiang 전화 083-765-0880 요금 이그제큐티브 디럭스룸 2,000밧부터 홈페이지 www.naknakarahotel.com/

착한 가격 대비 높은 만족도
치앙라이 호텔
Chiang Rai Hotel

황금 시계탑 옆에 위치해 접근성이 좋다. 나이트 바자부터 토요 야시장까지 걸어갈 수 있다. 호텔이라고 부르지만, 모텔 정도의 시설을 갖췄다. 71개의 객실이 있으며, 스탠더드와 클래식, 패밀리룸으로 나뉜다. 스탠더드룸은 좁아 답답하니 클래식 이상으로 잡는 것이 좋다. 슈퍼싱글 침대 3개가 붙어 있는 패밀리룸은 최대 성인 3명, 아이 2명까지 묵을 수 있어 가족 여행자들에게 좋다.

Data 지도 334p-J
가는 법 황금 시계탑에서 도보 1분
주소 519 Suksathit Rd., Tambon Wiang
전화 092-984-9266 요금 클래식룸 800밧부터

가성비 갑!
오키드 게스트하우스
Orchid Guesthouse

친절하고 깔끔한 로컬 게스트하우스. 15개의 객실을 갖춘 아담한 규모로, 더블과 트윈, 트리플룸 중 선택할 수 있다. 트리플룸은 싱글 침대와 이층 침대를 갖추고 있으며, 성인 3명과 유아 1명까지 숙박할 수 있다. 각 객실 앞으로 야외 테이블이 있어 동남아 특유의 여유로움을 느낄 수 있다. 왓 프라싱 근처에 위치해 중심가에 자리하고 있지만, 골목 안쪽에 있어 조용하다.

Data 지도 334p-J 가는 법 황금 시계탑에서 남쪽으로 300m 주소 1012 Jedyot Rd., Tambon Wiang 전화 061-829-6985 요금 스탠더드룸 350밧부터 홈페이지 facebook.com/orchidsgusthouse

활기가 샘솟는
쑥 카페 앤 호스텔 Sook Cafe & Hostel

중심가에 위치한 모던한 호스텔이다. 태국 특유의 감성이 묻어나는 아기자기한 인테리어가 돋보인다. 옥상에 루프톱 바가 있어 각국의 여행자들과 즐거운 시간을 가질 수 있다. 10인실 혼성 도미토리와 4인실 여성 전용 도미토리, 스탠더드 트윈룸을 갖추고 있다. 도미토리는 이층 침대로 구성되어 있다. 침대마다 커튼이 있어 프라이버시를 지킬 수 있으며, 개별 사물함이 주어진다.

Data 지도 334p-J
가는 법 치앙라이 버스터미널 1에서 도보 3분
주소 869, 36 Phaholyothin Rd., Tambon Wiang
전화 092-358-6145
요금 도미토리 240밧부터, 트윈룸 550밧

여행 준비 컨설팅

세상에서 가장 설레는 시간을 묻는다면 여행 계획 짜는 시간이 아닐까. 물론 처음 치앙마이를 여행하는 거라면 기대만큼이나 걱정도 크겠지만, 미션들을 하나하나 클리어하다 보면 어느새 걱정 대신 흥분으로 가득 찰 것이다. 여행 준비 또한 여행의 일부이니 두려움보다는 설레는 마음으로 달력을 펼치고 준비하며 디데이를 기다려보자. 원래 손꼽아 기다릴 때가 더 짜릿한 법. 그 시간을 즐겨보자.

꼭 알아야 할 **태국 필수 정보**

태국은 동남아시아 인도차이나 반도 중앙에 위치한 국가이다. 수도 방콕이 위치한 중부, 치앙마이를 중심으로 하는 북부, 이싼 지방으로 알려진 동북부, 푸켓이 있는 남부로 나눠진다. 주변국으로 미얀마, 라오스, 캄보디아, 말레이시아와 국경을 접하고 있다.

언어

태국어. 지역별로 사투리가 있으며, 소수민족 고유의 언어도 사용되고 있다.

기후

연평균 28도로 일 년 내내 더운 열대몬순 기후. 방콕이 있는 중남부보다 치앙마이가 있는 북부 지역이 훨씬 선선하며 일교차가 크다.

시차

한국보다 두 시간 느리다.

통화

태국 밧을 사용하며 표기는 B 혹은 THB로 한다.

인구

약 7,189만(2024년 기준, KOSIS)

전압

220V. 한국과 같은 2핀 코드를 사용한다.

종교

90% 이상 불교이다.

전화

국가 번호는 +66, 치앙마이의 지역 번호는 053이다. 현지에서 전화를 걸 때에는 0을 사용한다.
예 (0을 길게 누르면 +로 바뀐다) +66 53 123 4567

면적

약 51만m²로 한반도의 2.3배이다.

비자

입국일 기준으로 여권의 유효 기간이 6개월 이상 남아 있을 경우에는 90일 무비자 입국 가능하다.

치앙마이 여행 체크 리스트

여행 떠나기 전 가장 먼저 챙겨야 할 1단계는 여권과 비자!
여행지에서 운전을 하려면 국제 운전면허증이 필요하다.

1. 여권

여권은 여행자의 국적이나 신분을 증명하기 위해 꼭 필요하다. 여권이 없다면 반드시 만들어야 하고, 유효기간이 6개월 미만이라면 재발급을 받는 것이 좋다. 여권 신청은 가까운 구청이나 시청, 도청에서 발급받으면 된다. 여권 발급 접수 기관을 알아보려면 외교부 여권 안내 홈페이지(passport.go.kr)에서 찾아보자. 여권 신청 후 평균 7~10일 정도 걸리니 미리 발급받아 두는 것이 좋다.

또한 기존에 전자여권을 한 번이라도 발급받은 적이 있다면 온라인으로도 재발급 신청을 할 수 있다. 정부24(gov.kr)에서 온라인 여권 재발급 신청을 하면 되고, 여권을 찾을 때는 수령 희망한 기관에 신분증과 기존 여권을 지참하고 직접 방문해 찾으면 된다.

여권 신청 준비물

- 여권발급신청서(여권 신청 기관 내 비치)
- 신분증
- 여권 사진 1매(6개월 이내 촬영)
- 병역 관계 서류(18세 이상 37세 이하 남자인 경우)
- 여권 발급 수수료

2. 비자

비자는 국가가 외국인에게 입국과 체류를 허가하는 증명서로, 비자 입국이 필요한 나라는 여권과 함께 꼭 비자를 발급받아야 한다. 태국은 90일간 무비자로 여행할 수 있다. 단 여권 유효기간이 6개월 이상 남아 있어야 하므로 여권 유효기간을 잘 챙겨두자.

3. 운전면허증

여행지에서 오토바이나 자동차 등 운전을 할 계획이라면 운전면허증을 챙겨야 한다. 해외에서 운전 시 국제 운전면허증, 국내 운전면허증, 여권을 모두 지참해야만 한다.

국제 운전면허증은 전국 운전면허 시험장이나 경찰서, 인천·김해공항 국제 운전면허 발급 센터, 도로교통공단과 협약 중인 지방자치단체에서 발급받을 수 있다. 온라인 발급은 '도로교통공단 안전운전 통합 민원' 홈페이지(safedriving.or.kr)를 통해 신청하고 등기로 면허증을 받으면 된다. 온라인으로 신청할 경우 면허증을 받기까지 최대 2주 정도의 기간이 소요되므로 미리 신청하자. 국제 운전면허증의 영문 이름과 서명은 여권의 영문 이름, 서명과 같아야만 효력을 인정받을 수 있다. 유효기간은 1년이다.

국제 운전면허증 신청 준비물

- 여권사진 1매(6개월 이내 촬영, 사진 촬영 별도 없이 신청 데스크에서 사진 촬영 진행)
- 운전면허증(혹은 신분증)
- 수수료(온라인의 경우 등기료 포함)

태국은 국제 운전면허증을 발급받아야 운전이 가능하다. 치앙마이 여행 시 운전을 할 계획이라면 여권과 국제 운전면허증, 국내 운전면허증이 모두 있어야 한다.

치앙마이에서 오토바이를 운전할 경우에는 꼭 원동기 면허증이 있어야 한다. 우리나라는 자동차 면허증이 있으면 125cc 이하 오토바이 운전이 가능하지만, 태국은 원동기 면허증이 따로 있어야 한다. 그러므로 한국에서 원동기 면허증을 딴 뒤 국제면허증을 발급받아 가거나, 치앙마이에서 오래 머물 경우에는 현지에서 면허증을 따는 방법도 있다. 오토바이를 대여할 때는 면허가 없어도 되지만, 원동기 면허증 없이 운전하다가 경찰에 적발되면 500~1,000밧의 벌금이 부과된다. 헬멧 미착용 시에도 벌금이 부과되니 꼭 착용할 것!

영문 운전면허증이 인정되는 국가에서는 국제 운전면허증이 없더라도 해외에서 운전이 가능하다. 다만 영문 운전면허증을 인정해 주는 국가가 의외로 적다. 미국, 캐나다는 인정하지 않는다. 따라서 여행하려는 국가에서 영문 운전면허증 인정 여부부터 확인하자. 영문 운전면허증은 해외에서는 신분증을 대신할 수 없기 때문에 꼭 여권을 함께 소지해야 한다. 영문 운전면허증 발급은 신규 취득 시나 재발급, 적성검사, 갱신 시에 전국 운전면허 시험장에서 할 수 있으며, 면허를 재발급하거나 갱신하는 경우에는 전국 경찰서 민원실에서도 신청할 수 있다. 자세한 사항은 도로교통공단 안전운전 통합 민원 사이트(safedriving.or.kr)에서 모두 확인할 수 있다. 유효기간은 10년이다.

영문 운전면허증 신청 준비물

▼신분증 ▼사진 1매 ▼발급 수수료

4. 항공권 구매

여행은 항공권 예약을 하면서부터 시작된다. 항공권은 각 항공사 공식 홈페이지나 여행사, 온라인 여행 플랫폼에서 구매할 수 있다. 네이버나 구글 항공권 검색 사이트와 온라인 여행 플랫폼 가격 비교 사이트를 이용하면 다양한 항공사의 항공권 가격을 한눈에 비교해 볼 수 있다. 대표적인 사이트를 소개한다.

① 항공권 구매 사이트

▼네이버 항공권 flight.naver.com
여러 항공사의 항공권 정보를 실시간으로 조회해 가장 저렴한 항공권부터 검색해 준다. 구매는 항공권 판매 사이트에서 이루어진다.

▼구글 플라이트 google.com/travel/flights
다양하고 유용한 검색 필터로 편리하게 옵션

을 검색할 수 있고, 가격 변동을 그래프로 나타내 준다. 가격 변동 알림 설정을 하면 메일로 정보를 받아볼 수 있다.

▼ 트립닷컴 trip.com
프로모션이나 회원 전용 리워드가 좋다. '가격 알리미 설정'을 해두면 자신이 원하는 가격의 항공권이 나왔을 때 메일로 알려준다.

▼ 스카이스캐너 skyscanner.co.kr
날짜별로 최저가 항공권을 검색하기 쉽고, 가격을 3단계로 표시해 준다. 여행지를 정하지 않았다면 '어디든지' 검색을 이용해 보자.

▼ 트립어드바이저 tripadvisor.co.kr
항공권 검색 시 '가성비 최고' 옵션으로 검색하면 편리하다.

▼ 아고다 agoda.com
구글로 접속하거나 개인 메일로 특가 할인 안내 링크를 통해 접속하면 저렴한 항공권을 구매할 수 있다.

② 항공권 구매 노하우
항공권 가격은 천차만별이기 때문에 먼저 가격 비교 사이트에서 항공권을 검색해 대략적인 가격을 알아본 다음, 항공사 공식 홈페이지 가격과 비교해 보는 게 좋다. 가격이 비슷하다면 항공사 공식 홈이 서비스 면에서 훨씬 편리하고, 예약 취소나 변경에 대응하기 좋다. 항공사의 마일리지 이용이나 할인 등 이벤트를 이용하면 더 저렴하게 구입할 수 있다.
여행사나 온라인 여행 플랫폼에서 항공권을 구매할 경우 수수료를 조심해야 한다. 예약을 대행해 주기 때문에 예약 수수료가 있고 일정이 바뀌어 취소나 예약 변경을 해야 할 경우에도 취소 수수료를 별도로 내야 한다. 또한 마일리지 적립이나 수하물 추가 비용, 유류비 등이 포함된 가격인지 여부를 확인하자. 문

제가 발생했을 때 항공사 공식 홈에서 구입한 항공권은 항공사에서 직접 대응 방안을 모색해 주지만, 대행 사이트에서 항공권을 구매했을 경우 해당 사이트 고객센터로 문의를 해야 한다는 사실도 감안하자.

얼리버드 항공권
항공권 중 가장 저렴한 것은 일찍 구매하는 항공권이다. 항공사들마다 매년 얼리버드 특가 이벤트를 진행한다. 주로 매년 1~2월, 6~8월 사이에 진행하니 메모해 두자.

공동구매 항공권
여행사들이 패키지로 미리 항공사와 계약한 항공권인데 다 채우지 못해 남은 티켓들을 판매하는 경우가 있다. 공동구매 항공권을 구입할 수 있는 여행사는 하나투어, 모두투어, 여행이지 등이다. 각 여행사 홈페이지에서 공동구매 항공권을 찾아 구입하면 저렴한 가격에 항공권을 구입할 수 있다.

직항이 아닌 경유지 환승의 경우 항공권 예약 시 주의할 점

① 수하물 처리
수하물은 경유 편으로 항공권을 발권해도 대부분 도착지에서 찾게 된다. 하지만 경유지 체류 시간이 아주 길어서 경유지에서 짐을 찾

아야 할 경우 체크인하면서 수하물을 부칠 때 관련 사항을 직원에게 물어보고 어떻게 할지 결정하면 된다.

치앙마이는 직항이 있지만, 혹 방콕을 경유해 갈 경우 연결 발권으로 수하물을 치앙마이에서 찾을 수 있는지 아니면 방콕공항에서 찾아야 하는지 꼭 확인해 두어야 한다.

② 환승 시간은 여유 있게 잡자

경유해서 항공권을 예약할 때는 환승 시간이 최소 2시간 이상 여유가 있는 티켓으로 구매해야 한다. 해외에서는 공항 사정 등 여러 변수가 생길 수 있으므로 여유롭게 환승 시간을 남겨두는 것이 좋다.

5. 숙소 예약

여행에서 숙소는 여행의 성패를 좌우하기 때문에 매우 중요하다. 편안하고 즐거운 여행을 위한 숙소 예약 방법을 알아보자.

① 숙소 예약 사이트

▼**아고다** agoda.com

전 세계 호텔과 리조트 정보가 모두 있어 선택할 수 있는 옵션이 많다. 등급이 높을수록 혜택이 많고, 저렴한 프로모션이 많다.

▼**부킹닷컴** Booking.com

전 세계 폭넓은 호텔 네트워크를 보유하고 있어 다른 사이트보다 많은 숙소를 찾아볼 수 있다. 무료 취소와 현장 결제가 가능하다.

▼**트리바고** trivago.co.kr

간단하고 직관적인 검색시스템으로 다양한 사이트의 숙소 가격을 한눈에 볼 수 있어 최저가를 빠르게 확인할 수 있다. 수수료도 낮은 편.

▼**에어비앤비** Airbnb.co.kr

호스트가 사이트에 등록해 놓은 로컬 숙소를 여행자가 예약하는 사이트. 개성 있는 다양한 현지 숙소를 알아볼 수 있다.

▼**트립닷컴** Trip.com

다양한 프로모션과 리워드가 있고, 액티비티 티켓이나 공항 픽업 등 교통편도 있어 편리하다.

▼**호텔스닷컴** hotels.com

다양한 숙박 옵션, 일일 특가와 최저가 보장 등으로 저렴한 숙소 예약이 가능하다. 특히 여행자들의 리얼 리뷰와 평가를 공개한다.

▼**호텔스컴바인** hotelscombined.co.kr

여러 사이트를 일일이 비교하는 번거로움 없이 한 번에 가격 비교가 가능하다.

▼**트립어드바이저** tripadvisor.co.kr

전 세계 호텔의 리뷰와 평점을 제공해 호텔 상태를 미리 파악할 수 있다.

② 숙소 예약 시 팁과 주의 사항

숙소 예약 시 숙소 가격을 한눈에 비교해 볼 수 있는 사이트를 찾아 최저가 검색을 먼저 해보자. 이때 2~3개 사이트를 비교해 보는 것이 좋다. 무료 취소가 가능하다면 먼저 예약을 해두는 것도 좋은 방법이다. 검색 사이트에 여행자들의 리뷰도 숙소 선택에 도움이 되니 잘 살펴보고 선택하자.

숙소 예약 시 주의 사항

① 결제통화 설정(달러나 현지 통화로 결제)

해외 숙소를 예약할 경우 달러나 원화를 선택해 결제할 수 있다. 원화로 결제할 경우 환전 수수료가 올라가거나 이중 수수료가 발생할 수 있으니 달러로 결제하는 것을 추천.

② 각종 부가 금액 확인

눈에 보이는 금액이 최종 금액이 아닐 수 있다. 해외 숙소의 경우 세금이 추가될 수도 있으며, 기타 리조트 Fee 등이 추가될 수 있기 때문에 예약하는 금액이 최종인지 아닌지 미리 확인한 후 예약해야 한다.

③ 환불 정책, 체크인 시간 확인

무료 취소가 가능한지, 무료 취소가 언제까지 가능한지, 체크인 시간은 언제인지 반드시 확인하고 예약을 진행해야 한다. 여행 일정이 바뀌어 취소를 하는 경우가 생길 수도 있고, 체크인이 늦어질 경우 예약한 옵션의 방을 받지 못하는 경우도 있기 때문. 체크인이 늦어질 경우 호텔에 미리 알리는 것도 방법.

④ 할인 코드 및 이벤트 확인

대부분의 호텔 예약 사이트는 할인 코드를 제공하고 있으니 검색 후 코드를 활용하면 더 저렴하게 예약할 수 있다. 호텔 예약 사이트의 할인 코드를 꼭 검색해 보고 예약하자.

⑤ 숙소 사이트 회원가입이나 멤버십 가입

브랜드 호텔을 이용할 경우 각 호텔 사이트를 통해 예약하는 것을 추천한다. 호텔 멤버십을 가입하면 가입비는 무료이고 등급이 높을수록 무료 조식이나 객실 업그레이드, 이용 횟수와 결제 금액에 따른 리워드 프로그램 등 더 많은 혜택을 받을 수 있으니 챙겨보자.

6. 여행 경비-환전과 현지 결제

여행에서 사용할 경비는 환전을 하거나 카드를 준비해야 한다. 요즘은 환전과 결제에 대한 스마트한 대안이 많다. 치앙마이의 경우는 GLN 결제가 활성화되어 있어 더욱 편리하다. 여행 경비를 어떤 방법으로 준비하고 사용할 것인지 잘 계획해서 안전하고 스마트한 여행을 준비해 보자.

현금 환전

치앙마이를 여행할 때 주로 사용하는 것은 현금과 GLN 결제다. 카드 사용은 안 되는 곳이 많다. 현금은 꼭 필요하지만 GLN 결제가 활성화되어 있어 현금은 소액으로 환전해 가는 것이 좋다. GLN 앱을 다운로드해 충전해 두면 휴대폰으로 결제도 하고 필요할 경우 현지 ATM에서 휴대폰으로 현금을 찾아 쓸 수도 있기 때문. 일주일 정도 머물 계획이라면 2~30만 원 정도만 환전해 가고 GLN 결제를 이용하는 방법이 훨씬 편리하다. 앱으로 환전 신청을 할 경우 인천공항에서 수령하고 싶다면 수령 점을 인천공항 1 여객 터미널인지 2 여객 터미널인지 먼저 확인하고 신청하도록 하자.

현지 결제

① GLN 결제

GLN은 GLN 가맹점에서 GLN 머니로 결제할 수 있는 금융 서비스를 말한다. GLN 결제는 모바일로 편하게 결제 및 ATM 출금 서비스까지 이용할 수 있다. 카드가 없어도 QR 코드로 간편하게 결제하고 ATM 출금이 가능하다.

GLN 서비스는 하나은행의 하나원큐와 하나 머니 앱, 토스 앱, KB스타뱅킹, iM뱅크 앱에서 사용가능하다. 출발 전 앱 다운로드 후 통장을 연동시켜서 가자. 현지에서는 휴대폰으로 QR을 스캔하면 바로 결제가 된다.

② 국제 현금카드

장기 여행자나 나라를 옮겨 다니는 배낭여행자의 경우, 필요한 경비를 모두 현금으로 들고 다니기에는 부담스럽다. 이 경우 필요할 때마다 ATM에서 인출할 수 있는 국제 현금카드를 사용하면 편리하다. EXK 카드는 현지 통화 인출이 가능한 국내 체크카드로 태국, 말레이시아, 베트남 등에서 사용할 수 있다. 저렴한 수수료는 물론, 자동 환전 우대를 받을 수 있다. 씨티은행, 국민은행, 우리은행 등에서 발급받을 수 있다. 우리은행의 경우 태국 카시콘 뱅크와 연계되어 있어 카시콘 뱅크 ATM에서 인출 시 수수료가 무료다.

③ 카카오페이

치앙마이에서 유일하게 GLN 결제가 안 되는 곳이 세븐일레븐이다. 현금을 이용하거나 카드 결제는 200밧 이상이어야 가능하다. 하지만 카카오페이로 결제가 가능하니 필요하다면 미리 준비해 가자.

7. 여행 안전

해외여행 중에는 여러 가지 문제나 사건 사고가 발생할 수 있다. 이럴 때 당황하지 않도록 미리 대비해 두어야 할 것들을 살펴보자.

① 여행자보험 가입

여행자보험은 여행 중에 발생할 수 있는 여러 위험 요소들을 보장해 주는 보험이다. 여행 중 아프거나 도난 사고가 발생하는 등 예기치 못한 문제가 생겼을 때 여행자보험이 도움이 될

수 있기 때문에 중요하다. 여행은 안전하게 다녀오는 것이 가장 좋지만, 만일의 상황을 대비해 여행자보험은 망설이지 말고 꼭 가입하는 것을 추천한다. 가능하면 최대한 보장받을 수 있는 상품으로 가입하자.

② 비상 연락망 정리

여행 중 긴급 상황이 발생할 경우를 대비해 비상 연락망을 준비해 두는 것이 좋다. 현지에서 도움을 받을 수 있는 영사 콜센터나 대사관 등 관련 기관의 주소와 연락처를 미리 메모해 둔다. 그리고 현지에서 국내로 쉽게 연락이 가능한 가족이나 지인들의 전화번호를 잘 챙기고, 여행 사실을 미리 알려두도록 하자.

③ 클라우드 활용하기

여행 중 여권과 같이 꼭 필요하고 분실하면 안 되는 것들은 클라우드에 저장해 두고 활용해 보자. 여권 사진이나 여권 사본, 신분증, 비자 등을 클라우드에 따로 저장해 두면 안전하게 보관하고, 안정적으로 백업도 되기 때문에 필요할 때 언제든 사용할 수 있다.

④ 휴대 물품 및 캐리어 관리

해외여행 시 고가의 물품(귀중품이나 고가의 카메라 등)을 가지고 출국했다가 입국 시 다시 가지고 입국하려면 휴대 물품 반출신고를 해야 한다. 휴대 물품을 가지고 출국할 때 여행자는 인터넷으로 세관에 사전신고(unipass.customs.go.kr)하거나 공항 세관에 신고해 '휴대 물품 반출신고서'를 발급받고, 입국 시에 세관에 자진 신고해야 관세를 면제받아 통관할 수 있다.

여행 시 필요한 짐이 들어있는 캐리어는 파손이나 도난의 우려가 많다. 도난 방지를 위해 캐리어용 열쇠를 따로 준비하거나 파손을 대

비해 캐리어 벨트나 커버를 이용해 보자. 만약 수하물로 부친 캐리어가 파손되었을 경우에는 보상을 받을 수 있다. 여행자보험을 들었다면 여행자보험에서 보상받을 수 있고, 보험을 들지 않았다면 항공사에서도 보상받을 수 있다. 이때 항공사 규정은 조금씩 다르니 수하물 규정을 확인해 두자. 혹 배상 한도를 초과하는 수하물을 위탁하는 경우에는 수하물 위탁 시 가격을 신고하면 신고한 한도 내에서 배상을 받을 수 있다. 수하물에 이상이 생기면 도착 공항 수하물 벨트에서 확인한 후 직원에게 바로 접수하는 것이 좋다.

⑤ 비상금

여행을 하다 보면 분실이나 도난의 위험은 언제나 있기 마련이다. 만약 소매치기의 위험이 높은 나라를 여행한다면 특히 조심해야 한다. 비상용으로 사용할 돈과 신용카드 하나 정도는 숙소 캐리어에 넣어두고, 여행 시 현금은 2~3군데 나누어 보관하자. 소매치기 위험이 높은 곳이라면 따로 작은 지갑에 현금을 조금씩 꺼내 사용하고, 지갑은 속주머니나 눈에 잘 띄지 않는 곳에 보관하는 것이 좋다. 사용하는 배낭이나 가방에 작은 열쇠를 사용하는 것도 추천한다. 한꺼번에 많은 돈을 가지고 다니지 말아야 한다. 안전을 위해 필요한 만큼만 소액을 들고 다니고, 외부 일정이 있을 시 가능하면 여러 군데로 나누어 현금을 보관할 것을 추천한다.

⑥ 분실 사고 대처법

해외여행 중 가장 자주 발생하는 문제는 분실사고다. 여권이나 항공권, 휴대폰이나 개인 물품 등을 잃어버리거나 도난당하는 일이 일어날 수 있다. 이런 일이 발생하면 현지에서 당황하지 않도록 미리 대처 방법을 알아두도록 하자.

TIP **❶ 여권 분실**

여권을 분실했다면 즉시 가까운 현지 경찰서를 찾아가 상황 설명을 하고 여권 분실 증명서를 발급받아야 한다. 미리 챙겨간 신분증(주민등록증, 여권 사본 등)과 경찰서에서 발행한 여권 분실증명서, 여권용 사진, 수수료 등을 지참해 현지 재외공관을 방문해 필요한 여행 증명서나 긴급 여권을 발급받도록 하자.

❷ 수하물 분실

수하물을 분실한 경우에는 화물인수증(Clam Tag)을 해당 항공사 카운터에 보여주고, 분실 신고서를 작성하면 된다. 공항에서 짐을 찾을 수 없을 경우 항공사에서 배상한다.

❸ 여행 중 물품 분실

현지에서 여행 중 물건을 분실했을 경우 현지 경찰서에 가서 신고하면 된다. 여행자보험에 가입했다면 현지 경찰서에서 도난 신고서를 발급받은 후 귀국 후에 해당 보험사에 청구하면 보상받을 수 있다.

❹ 지갑 분실이나 도난으로 현금이나 카드가 없을 경우

가까운 우리나라 대사관이나 영사관을 찾아가 그곳에서 신속 해외송금을 신청하면 된다. 서류를 작성해 제출하면 외교부 지정 계좌로 송금해 필요한 현금을 수령할 수 있다.

여행 전에 할 일

여행은 공항에서부터 시작되는 것이 아니라 여행을 준비하는 그날부터 시작된다.
누구나 처음에는 다 막막하다. 그러나 걱정 대신 열정으로 하나하나 날짜에 맞춰
여행 준비를 시작해 보자. 열심히 준비한 만큼 여행은 알차진다.

여행 90일 전

여행 일정을 계획하고 항공권을 확보하자

여행지와 여행의 형태를 결정하자. 먼저 여행지를 선정하고, 자신의 스타일에 맞게 자유여행을
할 것인지 패키지여행을 할 것인지 결정한다. 출발일과 여행 기간이 정해지면 대략적인 일정을
잡자. 항공권은 최소 두세 달 전에는 구매하는 것을 추천한다. 여러 항공사 홈페이지와 항공권
가격 비교 사이트를 체크하고, 프로모션 이벤트 등을 주시하면서 늦어도 여행 출발 3개월 전에
는 항공권을 확보하자.

여행 80일 전

여행 예산을 짜자

여행 예산을 짤 때는 항공권, 숙박비, 식비, 교통비, 입장료, 투어 비용, 비상금 등을 고려해야
한다. 예산을 절약할 수 있는 다양한 방법들을 잘 살펴 알찬 여행을 완성해 보자.

여행 60일 전

여권과 비자를 확인하자

여행을 떠나기 전 여권 확인은 필수다. 여권 유효 기간이 6개월 미만이라면 꼭 재발급을 받도록
하자. 또한 무비자 여행국인지, 비자가 필요한지, 전자 여행 허가제가 필요한 나라인지 꼭 미리
확인해서 준비해야 한다.

여행 50일 전

여행 정보를 수집하자

여행지의 역사와 문화, 풍습 등 다양한 정보들이 있으니 살펴보자. 홀리데이 가이드북을 정독하고 관광청 홈페이지와 유튜브 등을 통해 자세한 정보를 알아두자. 카페나 블로그, 구글 검색도 이용해 볼 수 있다. 알고 가면 여행의 수준이 달라질 것이다.

여행 40일 전

숙소와 투어를 예약하자

숙소는 일정에 따라 교통이 편리한 곳에 정하고 예약하자. 도보로 이동이 가능하거나 역 주변이면 이동이 편하다. 또 투어나 액티비티, 공연 관람 등을 계획하고 있다면 미리 알아보고 예약해 두는 것이 좋다. 온라인 예약이 꼭 필요하거나 할인 패스 등이 있다면 정보를 알아보고 준비해 두자.

여행 30일 전

여행자보험에 가입하자

여행자보험을 가입하자. 인터넷이나 여행사, 출발 전 공항에서 가입할 수 있다. 공항에서 가입하는 보험이 가장 비싸니 미리 가입해 두는 것이 좋다. 보험증서, 비상 연락처, 제휴 병원 등 증빙 서류는 여행 가방 안에 꼭 챙겨두자. 여행 시 문제가 생겼다면 보험 회사로 연락해 귀국 후 보상금 신청을 하면 된다. 미리 보상 절차를 알아두자.

여행 20일 전

각종 증명서를 발급받자

여권을 잃어버렸을 때를 대비해 여권 사본과 여권 사진 두 장, 현지에서 운전할 계획이라면 국제 운전면허증을 미리 발급받아 두어야 한다. 국내 운전면허증도 함께 챙겨두자. 학생인 경우 국제 학생증을 발급받아 각종 학생 할인과 무료입장의 혜택을 받도록 하자.

여행 15일 전

환전과 결제 준비를 하자

현지에서 사용할 현금은 미리 현지 화폐로 환전을 해서 준비해 두자. GLN 관련 앱도 설치해 두는 것이 좋다. 여행지에서 사용 가능한 페이가 있다면 미리 카드등록을 해두자. 해외에서 결제 가능한 신용카드도 챙겨두면 유용하다.

여행 7일 전

여행 짐을 꾸리자

아무리 완벽하게 짐을 꾸려도 현지에 도착한 후 생각나는 경우가 많다. 미리 체크리스트를 작성해 두고 참고해서 짐을 꾸리면 깜빡 잊어버리는 일을 줄일 수 있다. 여행에 꼭 필요한 각종 서류들도 다시 한 번 체크해 두자. 여권, 항공권, 숙소 예약 티켓, 각종 증명서나 사본, 교통편 확인 체크, 로밍이나 현지 데이터 사용 방법을 확정해서 준비해 두자.

여행 당일

출국과 여행지 입국하기

출국을 하려면 최소 출발 2시간 전에는 공항에 도착해야 한다. 면세품을 인도받아야 한다면 넉넉히 3시간 전에 도착하는 것이 좋다. 출국 24시간 전부터 온라인 체크인이 가능할 경우 원하는 좌석 선택과 항공권 출력을 해두자. 출발 시 꼭 여권을 챙기자.

여행지에서 할 일과 이동 시 교통편, 숙소나 항공, 여행비 등을 함께 일목요연하게 정리해 두면 여행 시 필요한 내용을 한눈에 볼 수 있고, 체크할 수 있어서 좋다. 여행 일정을 체크하면서 여행 스케줄표를 미리 만들어 보자. 여행 스케줄표는 각자 여행의 목적이나 인원 등에 따라 항목을 만들면 된다. 엑셀 파일로 정리하거나 여행 일정 앱을 사용하면 훨씬 편리하고 효율적으로 활용할 수 있고 공유도 할 수 있다.

여행 스케줄표 작성 Tip

▼항목은 각자 편리한 대로 만들면 되는데, 교통비나 숙박비 등 여행 시 사용할 비용도 함께 만들어두면 금액이 한눈에 들어와 예산을 파악하는 데도 도움이 된다.

▼엑셀 항목은 날짜/ 나라(도시)/ 일정(할 일)/ 교통편/ 교통비/ 숙박/ 숙박비/ 입장료/ 기타 등으로 나누어 스케줄표를 짜 보자. 여행 일정이 한눈에 들어와 편리하다.

▼엑셀로 정리한 여행 스케줄표는 현지에서 매일 일정별로 한 장씩 들고 다닐 수 있도록 프린트해 가면 편리하다. 하루 일정표를 작성할 때 이동 교통편을 자세히 정리해 두면 도움이 된다.

☐ 여권 및 여권 사본, 여권 사진
☐ 국제 운전면허증, 국내 운전면허증
☐ 신분증, (필요한 경우) 국제 학생증
☐ 항공권 e-티켓 인쇄
☐ 숙소 바우처 인쇄
☐ 각종 티켓이나 바우처
☐ 여행자보험 인쇄
☐ 여행 스케줄표 인쇄
☐ 통신사 확인(해외 로밍 등)
☐ 해외 사용 앱 다운로드
☐ 환전 / 해외 결제 카드
☐ 지갑
☐ 교통패스 구입
☐ 멀티 어댑터
☐ 보조배터리 / USB 허브
☐ 핸드폰 충전기
☐ 캐리어 / 보조 백
☐ 비상약
☐ 옷(양말, 속옷, 잠옷, 여벌 옷, 수영복 등)
☐ 모자
☐ 신발(샌들, 슬리퍼, 운동화 등)
☐ 접이식 우산 & 양산
☐ 휴지(물티슈 등)
☐ 세면도구(칫솔, 치약, 샴푸, 린스, 바디워시, 샤워타월, 클렌징, 면도기, 손톱깎이 등)
☐ 화장품(스킨, 로션, 선크림, 기타 화장품 등)
☐ 선글라스(안경)
☐ 카메라 및 관련 물품
☐ 셀카봉
☐ 방수팩
☐ 지퍼백(비닐 팩 등)
☐ 비상식량
☐ 여행용 파우치

찾아보기

▶ ENJOY

🛒 SHOP

🏨 SLEEP

• MEMO •

꿈의 여행지로 안내하는 친절한 길잡이

최고의 휴가는 **홀리데이 가이드북 시리즈**와 함께~

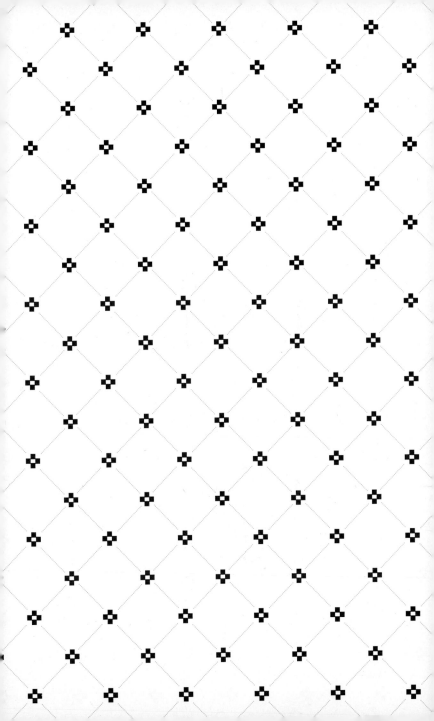